Stephan Pfennig

Charakterisierung der Modenverwirbelungskammer der TU Dresden und Untersuchung von Verfahren zur Bestimmung der unabhängigen Rührerstellungen

TUDpress

Stephan Pfennig

Charakterisierung der Modenverwirbelungskammer der TU Dresden und Untersuchung von Verfahren zur Bestimmung der unabhängigen Rührerstellungen

TUDpress
2015

Die vorliegende Arbeit wurde am 21. Juli 2014 an der Fakultät Elektrotechnik und Informationstechnik der Technischen Universität Dresden als Dissertation eingereicht und am 18. Dezember 2014 verteidigt.

Gutachter:
Prof. Dr. rer. nat. habil. Hans Georg Krauthäuser
Prof. Dr. rer. nat. habil. Achim Enders

Bibliografische Information der Deutschen Nationalbibliothek
Die Deutsche Nationalbibliothek verzeichnet diese Publikation in der Deutschen Nationalbibliografie; detaillierte bibliografische Daten sind im Internet über http://dnb.d-nb.de abrufbar.

Bibliographic information published by the Deutsche Nationalbibliothek
The Deutsche Nationalbibliothek lists this publication in the Deutsche Nationalbibliografie; detailed bibliographic data are available in the Internet at http://dnb.d-nb.de.

ISBN 978-3-944331-99-7

Verlag der Wissenschaften GmbH
Bergstr. 70 | D-01069 Dresden
Tel.: 0351/47 96 97 20 | Fax: 0351/47 96 08 19
http://www.tudpress.de

Gesetzt vom Autor.
Printed in Germany.

Technische Universität Dresden

Charakterisierung der Modenverwirbelungskammer der TU Dresden und Untersuchung von Verfahren zur Bestimmung der unabhängigen Rührerstellungen

Stephan Pfennig

von der Fakultät Elektrotechnik und Informationstechnik
der Technischen Universität Dresden

zur Erlangung des akademischen Grades eines

Doktoringenieurs
(Dr.-Ing.)

genehmigte Dissertation

Vorsitzender:	Herr Prof. Dr.-Ing. habil. Adolf Finger
Gutachter:	Herr Prof. Dr. rer. nat. habil. Hans Georg Krauthäuser
	Herr Prof. Dr. rer. nat. habil. Achim Enders
Weiteres Mitglied:	Herr Prof. Dr.-Ing. habil. Dipl.-Math. Klaus Röbenack

Tag der Einreichung:	21.07.2014
Tag der Verteidigung:	18.12.2014

Danksagung

Für die Möglichkeit, in meine Heimat und an die Technische Universität Dresden zurückzukehren und am Lehrstuhl für Theoretische Elektrotechnik und Elektromagnetische Verträglichkeit der TU Dresden zu arbeiten und zu forschen, möchte ich mich zunächst ganz herzlich bei Herrn Prof. Krauthäuser bedanken. Außerdem danke ich Prof. Krauthäuser für die Betreuung meiner Dissertation, die Unterstützung bei der Einarbeitung in das Thema der Modenverwirbelungskammern, die Anregungen während der Promotion sowie der Möglichkeit, am Lehrstuhl sehr selbstständig und mit dem entsprechenden zeitlichen Freiraum zu forschen.

Des Weiteren möchte ich mich herzlich bei Herrn Prof. Enders von der Technischen Universität Braunschweig dafür bedanken, dass er die Aufgabe des Zweitgutachters übernommen hat, aber auch für sein Interesse an unserer Forschung. Ein besonderes Dankeschön möchte ich an dieser Stelle an Dr.-Ing. Mathias Magdowski vom Lehrstuhl für Elektromagnetische Verträglichkeit der Otto-von-Guericke Universität Magdeburg für den Gedankenaustausch während der Promotion richten. Seine strukturierte Art und Hingabe zum Detail halfen mir sehr, Schwachstellen in meiner Arbeit zu erkennen und diese zu schließen bzw. den Stand meiner Arbeit besser einschätzen zu können. Für die fachliche und mentale Unterstützung während der letzten Jahre sowie das angenehme Arbeitsklima möchte ich mich gleichzeitig bei meinen Kolleginnen und Kollegen am Lehrstuhl bedanken.

Nicht zuletzt bedanke ich mich bei meinen Eltern, meiner Freundin und unseren Freunden für die Unterstützung und das Verständnis, speziell auch während der nicht so einfachen Phasen der Promotion und vor allem für die vielen schönen gemeinsamen Erlebnisse, die mir ein wichtiger Ausgleich waren. Ganz besonders möchte ich mich bei meiner lieben Freundin für das kleine Meisterstück bedanken, das uns parallel zu meiner Promotion gelungen ist - unser geliebter Sohn. :-)

Abstract

In 2010 the Chair of Electromagnetic Theory and Compatibility of Technical University Dresden could extend its laboratories by a reverberation chamber with the dimensions 5.3 m, 3.7 m and 3.0 m. Since then, a detailed characterisation of the chamber as well as further investigations have been the main emphasis of the authors research. The submitted doctoral thesis presents the obtained results. With the design, the fundamentals of operation and further characterisation of the reverberation chamber, given in Chapter 1 and 2, it aims to give an introduction and better understanding of reverberation chambers. On this basis, the authors research focused on methods for determining the independent stirrer positions in reverberations chambers. The results of the investigations are presented and summarised in chapter 3.

One scope of Electromagnetic Compatibility are radiated immunity measurements. Besides the GTEM cell and the anechoic chamber the reverberation chamber gains in importance as an alternative measurement environment. A reverberation chamber is a shielded room with reflecting walls and one or more integrated mechanical stirrers. By rotating the stirrer the spatial boundary conditions for the electromagnetic field quantities are altered. The resulting change of the spatial field distribution depends on the location within the chamber and the geometry of the stirrer. Each stirrer position yields an inhomogeneous field distribution created by interfering waves. A general aim is to find a set of stirrer positions, whose superimposed field distributions create a more uniform test field. In practice, the given requirements for the homogeneity of the test field shall, with regards to an optimisation of measurement time, be realized with a minimum number of stirrer positions. In this context the term 'independent stirrer positions' was established and describes stirrer positions, whose field distributions are linearly uncorrelated and therefore assumed to be practical for creating a more homogeneous test field using only a minimal number of stirrer positions.

A general method for determining the number of independent stirrer positions in reverberation chambers is presented. The method uses a certain number of measurement positions in a defined test volume in order to characterize the spatial field distribution inside the chamber. Using the Pearson correlation coefficient the field distributions of the stirrer positions are tested for linear correlation and pairs of independent stirror positions are determined. On this basis, cliques of pairwise independent stirrer positions are identified using appropriate algorithms. It is shown that the general method yields detailed information about the number and distribution of the independent stirrer positions and is therefore particularly suitable to evaluate other methods. Finally, the standard method according to IEC 61000-4-21 as well as selected alternative methods, that have been proposed in the past, are evaluated and compared based on the results of the general method.

Inhaltsverzeichnis

Symbolverzeichnis

α .... Vertrauensintervall

α_0 .... Rührernullstellung

α_i .... Rührerstellungen

β_i .... unabhängige Rührerstellungen

ϵ .... Permittivität

η .... Antenneneffektivität

η_{Rx} .... Antenneneffektivität der Empfangsantenne

η_{Tx} .... Antenneneffektivität der Sendeantenne

κ .... Konduktivität

λ .... Wellenlänge

$\langle X \rangle$ .... Mittelwert der Größe X

$\lceil X \rceil$ .... Maximalwert der Größe X

$\lfloor X \rfloor$ .... Minimalwert der Größe X

div .... Differentialoperator Divergenz

grad .... Differentialoperator Gradient

rot .... Differentialoperator Rotation

μ .... Erwartungswert

μ .... Permeabilität

ω .... Kreisfrequenz

ρ .... Raumladungsdichte

σ .... Standardabweichung

σ_{w} .... elektrische Leitfähigkeit der Wände der MVK

ACC .... Autokorrelationskoeffizient (engl. auto correlation coefficient)

AVF .... (Empfangs-)Antennenvalidierungsfaktor (engl. antenna validation factor)

$\mathrm{BW_Q}$ .... Resonator-Güte-Bandbreite

CCF .... Kammerkalibrierfaktor (engl. chamber calibration factor)

CLF .... Kammerbeladungsfaktor (engl. chamber loading factor)

$\mathrm{CLF_{EUT}}$ .... Kammerbeladungsfaktor des Prüflings (EUT)

$\mathrm{CLF_{max}}$ .... maximaler Beladungsfaktor (engl. maximum loading factor)

Cov .... Kovarianz

IL .... Einfügedämpfung (engl. insertation loss)

PCC .... Pearson-Korrelationskoeffizient (engl. Pearson correlation coefficient)

Var .... Varianz

VSWR .... Stehwellenverhältnis (eng. voltage standing wave ratio)

$\triangle$ .... Laplace-Differentialoperator

$\vec{\nabla}$ .... Nabla-Differentialoperator

$\vec{B}$ .... magnetische Flussdichte

$\vec{D}$ .... elektrische Flussdichte

$\vec{E}$ .... elektrische Feldstärke

$\vec{H}$ .... magnetische Feldstärke

$\vec{J}$ .... elektrische Stromdichte

$\vec{k}$ .... Wellenvektor

$\vec{r}$ .... Ortsvektor

a_s .... Schirmdämpfung (als Pegel)

C .... Richtcharakteristik der Antenne

c .... Ausbreitungsgeschwindigkeit elektromagnetischer Wellen im Vakuum

D .... Richtfaktor bzw. Direktivität der Antenne

E .... Betrag der elektrischen Feldstärke

E_x, E_y, E_z ...... Betrag der orthogonalen Komponenten der elektrischen Feldstärke

f .... Frequenz

G .... Gewinn der Antenne

H .... Betrag der magnetischen Feldstärke

H .... Entropie

H_x, H_y, H_z ..... Betrag der orthogonalen Komponenten der magnetischen Feldstärke

H_m .... mittlere Entropie

H_R .... Rényi-Entropie

H_S .... Shannon-Entropie

m .... Modendichte

N_f .... Anzahl der Frequenzen im gewählten Frequenzband

N_α .... Anzahl der verwendeten Rührerstellungen

N_β .... Anzahl der unabhängigen Rührerstellungen

$N_{\mathrm{BW_Q}}$ .... Anzahl der Moden in der Güte-Bandbreite

N_o .... Anzahl der Ortspunkte des Prüfvolumens

N_Rx .... Anzahl der verwendeten Aufstellorte der Empfangsantennen

P .... elektrische Leistung

P_Rx .... Leistung am Fußpunkt der Empfangsantenne

P_r .... empfangene Leistung der Empfangsantenne (engl. received power)

P_Tx .... Leistung am Fußpunkt der Sendeantenne

P_t .... abgestrahlte Leistung der Sendeantenne (engl. transmitted power)

Q .... Güte der Modenverwirbelungskammer

Q_a .... Güteanteil der MVK aus den Antennenverlusten

Q_w .... Güteanteil der MVK aus den ohmschen Wandverlusten

r .... Abstand

R_s .... Strahlungswiderstand der Antenne

r_s .... Korrelationsschwellenwert

R_v .... Verlustwiderstand der Antenne

r_{ij} .... Korrelationskoeffizient der Feldverteilungen der Rührerstellungen α_i, α_j

S .... Oberfläche der MVK

S_{11} .... Betrag des Eingangsreflexionsfaktors (Streuparameter)

S_{21} .... Betrag des Vorwärtstransmissionsfaktors (Streuparameter)

S_{R} .... Oberfläche des Modenrührers

t .... Zeit

V .... Volumen der MVK

V_{R} .... Volumen des Modenrührers (kleinster umschließender Zylinder)

X_i .... Feldverteilung der Rührerstellung α_i

X_{a} .... Reaktanz der Antenne

Z_0 .... Wellenwiderstand im Vakuum (Freiraumwellenwiderstand)

Z_{w} .... Wellenwiderstand

EMV .... Elektromagnetische Verträglichkeit

EUT .... Prüfling (engl. equipment under test)

GPIB .... General Purpose Interface Bus

LWL .... Lichtwellenleiter

MVK .... Modenverwirbelungskammer

Einleitung

Zu den Laboren des Lehrstuhls für Theoretische Elektrotechnik und Elektromagnetische Verträglichkeit der Technischen Universität Dresden gehört seit 2010 eine Modenverwirbelungskammer (MVK) mit den Abmessungen 5.3 m, 3.7 m und 3.0 m. Die Charakterisierung dieser MVK sowie eine weiterführende Untersuchung zum Thema der Bestimmung der unabhängigen Rührerstellungen in einer Modenverwirbelungskammer waren die Forschungsschwerpunkte des Autors. Im Rahmen der eingereichten Dissertation werden die Ergebnisse vorgestellt. Der Aufbau und die Wirkungsweise sowie die Charakterisierung der Modenverwirbelungskammer der TU Dresden, die in den Kapiteln 1 und 2 vorgestellt werden, zielen darauf ab, eine grundlegende und praxisnahe Einführung und damit ein besseres Verständnis zum Thema Modenverwirbelungskammern zu geben. Darauf aufbauend werden in Kapitel 3 die Ergebnisse der Untersuchungen zur Bestimmung der unabhängigen Rührerstellungen vorgestellt.

Allgemein stehen zur Durchführung von EMV-Messungen verschiedene Messumgebungen zur Verfügung, wie z. B. der Freifeldmessplatz, die GTEM-Zelle, die Absorberkammer und die Modenverwirbelungskammer. Prinzipiell unterscheidet man dabei zwischen der Messung der Störaussendung und der Störfestigkeit von elektrischen Einrichtungen bzw. Geräten sowie nach der Art der Ausbreitung der Störgrößen zwischen leitungsgebundenen und strahlungsgebundenen Messungen. Die Messung der strahlungsgebundenen Störaussendung und strahlungsgebundenen Störfestigkeit kann entsprechend DIN EN 61000-4-21 [1] in einer MVK erfolgen. Weiterhin können Messungen, wie die Bestimmung der Schirmdämpfung von Gehäusen oder die Bestimmung der Effektivität von Antennen in einer Modenverwirbelungskammer durchgeführt werden.

Bei einer Modenverwirbelungskammer handelt es sich prinzipiell um einen Hohlraumresonator, in den ein mechanischer Rührer, d. h. ein elektrisch großer, drehbarer Streukörper integriert wird. Dieser wird auch als Modenrührer bezeichnet und sorgt durch seine Drehung für eine Änderung der räumlichen Randbedingungen der elektromagnetischen Feldgrößen. Die damit verbundene Änderung der Feldverteilung im Hohlraumresonator wird auch als Verwirbelung bezeichnet und ist von der Position und der Geometrie des Rührers abhängig. Der in diesem Zusammenhang oft verwendete Begriff der Effektivität eines Rührers beschreibt also, wie gut das Feld durch dessen Drehung verändert wird. Zur Steigerung der Effektivität werden teilweise auch mehrere Rührer verwendet.

Aus der Überlagerung der sich in der MVK ausbreitenden Wellen und der damit verbundenen Auslöschung bzw. Verstärkung der Feldstärkeanteile resultiert für jede Rührerstellung ein stark inhomogenes Feld. Betrachtet man jedoch das Maximum der überlagerten Feldverteilungen, das sich für eine gewählte Anzahl von Rührerstellungen ergibt, kann sich die Homogenität des Feldes in Abhängigkeit von der Anzahl und der Verteilung der Rührerstellungen signifikant verbessern. Ein allgemeines Ziel ist es deshalb, Kombinationen von Rührerstellungen zu finden, aus deren überlagerten Feldverteilungen ein möglichst homogenes Prüffeld resultiert.

Die maximale Feldhomogenität sollte sich für den theoretischen Fall der Überlagerung unendlich vieler, inhomogener Feldverteilungen ergeben. In der Praxis beschränkt man sich darauf, bestimmte Homogenitätsanforderungen zu erreichen. Zur Optimierung der Zeit, die für die Störfestigkeitsmessung in der MVK benötigt wird, sollen diese Anforderungen an das Prüffeld mit einer möglichst geringen Anzahl von Rührerstellungen realisiert werden. Der in diesem Zusammenhang eingeführte Begriff der 'unabhängigen Rührerstellungen' bezeichnet Rührerstellungen, deren Feldverteilungen linear unkorreliert sind. Der Autor nimmt an, dass speziell diese geeignet sind, um bei minimaler Anzahl der Rührerstellungen ein möglichst homogenes Prüffeld zu erzeugen.

Zur Bestimmung der unabhängigen Rührerstellungen wird im Rahmen der Arbeit ein neues Verfahren vorgestellt, das als Allgemeines Verfahren bezeichnet wird. Zur Anwendung des Verfahrens und der Charakterisierung der räumlichen Feldverteilung in der MVK wird zunächst ein Prüfvolumen mit einer Anzahl von Messpunkten definiert. Anschließend wird im betrachteten Frequenzbereich für jeden Frequenzpunkt die räumliche Feldverteilung in Abhängigkeit der Rührerstellung aufgenommen. Dabei wird der Modenrührer im Schrittbetrieb verwendet und eine volle Drehung des Rührers durch eine gleichmäßig verteilte Anzahl von Rührerstellungen abgebildet. Mit Hilfe des Pearson-Korrelationskoeffizienten können für jede Frequenz die Feldverteilungen der Rührerstellungen auf lineare Korrelation geprüft und Paare unabhängiger Rührerstellungen bestimmt werden. Unter Verwendung geeigneter Algorithmen können anschließend für jede Frequenz Gruppen bzw. sogenannte Cliquen paarweise unabhängiger Rührerstellungen ermittelt werden. Die Untersuchungen zeigen, dass das Allgemeine Verfahren detaillierte Informationen zur Anzahl und Verteilung der unabhängigen Rührerstellungen liefert und deshalb geeignet ist, um andere Verfahren zu bewerten. Weiterführend werden das Standardverfahren nach DIN EN 61000-4-21 sowie ausgewählte alternative Verfahren, die in der Vergangenheit vorgeschlagen wurden, basierend auf den Ergebnissen des Allgemeinen Verfahrens bewertet und verglichen.

1 Aufbau der Modenverwirbelungskammer

Zu den Laboren des Lehrstuhls für Theoretische Elektrotechnik und Elektromagnetische Verträglichkeit der Technischen Universität Dresden gehört seit 2010 eine Modenverwirbelungskammer (MVK), deren Aufbau und Messsystem in diesem Kapitel erläutert werden sollen. Zum Einstieg in die Thematik wird im ersten Abschnitt zunächst der prinzipielle Aufbau einer Modenverwirbelungskammer und des zugehörigen Messsystems betrachtet.

1.1 Prinzipieller Aufbau und Wirkungsweise

Bei einer Modenverwirbelungskammer handelt es sich prinzipiell um einen Hohlraumresonator, in den ein mechanischer Rührer, d. h. ein elektrisch großer, drehbarer Streukörper integriert wird. Dieser wird auch als Modenrührer bezeichnet und sorgt durch seine Drehung für eine Änderung der räumlichen Randbedingungen der elektromagnetischen Feldgrößen. Die damit verbundene Änderung der Feldverteilung im Hohlraumresonator wird auch als Verwirbelung bezeichnet und ist von der Position und der Geometrie des Rührers abhängig. Der in diesem Zusammenhang oft verwendete Begriff der Effektivität eines Rührers beschreibt also, wie gut das Feld durch dessen Drehung verändert wird. Zur Steigerung der Effektivität werden teilweise auch mehrere Rührer verwendet.

Als Hohlraumresonator wird in der Regel eine quaderförmige Schirmkabine verwendet, deren Wände bzw. Oberflächen aus einem elektrisch sehr gut leitenden Material bestehen. Da die Schirmkabine eine möglichst gute Schirmwirkung besitzen soll, wird beim Aufbau der Kabine auf eine durchgehende Oberfläche geachtet und Schwachstellen wie z. B. die Türschlitze und die Belüftungsöffnungen mit speziellen EMV-Dichtungen bzw. EMV-Wabenkaminen versehen. Um zusätzlich eine Einkopplung von Störungen über die Versorgungsleitungen zu verhindern, werden diese über Filter in die Schirmkabine geführt. Zum Nachweis der Schirmwirkung der Kabine wird eine Schirmdämpfungsmessung durchgeführt, wie sie für die Dresdener MVK in Abschnitt 1.2.3 dokumentiert ist.

Zum vollständigen Messsystem der MVK gehören neben der Schirmkabine und dem integrierten Modenrührer verschiedene Messgeräte, die in der Regel über eine Schaltmatrix angeschlossen sind und entsprechend der durchzuführenden Messung miteinander verbunden und angesteuert werden. Zum besseren Verständnis werden der prinzipielle Aufbau des Messsystems zur Bestimmung der Störaussendung und Störfestigkeit im Rahmen dieses Abschnittes getrennt voneinander betrachtet und deren prinzipielle Wirkungsweise erläutert.

1.1.1 Messung der strahlungsgebundenen Störaussendung

Für die Messung der strahlungsgebundenen Störaussendung wird das zu prüfende Gerät (der Prüfling) in der MVK platziert und über die Empfangsantenne die vom Prüfling gesamt abgestrahlte Leistung bestimmt. Dazu wird die Empfangsantenne, wie in Abbildung 1.1 dargestellt, mit dem EMV-Messempfänger verbunden und über die Drehung des Rührers die mittlere Leistung an der Empfangsantenne aufgenommen, wobei am EMV-Messempfänger in der Regel der entsprechende Leistungspegel verwendet wird. Aus der mittleren Leistung an der Empfangsantenne kann anschließend die vom Prüfling gesamt abgestrahlte Leistung berechnet werden.

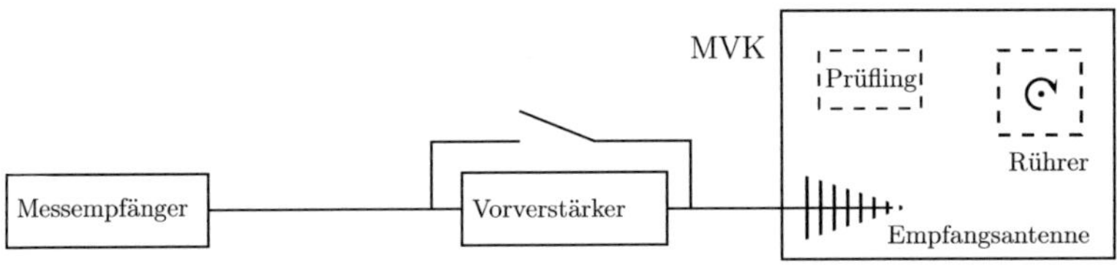

Abbildung 1.1: Prinzipieller Aufbau für die Messung der strahlungsgebundenen Störaussendung in einer MVK

Optional kann bei der Messung ein externer Vorverstärker verwendet werden, um auch Störsignale mit kleineren Störleistungspegeln detektieren zu können bzw. um den Grundrauschpegel der Messung abzusenken. Die Position der Empfangsantenne wird bei der Messung nicht verändert. Die Mittelung für die vom Prüfling in alle Raumrichtungen abgestrahlten Leistung erfolgt über die Drehung des Rührers und die damit verbundene Änderung der Störfeldstärke am Ort der Empfangsantenne. Eine Drehung des Prüflings ist im Vergleich zur Messung in der GTEM-Zelle und Absorberkammer deshalb nicht notwendig.

Basierend auf der vom Prüfling gesamt abgestrahlten Leistung kann eine Abschätzung für die vom Prüfling in einer definierten Entfernung erzeugte Feldstärke erfolgen. Diese Abschätzung ist notwendig, da die Grenzwerte für die Störaussendung aktuell als Werte der elektrischen Feldstärke gegeben sind, die in einem definierten Abstand vom Prüfling nicht überschritten werden dürfen. Im Rahmen dieses Abschnittes wurde ein erster Einblick zur Messung der Störaussendung in der MVK gegeben. Eine ausführliche Betrachtung zur Durchführung der Messung folgt in Abschnitt 2.6.

1.1.2 Messung der strahlungsgebundenen Störfestigkeit

Analog zum betrachteten Fall der Störaussendung kann auch für die Messung der strahlungsgebundenen Störfestigkeit in der MVK ein entsprechender prinzipieller Aufbau angegeben werden. Für diesen in Abbildung 1.2 dargestellten Aufbau kann eine Einteilung in den Sende- und Empfangszweig vorgenommen werden. Zum Sendezweig gehören dabei der

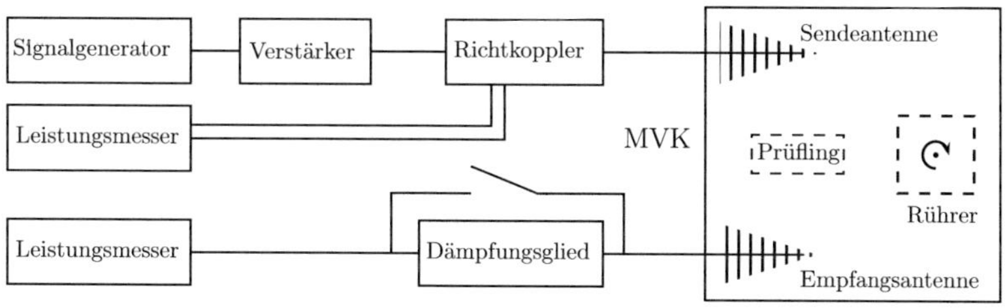

Abbildung 1.2: Prinzipieller Aufbau für die Messung der strahlungsgebundenen Störfestigkeit in einer MVK

Signalgenerator, der Verstärker, der Richtkoppler mit angeschlossenem Leistungsmesser und die Sendeantenne. Am Signalgenerator werden zunächst die Frequenz und die Amplitude des Prüfsignals eingestellt. Dieses wird anschließend von Verstärker verstärkt und über den Richtkoppler zur Sendeantenne geführt, wo ein Teil der zugeführten Leistung am Fußpunkt der Sendeantenne reflektiert wird. Die reflektierte Leistung hängt dabei von der Anpassung der Antenne ab und ist frequenzabhängig. Mit Hilfe des eingebauten Richtkopplers und des angeschlossenen 2-Kanal-Leistungsmessers kann aus der zugeführten und reflektierten Leistung die Nettoleistung berechnet werden, die am Fußpunkt der Sendeantenne zur Verfügung steht und entsprechend der Effektivität der Antennen in Strahlungsleistung umgesetzt wird.

Durch die beschriebene Anregung der Modenverwirbelungskammer über die Sendeantenne und die anschließende Ausbreitung der Wellen in der Kammer kommt es zu Reflexionen an den Wänden und am Modenrührer. In der Kammer bildet sich damit aus der Überlagerung dieser Wellen ein elektromagnetisches Feld mit lokalen Minima und Maxima aus, dessen Feldverteilung inhomogen und abhängig von der Stellung des Rührers ist. Betrachtet man anschließend die Feldverteilungen einer über eine volle Rührerdrehung verteilten Anzahl von Rührerstellung, dann ergibt sich für das Maximum der überlagerten Feldverteilungen ein deutlich homogeneres Feld, das als Prüffeld für die Störfestigkeitsmessung in der MVK verwendet wird. Die Homogenität des Prüffeldes ist dabei von der Anzahl der verwendeten Rührerstellungen und deren Verteilung abhängig. An dieser Stelle sei bereits auf Kapitel 3 verwiesen, in dem die Auswahl der Rührerstellungen ausführlich untersucht wird.

Bei der Ausbreitung der Wellen in der MVK kommt es zu einer Vielzahl von Reflexionen. Durch die zusätzliche Drehung des Rührers variieren die Ausbreitungswege der Wellen sehr stark und es entsteht in Überlagerung ein isotropes Feld, das heißt ein Feld, das keine Vorzugsrichtung besitzt. Das bedeutet, dass der Prüfling über die Drehung des Rührers aus allen Raumrichtungen gleich stark mit dem Prüffeld beaufschlagt wird und im Vergleich zur Messung in der GTEM-Zelle oder der Absorberkammer somit keine Drehung des Prüflings notwendig ist.

Neben dem Sendezweig zur Anregung der MVK wird für die Störfestigkeitsmessung der Empfangszweig benötigt, der aus der Empfangsantenne, einem optionalen Dämpfungsglied und einem Leistungsmesser besteht. Dieser Zweig dient der Validierung der Kammer und der Überwachung des Prüffeldes. Das heißt, dieser Zweig wird während der Störfestigkeitsmessung benötigt, um sicherzustellen, dass die erforderliche Prüffeldstärke erreicht wird. Das Dämpfungsglied wird als zusätzlicher Schutz des Leistungsmesskopfes verwendet und ist vor allem im unteren Frequenzbereich notwendig, in dem die Einfügedämpfung der MVK gering ist und bei entsprechender Anregung der Kammer hohe Leistungspegel am Fußpunkt der Empfangsantenne auftreten können (siehe Abschnitt 2.2). Der Leistungsmesser kann auch durch den EMV-Messempfänger ersetzt werden, der bereits bei der Störaussendungsmessung verwendet wurde.

Vor der eigentlichen Störfestigkeitsmessung ist eine Validierung der leeren Kammer durchzuführen, um nachzuweisen, dass die Anforderungen an die Homogenität des Prüffeldes innerhalb des definierten Prüfvolumens erfüllt werden. Für diese Validierung wird zusätzlich eine Feldsonde zur Messung der orthogonalen Komponenten der elektrischen Feldstärke benötigt. Das Messsignal der Feldsonde wird dabei in der Regel über Lichtwellenleiterkabel (LWL-Kabel) nach außen geführt, um eine entkoppelte Übertragung zu gewährleisten. Diese Validierung ist jedoch nur nach dem ersten Aufbau der MVK sowie nach größeren Veränderungen durchzuführen.

Zur Überwachung des Prüflings während der Störfestigkeitsmessung wird weiterhin ein Kamerasystems benötigt, das für die Verwendung in der MVK entsprechend ausgelegt (geschirmt) sein muss. Bei der Auswahl der Verstärker ist darauf zu achten, dass diese auch bei der zu erwartenden Fehlanpassung der angeschlossenen Antennen, d. h. auch bei den zu erwartenden Anteilen der zurücklaufenden Leistung, die geforderte Leistung liefern bzw. durch die zurücklaufende Leistung nicht beschädigt werden können.

1.1.3 Hinweise zum prinzipiellen Aufbau

Da die Messungen in der MVK über einen großen Frequenzbereich durchgeführt werden und dafür eine entsprechend gute Anpassung der Antennen über den gesamten Frequenzbereich notwendig ist, werden verschiedene breitbandige Antennen eingesetzt, die im jeweiligen Frequenzbereich eine entsprechend gute Anpassung besitzen. Dies muss beim Aufbau des Messsystems berücksichtigt werden.

Die Antennenkabel werden in der Regel über eine Durchführungsplatte in der Schirmkabinenwand zu den entsprechenden Antennen geführt. Dabei werden die Außenleiter (Schirme) der Koaxialkabel über Adapter in der Durchführungsplatte auf die Schirmkabinenwand aufgelegt. Störgrößen auf den Außenleitern (Kabelmanteln) werden somit über die Schirmkabinenwand abgeleitet und können nicht in die MVK einkoppeln.

Bei den Messungen ist weiterhin zu beachten, dass die verwendeten Kabel eine frequenzabhängige Dämpfung besitzen, die bei der Durchführung und Auswertung der Messung zu berücksichtigen ist.

Die Drehung des Modenrührers kann bei der Störaussendungs- und Störfestigkeitsmessung schrittweise bzw. kontinuierlich erfolgen. Das heißt, bei der Durchführung der Messung wird prinzipiell zwischen diesen beiden Betriebsmodi unterschieden.

1.1.4 Hinweise zur verwendeten Nomenklatur

Im Zusammenhang mit den verwendeten Antennen und dem Prüfling werden im Weiteren verschiedene Indizes zur Beschreibung der in der MVK abgestrahlten und empfangenen Leistungen verwendet. Einen Überblick gibt Abbildung 1.3.

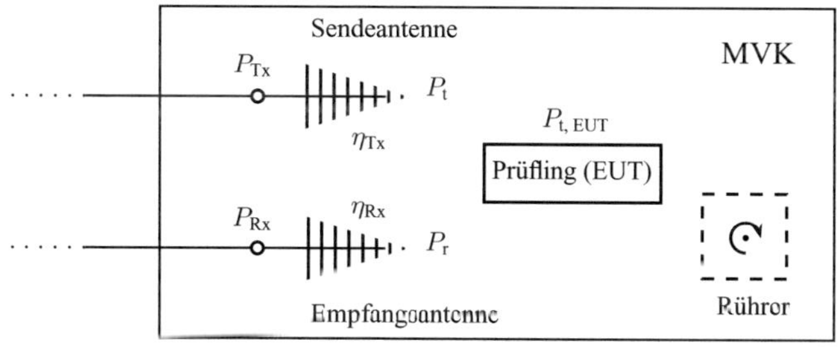

Abbildung 1.3: Übersicht zur Nomenklatur der abgestrahlten und empfangenen Leistung der Antennen und des Prüflings in einer MVK

Allgemein wird die am Fußpunkt der Sendeantenne zur Verfügung gestellte Leistung mit P_{Tx} beschrieben. Dabei ist darauf zu achten, dass bei Fehlanpassung der Antenne ein Teil der Leistung reflektiert wird. Entscheidend ist dann die Nettoeingangsleistung, die sich aus der Differenz der zugeführten und reflektierten Leistung ergibt.

Aufgrund der ohmschen Verluste realer Antennen wird nur der Anteil P_{t} der zugeführten Leistung P_{Tx} von der Antenne abgestrahlt. Dieser Anteil ist abhängig von der verwendeten Antenne und wird durch die Antenneneffektivität η_{Tx} beschrieben. Analog werden zur Beschreibung der Leistungen an der Empfangsantenne die empfangene Leistung P_{r}, die Antenneneffektivität η_{Rx} und die Leistung am Fußpunkt der Antenne P_{Rx} verwendet. Für die vom Prüfling abgestrahlte Leistung $P_{\mathrm{t,\,EUT}}$ wird der zusätzliche Index EUT (engl. equipment under test) eingeführt.

1.2 Aufbau der Dresdener Modenverwirbelungskammer

Die Modenverwirbelungskammer des Lehrstuhls für Theoretische Elektrotechnik und Elektromagnetische Verträglichkeit der TU Dresden (Dresdener MVK) basiert auf einer Schirmkabine mit den Außenmaßen 5.3 m, 3.7 m und 3.0 m, in die ein vertikaler Modenrührer integriert wurde. Einen Einblick in die MVK gibt Abbildung 1.4. Als Sende- und Empfangs-

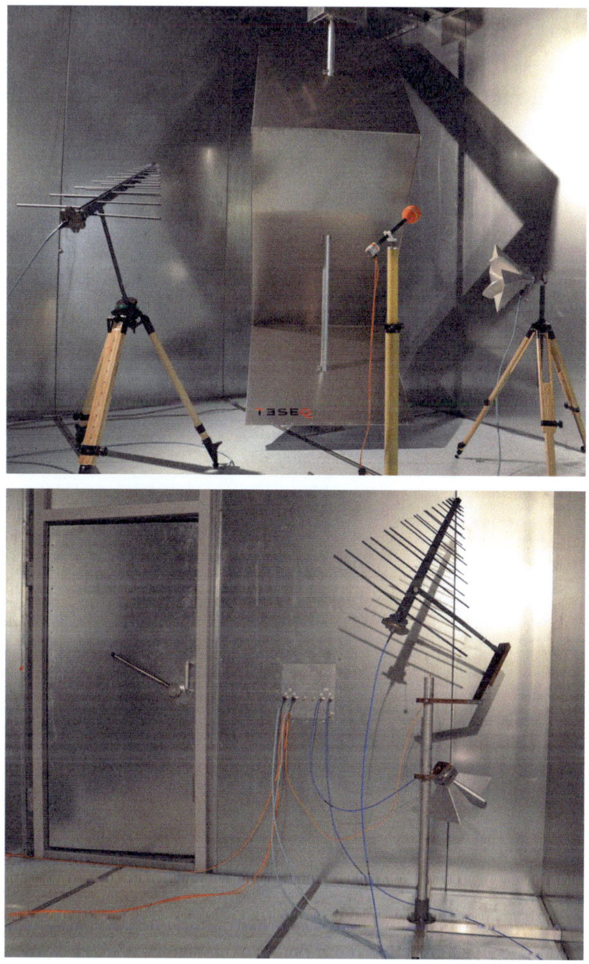

Abbildung 1.4: Modenverwirbelungskammer der TU Dresden - Innenraum

antennen dienen ein Paar logarithmisch-periodischer Antennen für den Frequenzbereich von 200 MHz bis 1000 MHz sowie ein Paar Hornantennen für den Bereich von 1 GHz bis 18 GHz, die über eine Schaltmatrix mit den entsprechenden Messgeräten verbunden sind.

Zum vollständigen System der Modenverwirbelungskammer gehören die Verstärker BLWA und BLMA sowie der Richtkoppler BDC 0810-40/200 der Firma Bonn, das Relaisschaltfeld KRE4009 von MTS Systemtechnik, der Signalgenerator SMF100A und der EMV-Messempfänger ESU26 von Rohde&Schwarz, zwei Leistungsmesser NRP von Rohde&Schwarz, die Sende- und Empfangsantennen HL223 und HF907 von Rohde&Schwarz, die Feldsonde FL7018 von Amplifier Research, die Feldsonde EFS105 und die optische Übertragungsstrecke LFA3 von Enprobe, ein Kamerasystem der Firma Pontis sowie verschiedene Dämpfungsglieder, Stative und Kabel.

Die Messgeräte, d. h. die Verstärker, die Schaltmatrix, der Signalgenerator, der EMV-Messempfänger, die Leistungsmesser sowie die Grundgeräte der Feldsonde und des Kamerasystem wurden in einen Geräteschrank eingebaut. Die Verbindungen zu den Sende- und Empfangsantennen werden über eine Durchführungsplatte realisiert, die zusammen mit dem Geräteschrank in Abbildung 1.5 zu sehen ist. In die Durchführungsplatte wurde zusätzlich eine

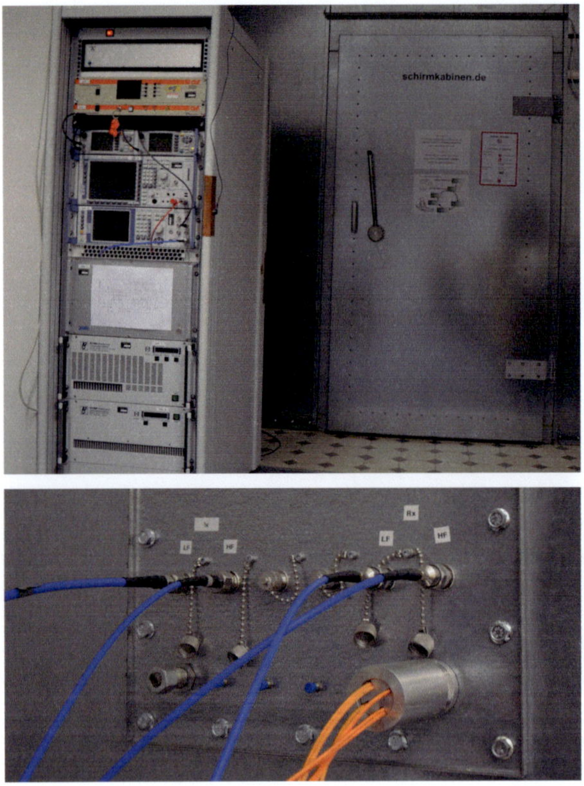

Abbildung 1.5: MVK der TU Dresden - Messgeräte und Durchführungsplatte

spezielle Durchführung für Lichtwellenleiterkabel (LWL-Kabel) integriert. Eine ausführliche Erläuterung der gesamten Verkabelung des Messsystems folgt in Abschnitt 1.2.7.

1.2.1 Wahl des Koordinatensystems

Zur eindeutigen Beschreibung von Positionen innerhalb der Schirmkabine mit den Abmessungen 5.3 m, 3.7 m und 3.0 m soll im Weiteren das in Abbildung 1.6 skizzierte Koordinatensystem verwendet werden.

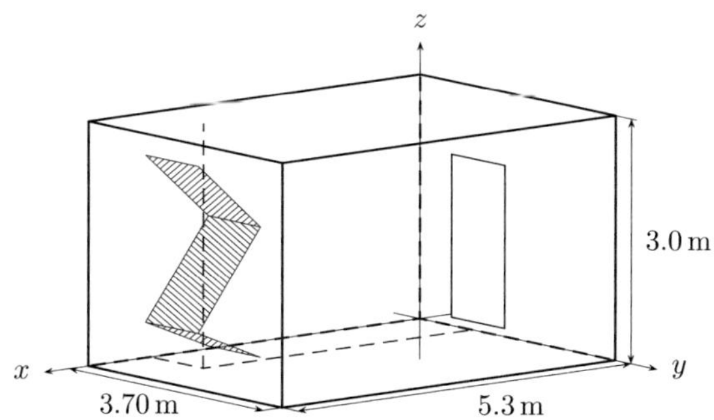

Abbildung 1.6: Wahl des Koordinatensystems in der MVK

Als Koordinatenursprung wurde die der Tür am nächsten gelegene untere Ecke und als positive x-Richtung die Längsausdehnung der Schirmkabine gewählt. Damit liegen die Tür und die Durchführungsplatte der MVK in der Ebene $x = 0$ und die Rotationsachse des vertikalen Modenrührers ist durch die Punkte $P(4.3\,\mathrm{m}, 1.0\,\mathrm{m}, 0.0\,\mathrm{m})$ und $P(4.3\,\mathrm{m}, 1.0\,\mathrm{m}, 3.0\,\mathrm{m})$ gegeben.

1.2.2 Positioniergenauigkeit des Rührers

Mit dem Modenrührer [2] können sowohl einzelne Rührerstellungen angefahren als auch ein kontinuierlicher Betrieb realisiert werden. Im kontinuierlichen Betrieb kann die Winkelgeschwindigkeit des Rührers variiert werden. Für das Anfahren bestimmter Rührerstellungen bzw. Drehwinkel muss der Rührer nach dem Einschalten zunächst initialisiert werden, damit dieser seine Nullstellung einnimmt.

Mit Hilfe eines Laser-Pointers, der in der Drehachse des Rührers angebracht wurde und Richtung Kabinenwand zeigte, wurde die Positioniergenauigkeit des Rührers untersucht. Dabei wurde festgestellt, dass nach Initialisierung und Verwendung des Rührers im Schrittbetrieb mit gleichbleibender Drehrichtung von einer Winkelgenauigkeit von einem halben Grad ausgegangen werden kann, was einer Gesamtanzahl von 720 Positionen entspricht. Außerdem wurde die Positioniergenauigkeit für den Fall von mehrfachen Drehrichtungsänderungen und Neuinitialisierungen untersucht. Dabei zeigte sich eine verringerte Positioniergenauigkeit von einem Grad.

1.2.3 Schirmdämpfung

Bestandteil der Lieferung der Modenverwirbelungskammer war die Messung der Schirmdämpfung nach IEEE Std. 299-2006 [3] an der Tür (Mitte, Spalt oben, Spalt rechts, Spalt links), an zwei Modulverbindungen sowie im Bereich der Durchführungen und Nachweis der geforderten Schirmdämpfungswerte von mindestens 50 dB bei 10 kHz, 100 dB bei 200 kHz, 100 dB von 200 kHz bis 50 MHz, 100 dB von 50 MHz bis 1 GHz, 100 dB von 1 GHz bis 10 GHz und 80 dB bei 18 GHz.

Frequenz	Schirmdämpfung a_s in dB für Position					Schirmdämpfung a_s Mindestwert in dB
	1	2	3	4	5	
10 kHz	85	55	50	110	95	50
156 kHz	110	95	90	120	120	90
1 MHz	120	105	115	125	125	105
10 MHz	105	110	120	120	120	105
100 MHz	103	103	103	103	103	103
200 MHz	107	107	108	108	108	107
400 MHz	107	109	106	99	116	99
600 MHz	102	97	98	99	106	97
800 MHz	106	98	105	106	107	98
1 GHz	110	106	105	110	103	103
4 GHz	100	93	104	100	100	93
10 GHz	92	84	90	98	99	84
14 GHz	76	98	97	97	85	76
18 GHz	65	82	84	97	75	65

Tabelle 1.1: Zusammenfassung der Ergebnisse der Schirmdämpfungsmessung

Aufgrund der örtlichen Begebenheiten wurden die folgenden 5 Positionen für die Messung gewählt: (1) Mitte der Durchführungsplatte, (2) Türspalt links, (3) Türspalt rechts, (4) Netzfilter und (5) Wabenkamin am Rührer. Aus dem Messbericht [4] wurden die gemessenen Werte der Schirmdämpfung in Tabelle 1.1 für die gewählten diskreten Frequenzpunkte und Messpositionen übernommen, wobei jeweils nur der Mindestwert für vertikale und horizontale Polarisation angegeben ist.

Bei der weiteren Untersuchung der Schirmdämpfung im Frequenzbereich von 1 GHz bis 18 GHz wurde festgestellt, dass die Lichtwellenleiter der Feldsonden einen signifikanten Einfluss auf die Schirmdämpfung haben. Tabelle 1.1 zeigt die Ergebnisse der wiederholten Schirmdämpfungsmessung ohne die LWL-Kabel. Bei Entfernung aller LWL-Kabel aus der Durchführung verbesserte sich die Schirmdämpfung an der Durchführungsplatte (Position 1)

z. B. bei 18 GHz von 65 dB auf 88 dB. Zusätzlich konnte gezeigt werden, dass der Wert der Schirmdämpfung bei 18 GHz mit steigender Anzahl der LWL-Kabel fällt (88 dB ohne LWL, 75 dB mit dem 1-Leiter-LWL der Enprobe-Feldsonde, 64 dB mit den 2x2-Leiter-LWL der AR-Feldsonde, 59 dB mit den LWL-Kabeln der Enprobe- und AR-Sonde).

Frequenz	Schirmdämpfung a_s in dB für Position					Schirmdämpfung a_s Mindestwert in dB
	1	2	3	4	5	
1 GHz	115	125	122	118	110	110
4 GHz	104	103	110	103	109	103
10 GHz	108	110	108	103	101	101
14 GHz	105	114	102	97	83	83
18 GHz	88	87	90	92	81	81

Tabelle 1.2: Ergebnisse der Schirmdämpfungsmessung ohne die Lichtwellenleiter

Um den Einfluss auf die Güte der Kammer zu untersuchen, wurde im Frequenzbereich von 1 GHz bis 18 GHz eine Vergleichsmessung mit und ohne LWL-Kabel unter Verwendung des in Abschnitt 2.4 beschriebenen Verfahrens durchgeführt. Die Ergebnisse zeigten keinen Einfluss auf die Güte der Kammer und lassen den Schluss zu, dass die Verluste durch die LWL-Kabel vernachlässigbar klein gegenüber den Wandverlusten sind.

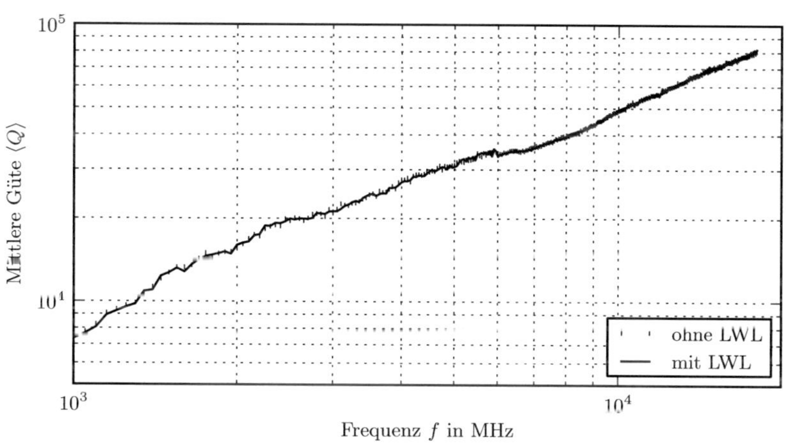

Abbildung 1.7: Mittlere Güte der MVK, Vergleichsmessung mit und ohne Lichtwellenleiter

1.2.4 Verstärker

Zum System der Modenverwirbelungskammer gehören weiterhin die Klasse-A-Verstärker BLWA und BLMA der BONN Elektronik GmbH, die zusammen den Frequenzbereich von 80 MHz bis 18 GHz abdecken. Der Verstärker BLWA für den Frequenzbereich von 80 MHz bis 1 GHz hat eine Nennausgangsleistung von 100 W und wird zusammen mit einem externen Richtkoppler betrieben. Der Verstärker BLMA für den Frequenzbereich von 1 GHz bis 18 GHz besteht aus 3 separaten Verstärkern und integrierten Richtkopplern und besitzt eine Nennausgangsleistung von 100 W im Frequenzband von 1 GHz bis 2 GHz, 30 W von 2 GHz bis 6 GHz und 20 W von 6 GHz bis 18 GHz. Der Verstärker BLWA besitzt eine automatische Abriegelfunktion, welche die Ausgangsleistung auf ungefähr 51 dBm begrenzt.

Verstärker	Frequenzbereich	Nennausgangsleistung	
BLWA	80 MHz - 1000 MHz	100 W	(50 dBm)
BLMA	1 GHz - 2 GHz	100 W	(50 dBm)
	2 GHz - 6 GHz	30 W	(44.8 dBm)
	6 GHz - 18 GHz	20 W	(43 dBm)

Tabelle 1.3: Übersicht zu den Verstärkern

1.2.5 Antennen

Als Sende- und Empfangsantennen werden zwei logarithmisch-periodische (log.-per.) Antennen vom Typ HL223 und zwei Hornantennen vom Typ HF907 der Firma Rohde&Schwarz verwendet. Der nutzbare Frequenzbereich der Antennen ist mit 200 MHz bis 1300 MHz und 1 GHz bis 18 GHz angegeben. Als typische Werte für deren Anpassung ist ein Stehwellenverhältnis VSWR < 2 für die log.-per. Antennen HL223 sowie ein VSWR < 3 bzw. VSWR < 2 für die Hornantennen HF907 in den Frequenzbereichen von 1 GHz bis 2 GHz und von 2 GHz bis 18 GHz angegeben.

Zur genaueren Charakterisierung wurde der Eingangsreflexionsfaktor S_{11} der Antennen in der MVK bestimmt. Dazu wurden die Sendeantennen, wie in Abbildung 1.4 zu sehen, in der Ecke der MVK nahe der Durchführungsplatte platziert und mit Hilfe des Netzwerkanalysators ZVA24 von Rohde&Schwarz der Eingangsreflexionsfaktor S_{11} für die Frequenzbereiche von 100 MHz bis 1200 MHz und von 1 GHz bis 18 GHz gemessen. Bei der Messung wurde der Eingangsreflexionsfaktor für die Rührernullstellung sowie dessen Maximum über eine vollständige Drehung des Rührers bestimmt. Die Ergebnisse für den Eingangsreflexionsfaktor S_{11} und das entsprechende Stehwellenverhältnis VSWR sind für die Rührernullstellung in Abbildung 1.8 dargestellt.

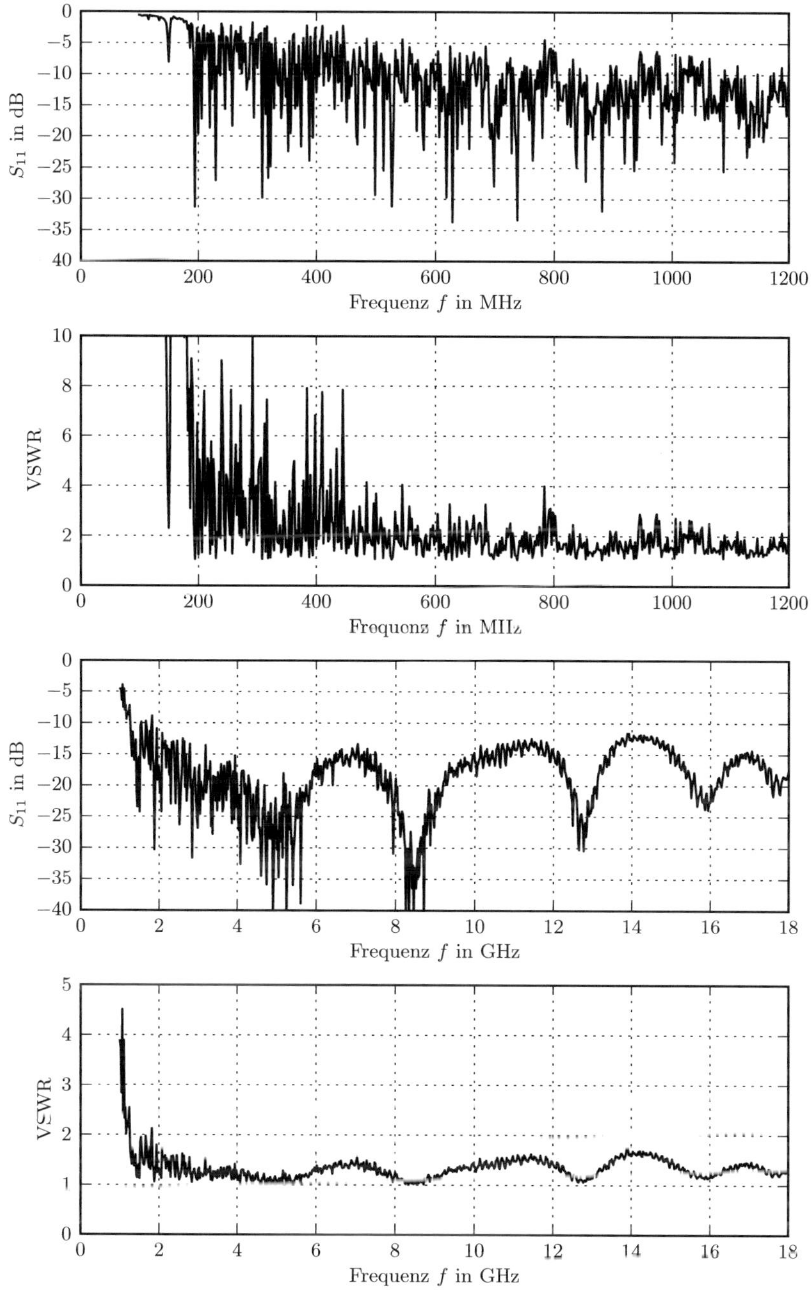

Abbildung 1.8: Betrag des Eingangsreflexionsfaktors S_{11} und Stehwellenverhältnis VSWR der Antennen HL223 (100 MHz bis 1200 MHz) und HF907 (1 GHz bis 18 GHz) für die Rührernullstellung

1.2.6 Schaltmatrix

Für die Modenverwirbelungskammer wurde von der Firma MTS Systemtechnik ein Relaisschaltfeld bezogen, dass aus insgesamt 9 Hochfrequenz-Relais besteht. Die Relais K1 bis K9 bilden zusammen 6 Relaiseinheiten, die über GPIB und die entsprechenden Steuerbefehle geschaltet werden. In Tabelle 1.4 sind die verschiedenen Zustände der Relaiseinheiten und der zugehörigen Relais zusammengefasst. Weitere Information zum Relaisschaltfeld und dessen Ansteuerung können dem Handbuch [5] entnommen werden.

Relaiseinheit	Relais (Typ)	Zustand Relaiseinheit	Zustand Relais
R1	K2 (SP3T-N)	R1P0	K2-1, K3-1
	K3 (SP3T-SMA)	R1P1	K2-2, K3-2, K5-NC, K9-NC
	K5 (SPDT)	R1P2	K2-3, K3-3, K5-NO, K9-NO
	K9 (SPDT)		
R2	K1 (SP3T-N)	R2P0	K1-1
		R2P1	K2-2
		R2P2	K3-3
R3	K4 (SPDT-SMA)	R3P0	K4-NC
		R3P1	K4-NO
R4	K7 (Transfer)	R4P0	K7 1-2,3-4
		R4P1	K7 1-4,2-3
R5	K8 (Tansfer)	R5P0	K8 1-2,3-4
		R5P1	K8 1-4,2-3
R6	K6 (SPDT-SMA)	R6P0	K6-NC
		R6P1	K6-NO

Tabelle 1.4: Übersicht zum Relaisschaltfeld (NC = normally closed, NO = normally open)

Die Zustände R4P1 und R5P1 der Transferrelais R4 (K7) und R5(K8) sind im Handbuch falsch beschrieben. Verbunden sind in diesem Fall die Kontakte 1 und 4 sowie 2 und 3. Weiterhin fehlt ein Vermerk, dass R4 und R5 so gekoppelt sind, dass bei einem Relais der Ruhekontakt (NC, normally closed) und bei dem jeweils anderen Relais der Arbeitskontakt (NO, normally open) verbunden ist.

1.2.7 Messsystem und Verkabelung

Basierend auf den Arbeitsbereichen der verwendeten Antennen und Verstärker wurde der Frequenzbereich für die Störfestigkeitsmessung in der MVK in den Niederfrequenzbereich (LF) von 200 MHz bis 1000 MHz und den Hochfrequenzfrequenzbereich (HF) von 1 GHz bis 18 GHz unterteilt. Da der Verstärker für den LF-Bereich bereits ab 80 MHz verwendet werden kann, ist eine Erweiterung des nutzbaren Frequenzbereiches prinzipiell möglich. In diesem Fall ist jedoch die Fehlanpassung der log.-per. Antenne im Bereich unterhalb von 200 MHz zu berücksichtigen. Die Einteilung in den LF- und HF-Bereich mit Übergang bei 1 GHz wurde für die Messung der Störabstrahlung übernommen.

Das Gesamtsystem Modenverwirbelungskammer mit seinen verschiedenen Komponenten und deren Verkabelung ist in Abbildung 1.9 dargestellt. Prinzipiell kann das System in den Sende- und Empfangszweig unterteilt werden, wobei bei der Messung der Störabstrahlung nur der Empfangszweig und bei der Störfestigkeitsmessung sowohl Sende- und Empfangszweig zum Einsatz kommen.

Der Sendezweig besteht aus dem Signalgenerator (SIG), dem LF-Verstärker (AMP LF) mit dem zugehörigen LF-Richtkoppler (DC LF), dem HF-Verstärker (AMP HF) mit integriertem Richtkoppler (DC HF) und den Sendeantennen (Tx LF, Tx HF). Über die Relais K1, K2 und K3 sind die Geräte miteinander verbunden. Der Sendezweig enthält neben den Verstärkerpfaden auch einen direkten Pfad vom Signalgenerator zu den Sendeantennen. Damit können die Verstärker z.B. für Testzwecke umgangen werden. Weiterhin besteht die Möglichkeit den Ausgang der Verstärker auf ein 40 dB Dämpfungsglied (150 W/20 dB und 5 W/20 dB) mit 50 Ω Abschlusswiderstand zu schalten. Die Anschlüsse der Richtkoppler (Fwd/Rev LF, Fwd/Rev HF) zur Messung der hin- und zurücklaufenden Leistung sind über die Relais 5 und 9 mit dem Zweikanal-Leistungsmesser (PM1) verbunden.

Zum Empfangszweig gehören die Empfangsantennen (Rx LF, Rx HF), der Leistungsmesser (PM2) und der EMV-Messempfänger (REC). Über die Relais K4, K6, K7 und K8 kann die jeweilige Antenne entweder mit dem Leistungsmesser oder dem EMV Messempfänger verbunden werden und dabei wahlweise ein 20 dB Dämpfungsglied zwischen geschaltet werden. Für die Messung der Störabstrahlung wird in der Regel der Störmessempfänger verwendet und für die Störfestigkeitsmessung der Leistungsmesser. Der Eingang des nicht verwendeten Gerätes wird über die gekoppelten Relais K4 und K6 automatisch mit 50 Ω abgeschlossen.

Die für den Empfangszweig möglichen Zustände der Schaltmatrix bzw. die Zustände der entsprechenden Relais sind in Tabelle 1.5 aufgelistet. Als sicherer Grundzustand des Systems wurde der Zustand 'R1P0R2P0R3P1R4P1R5P0R6P0' definiert. Im Sendezweig werden dabei die Verstärker über die Direktverbindung zwischen den Relais K3 und K2 überbrückt und über K1 der Ausgang des Signalgenerators auf das 40 dB Dämpfungsglied mit 50 Ω Abschlusswiderstand geschaltet. Im Empfangszweig ist die LF-Antenne über das 20 dB Dämpfungsglied auf den Eingang des Einkanalleistungsmessers geschaltet, während der EMV-Messempfänger mit 50 Ω abgeschlossen ist.

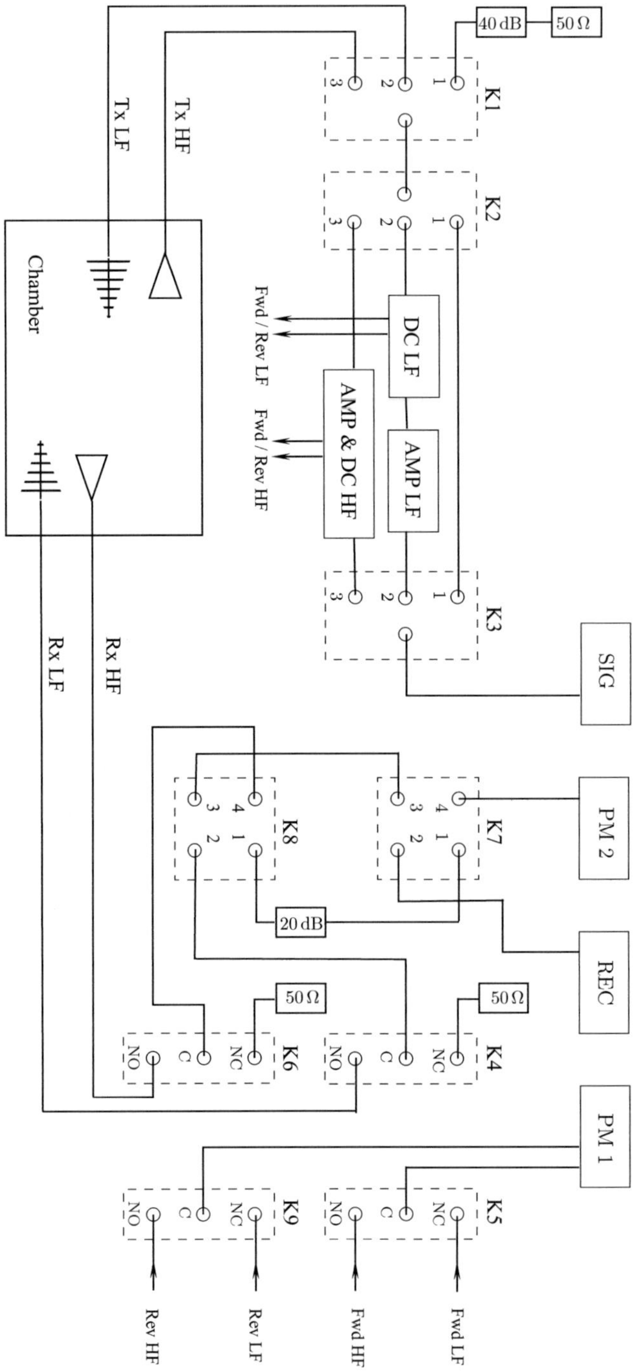

Abbildung 1.9: Systemverkabelung

LF	HF	PM2	REC	0 dB	20 dB	K4	R3	K6	R6	K7	R4	K8	R5
x		x		x		NO	P1	NC	P0	3-4	P0	2-3	P1
x		x			x	NO	P1	NC	P0	1-4	P1	1-2	P0
x			x	x		NO	P1	NC	P0	2-3	P1	2-3	P1
x			x		x	NO	P1	NC	P0	1-2	P0	1-2	P0
	x	x		x		NC	P0	NO	P1	3-4	P0	3-4	P0
	x	x			x	NC	P0	NO	P1	1-4	P1	1-4	P1
	x		x	x		NC	P0	NO	P1	2-3	P1	3-4	P0
	x		x		x	NC	P0	NO	P1	1-2	P0	1-4	P1

Tabelle 1.5: Schaltzustände des Empfangszweiges

1.2.8 Feldsonde

Für die Feldstärkemessungen in der MVK steht eine lasergespeiste Feldsonde der Firma Amplifier Research zur Verfügung. Das Feldstärkemesssystem besteht aus dem Feldsonden Interface FL7000, der lasergespeisten elektrischen Feldsonde FL7018, dem nichtleitenden Feldsondenstativ PS1000 und dem optionalen Feldmonitor FM7004. Interface und Feldsonde sind über Lichtwellenleiter verbunden. Das Auslesen der Feldstärkewerte kann über GPIB bzw. USB2.0 erfolgen. Der Feldmonitor, der ebenfalls mit dem Interface verbunden ist, zeigt den aktuellen Feldstärkewert an und eignet sich deshalb zur Überwachung der Messung. Die elektrische Feldsonde besitzt einen internen Mikroprozessor, der u. a. die Einhaltung der Linearität überwacht und Temperaturschwankungen kompensiert. Die Feldsonde kann im Frequenzbereich von 3 MHz bis 18 GHz verwendet werden und besitzt einen Arbeitsbereich von 1 V/m bis 1000 V/m, was einer Dynamik von 60 dB entspricht.

Anhand ausgewählter Frequenzen wurde die Linearität der Feldsonde im Frequenzbereich von 80 MHz bis 18 GHz in der MVK getestet. Dabei wurde die Feldsonde an verschiedenen Positionen in der MVK platziert und für ausgewählte Frequenzen die gemessene elektrische Feldstärke in Abhängigkeit der Leistung am Fußpunkt der Sendeantenne aufgenommen. Für jede Frequenz wurde dabei auf die Leistung am Fußpunkt der Sendeantenne geregelt und versucht, die Leistung schrittweise bis zur Nennausgangsleistung des Verstärkers zu erhöhen. Die Leistungsregelung wurde jedoch abgebrochen, sobald am Fußpunkt der Antenne nur noch 80 % der geforderten Leistung erreicht wurde, das heißt der Verstärker in die Kompression überging. Zu Darstellungszwecken wurde die Wurzel der tatsächlich an der Antenne anliegenden Leistung berechnet und darüber die gemessene Feldstärke dargestellt. Abbildung 1.10 zeigt ein Beispiel, bei dem für eine Position und drei Frequenzen die Linearität der Feldsonde untersucht wurde. Die Untersuchungen zeigten eine sehr gute Linearität der Feldsonde. Diese kann somit ohne Einschränkung für die weiteren Feldstärkemessungen verwendet werden.

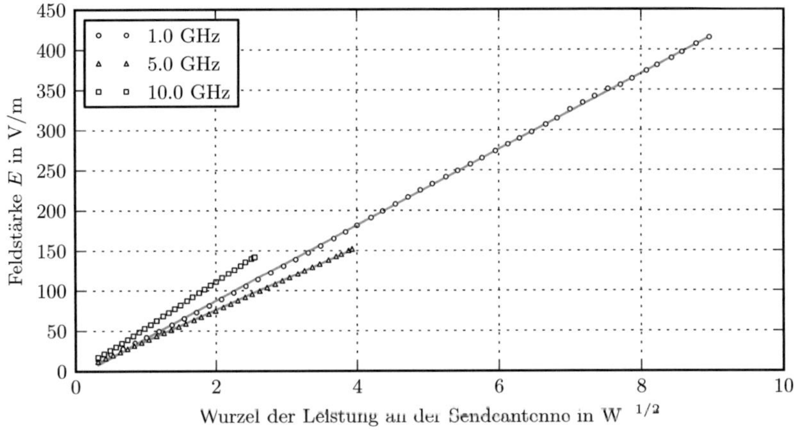

Abbildung 1.10: Linearität der Feldsonde FL7018 von AR

1.2.9 Optische Übertragungsstrecke

Ein weiterer Teil der Ausrüstung der MVK ist die optische Übertragungsstrecke LFA3 von Enprobe, deren Übertragungsverhalten in Abbildung 1.11 dargestellt ist. In einer Messung wurde dazu der Vorwärtstransmissionsfaktor S_{21} für verschiedene Werte der Eingangsleistung in Abhängigkeit der Frequenz aufgenommen. Das Diagramm enthält neben den gemessenen Verläufen auch die Werte aus dem Datenblatt [6].

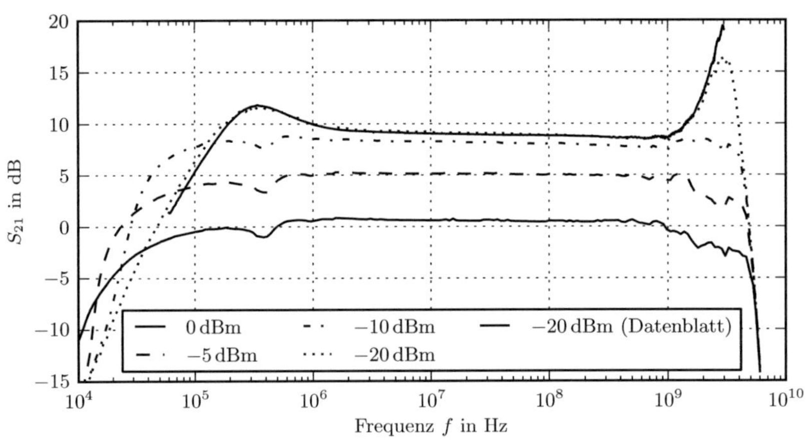

Abbildung 1.11: Übertragungsverhalten der optischen Übertragungsstrecke LFA3

2 Charakterisierung der Modenverwirbelungskammer

Im ersten Kapitel wurde zunächst der prinzipielle Aufbau einer Modenverwirbelungskammer und des zugehörigen Messsystems erläutert und anschließend der Aufbau der Dresdener MVK beschrieben. Mit dem Ziel ein besseres Verständnis für die Modenverwirbelungskammer zu entwickeln, soll im zweiten Kapitel eine weiterführende Charakterisierung der Dresdener MVK erfolgen. Dazu wurden verschiedene Messungen durchgeführt, deren Ergebnisse in den nächsten Abschnitten vorgestellt werden.

2.1 Resonanzfrequenzen der idealen MVK

Unter der Annahme, dass die Modenverwirbelungskammer in erster Näherung als idealer Hohlraumresonator betrachtet werden kann, können für den Fall des quaderförmigen Hohlraumresonators mit den Abmessungen a, b und d dessen Resonanzfrequenzen (Eigenmoden) mit Hilfe der Gleichung 2.1 berechnet werden. Dabei sind m, n, p die positiven, ganzzahligen Modenindizes, von denen mindestens zwei verschieden von Null sind. Eine ausführliche Betrachtung der Ausbreitung von Wellen im idealen Hohlleiter und Hohlraumresonator ist in Anhang A.1 gegeben. An dieser Stelle wird auch Gleichung 2.1 zur Berechnung der Resonanzfrequenzen im quaderförmigen Hohlraumresonator hergeleitet.

$$f_{\mathrm{r}} = \frac{1}{2\sqrt{\mu\epsilon}} \sqrt{\left(\frac{m}{a}\right)^2 + \left(\frac{n}{b}\right)^2 + \left(\frac{p}{d}\right)^2} \quad (m, n, p \in \mathbb{N}) \tag{2.1}$$

Für die Dresdener MVK mit den Abmessungen $a = 5.3\,\mathrm{m}$, $b = 3.7\,\mathrm{m}$ und $d = 3.0\,\mathrm{m}$ wurden anschließend die Resonanzfrequenzen berechnet. Eine Auflistung der ersten 16 Resonanzfrequenzen ist in Tabelle 2.1 gegeben.

i	$f_{\mathrm{r},i}$ in MHz	i	$f_{\mathrm{r},i}$ in MHz	i	$f_{\mathrm{r},i}$ in MHz	i	$f_{\mathrm{r},i}$ in MHz
1	49.442	5	70.317	9	94.087	13	99.374
2	57.454	6	75.524	10	95.258	14	103.928
3	64.370	7	85.718	11	98.534	15	106.548
4	69.624	8	85.876	12	98.884	16	107.905

Tabelle 2.1: Resonanzfrequenzen der idealen MVK

2.2 Streuparameter

Zur Charakterisierung der MVK wurden im ersten Schritt die Streuparameter S_{21} und S_{11} im Frequenzbereich von 100 kHz bis 1 GHz gemessen. Die Messung erfolgte an der Durchführungsplatte der MVK, d. h. der verwendete Netzwerkanalysator wurde über die entsprechenden Durchführungen mit der Sende- und Empfangsantenne des unteren Frequenzbereiches verbunden. Der Vorwärtstransmissionsfaktor S_{21} und der Eingangsreflexionsfaktor S_{11} sind in Abbildung 2.1 für die Nullstellung des Modenrührers dargestellt. Die Abbildung zeigt weiterhin das Stehwellenverhältnis VSWR für die Rührernullstellung sowie dessen Maximalwerte über eine vollständige Drehung des Rührers.

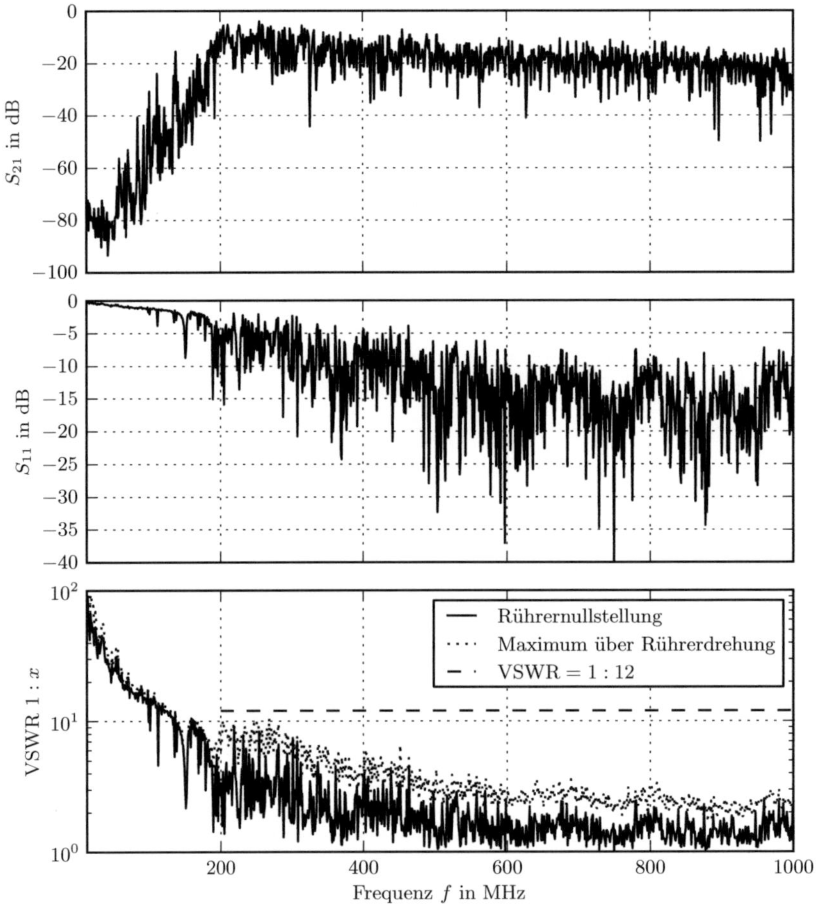

Abbildung 2.1: Streuparameter S_{21} und S_{11} und Stehwellenverhältnis VSWR der MVK im Frequenzbereich bis 1 GHz

Die Abhängigkeit des Vorwärtstransmissionsfaktors S_{21} von der Rührerstellung ist in Abbildung 2.2 für den Frequenzbereich dargestellt, in dem die ersten Resonanzerscheinungen in der MVK beobachtet werden können. Im oberen Diagramm, das den Verlauf für die Rührernullstellung zeigt, wurden zum direkten Vergleich zusätzlich die Resonanzfrequenzen der idealen MVK eingezeichnet. Im unteren Diagramm ist der Vorwärtstransmissionsfaktor in Abhängigkeit der Rührerstellung dargestellt.

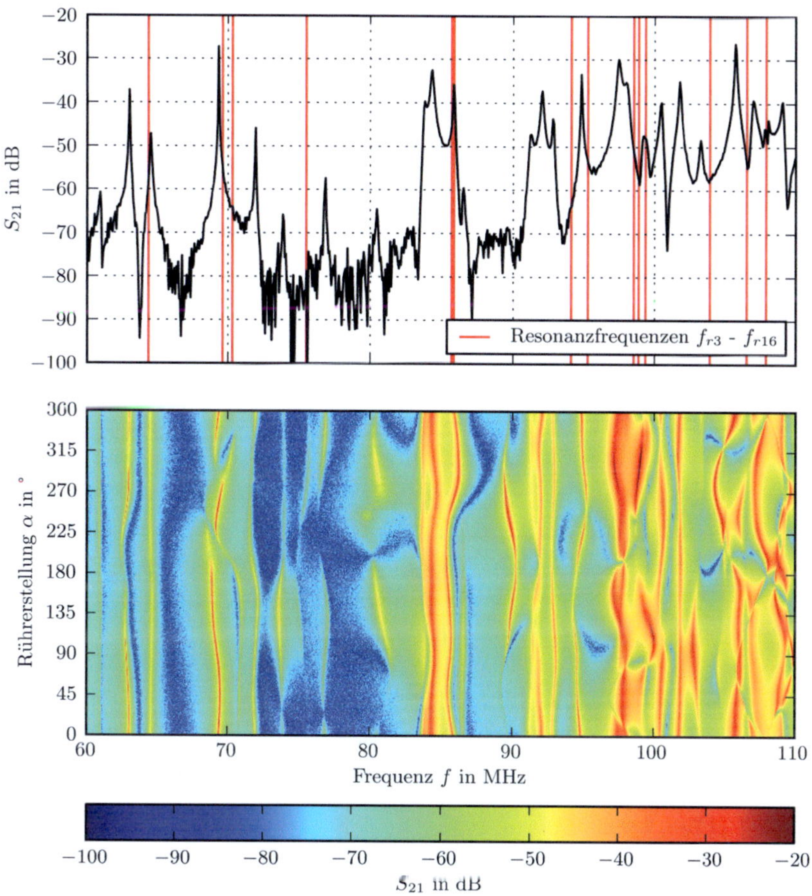

Abbildung 2.2: Vorwärtstransmissionsfaktor S_{21} für die Rührernullstellung und eine volle Rührerdrehung

Es ist zu erkennen, dass sich die Resonanzfrequenzen wie erwartet durch die Drehung des Rührers und die damit verbundene Änderung der räumlichen Randbedingungen verschieben. Der Vergleich mit den berechneten Resonanzfrequenzen der idealen MVK aus Tabelle 2.1 zeigt, dass eine Zuordnung schwer ist. Es wird deshalb davon ausgegangen, dass die endliche Leitfähigkeit der Wände, die nicht durchgehend ebenen Wände und zusätzliche Reflexionen am Modenrührer und anderen Ausrüstungsgegenständen in der Kammer zu einer Verschiebung und unterschiedlich starken Ausprägung der einzelnen Resonanzen führt bzw. zusätzliche Resonanzfrequenzen auftreten können.

Der Vorwärtstransmissionsfaktor S_{21} wurde an der Durchführungsplatte gemessen und entspricht betragsmäßig der Einfügedämpfung ($a_E = -S_{21}$) der Modenverwirbelungskammer. Wie die Ergebnisse zeigen, ist die Einfügedämpfung der MVK im unteren Frequenzbereich bei ungefähr 200 MHz am geringsten und steigt mit steigender Frequenz. Unterhalb von 200 MHz ist sie aufgrund der Fehlanpassung der log.-per. Antennen erwartungsgemäß größer. Aufgrund der geringen Einfügedämpfung im unteren Frequenzbereich sind bei entsprechender Anregung der Kammer hohe Leistungspegel am Fußpunkt der Empfangsantenne zu erwarten. Zum Schutz des angeschlossenen Leistungsmessers bzw. EMV-Messempfängers sollte daher, wie in Abschnitt 1.2.7 bereits beschrieben, ein zusätzliches Dämpfungsglied zwischengeschaltet werden. Dieses kann mit steigender Einfügedämpfung für höhere Frequenzen überbrückt werden.

Die Ergebnisse zeigen weiterhin, dass für den Frequenzbereich von 80 MHz bis 1000 MHz, d. h. für den Arbeitsbereich des BLWA-Verstärkers, ein Stehwellenverhältnis von VSWR $< 1 : 20$ angegeben werden kann. Da der Verstärker laut Datenblatt so ausgelegt ist, dass auch bei einem entsprechenden Stehwellenverhältnis die volle Vorwärtsleistung bereitgestellt wird, sind für die Störfestigkeitsmessungen diesbezüglich keine Einschränkungen zu erwarten. In der Regel werden sich die Messungen jedoch auf den Frequenzbereich oberhalb von 200 MHz begrenzen, für den ein Stehwellenverhältnis von VSWR $< 1 : 12$ angegeben werden kann.

2.3 Zeitverhalten bei pulsförmiger Anregung

Zur weiteren Charakterisierung der MVK wurde das Zeitverhalten des Feldes in der Kammer untersucht. Dazu wurde die Kammer über die Sendeantenne mit einem pulsmodulierten Sinussignal angeregt und anschließend der zeitliche Verlauf der Leistung an der Empfangsantenne in Abhängigkeit der Frequenz und der Stellung des Modenrührers aufgenommen. Die Untersuchung erfolgte im Frequenzbereich von 50 MHz bis 200 MHz, in dem die ersten Resonanzfrequenzen (Eigenmoden) der Kammer liegen.

Zur Anregung der Kammer wurde der Verstärker überbrückt, die Sendeantenne direkt vom Signalgenerator gespeist und ein Signal mit einer Pulsdauer von 15 µs, einer Periodendauer von 200 µs und einer Ausgangsleistung von 10 dBm verwendet. Die Messung der Leistung an der Empfangsantenne erfolgte mit einem Spektrumanalysator im 'Zero-Span'-Modus mit einer Auflösebandbreite von 10 MHz, einem Trigger-Offset von −5 µs, einer Breite des Messfensters von 60 µs und Mittelung über 100 Messkurven. Im ersten Schritt wurde der zeitliche Verlauf der Leistung an der Empfangsantenne in Abhängigkeit der Frequenz gemessen und für den Frequenzbereich von 50 MHz bis 200 MHz in den Abbildungen 2.3 und 2.4 dargestellt, wobei der Frequenzbereich in vier Unterbereiche mit jeweils 751 Frequenzpunkten unterteilt wurde. Der Modenrührer befand sich dabei in seiner Nullstellung. Anschließend wurde für die in den Abbildungen 2.5 und 2.6 dargestellten Frequenzbereiche die Messung mit einer höheren Auflösung wiederholt und der zeitliche Verlauf der Leistung für ausgewählte Frequenzen separat dargestellt.

Der Verlauf der Leistung kann prinzipiell in 3 Phasen unterteilt werden. In Phase 1, das heißt vor dem Einschalten der Anregungen ist keine Energie in der Kammer gespeichert. Phase 2 beginnt mit dem Einschalten der Anregungen bei 5 µs und dauert 15 µs an. Die bis dahin in der Kammer gespeicherte Energie fällt in Phase 3 bedingt durch Verluste der Kammer wieder ab, bis die gesamte Energie umgesetzt ist. Allgemein würde man für den Abklingvorgang in Phase 3 einen exponentiellen Abfall der Leistung mit der Zeitkonstanten τ der MVK erwarten, d. h. bei logarithmischer Darstellung einen linearen Abfall des Leistungspegels. Anhand der Diagramme sind jedoch überlagerte Effekte zu erkennen, die sowohl in der Anregungsphase und teilweise auch während der Abklingphase auftreten. Weiterhin ist zu erkennen, dass der Leistungspegel in den Diagrammen unterschiedlich stark abfällt und damit die entsprechenden Zeitkonstanten unterschiedlich groß sind.

Im zweiten Schritt wurde der Verlauf der Leistung an der Empfangsantenne in Abhängigkeit der Rührerstellung untersucht. Dazu wurden die 4 Frequenzen 56.9 MHz, 69.2 MHz, 144.25 MHz und 162.18 MHz verwendet und der zeitliche Verlauf der Leistung über eine volle Rührerdrehung mit 721 äquidistanten Rührerstellungen in den Abbildungen 2.7 und 2.8 dargestellt. Zusätzlich wurde für ausgewählte Rührerstellungen der zeitliche Verlauf in Abbildung 2.9 gegenübergestellt.

Die Untersuchungen des zeitlichen Verhaltens des Feldes in der Kammer zeigen, dass der Abfall der Leistung im betrachteten Frequenzbereich in Abhängigkeit der Frequenz und der Stellung des Rührers signifikant variieren kann und zusätzlich überlagerte Effekte beobachtet werden können. Der Autor vermutet, dass sich die in der MVK gespeicherte Energie nach Abschalten der Anregung auf mehrere Eigenmoden im Bereich der Anregefrequenz verteilt, d. h. die Kammer auf mehreren Frequenzen ausschwingt und damit verschiedene Schwebungseffekte auftreten können, die in Überlagerung zum linearen Abfall des Leistungspegels die aufgenommen Verläufe ergeben.

Da die Zeitkonstante τ der Kammer und deren Güte Q über die Beziehung $Q = \omega \cdot \tau$ verknüpft sind, entspricht die beobachtete Änderung der Zeitkonstanten auch einer Änderung der Güte. Diese soll im nächsten Abschnitt näher untersucht werden.

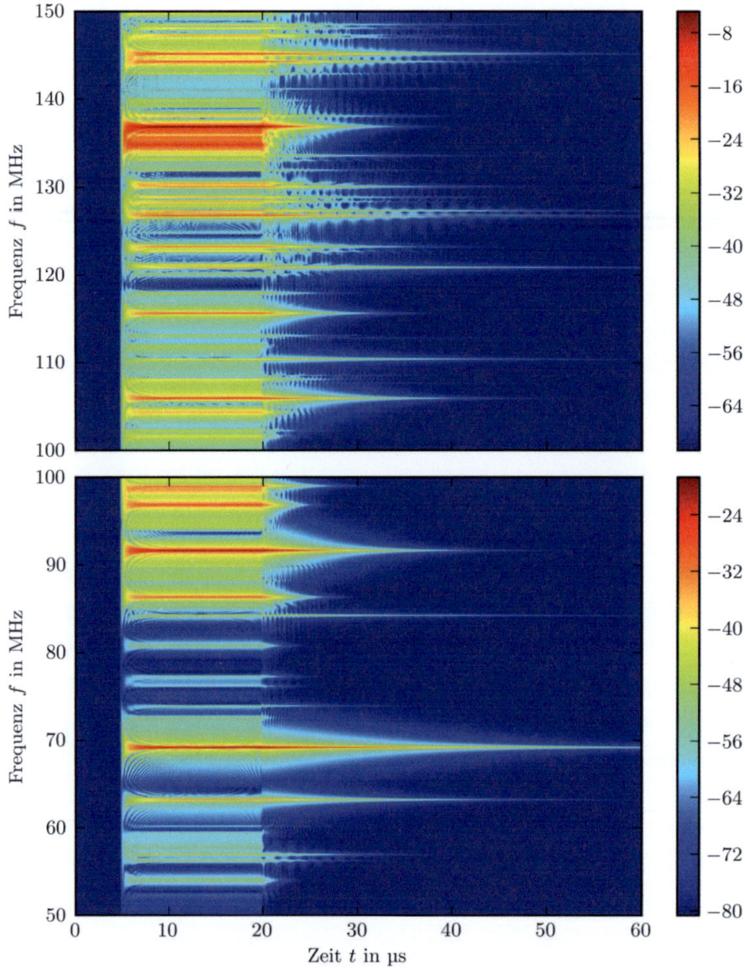

Abbildung 2.3: Zeitverhalten der MVK, Leistung an der Empfangsantenne in Abhängigkeit der Frequenz, Rührernullstellung, 50 MHz bis 150 MHz

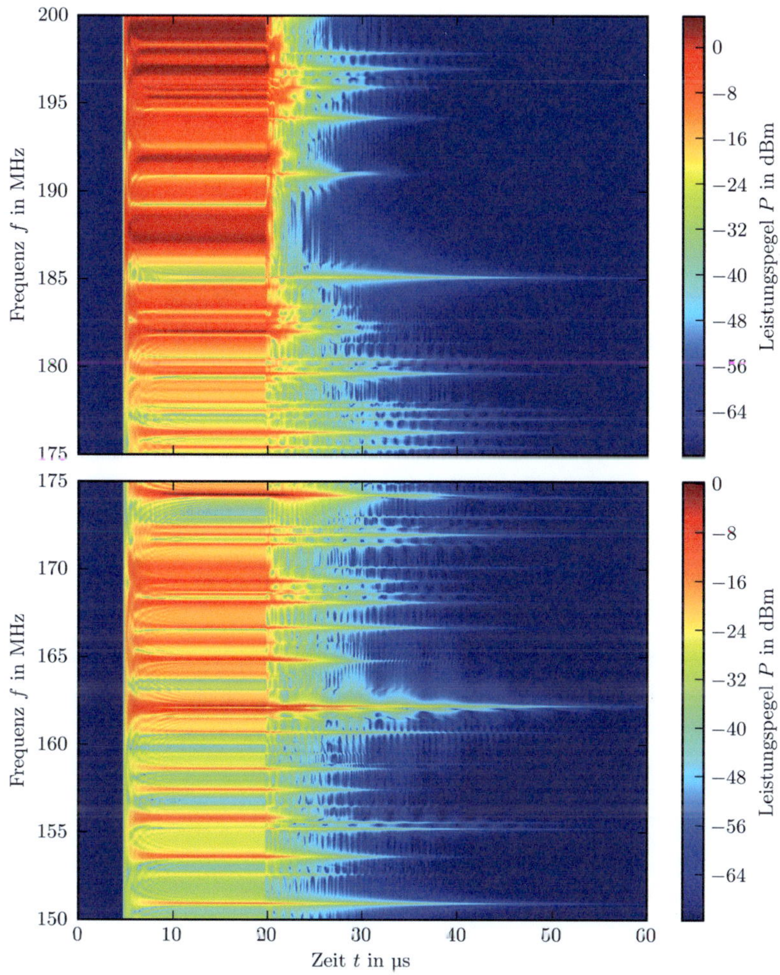

Abbildung 2.4: Zeitverhalten der MVK, Leistung an der Empfangsantenne in Abhängigkeit der Frequenz, Rührernullstellung, 150 MHz bis 250 MHz

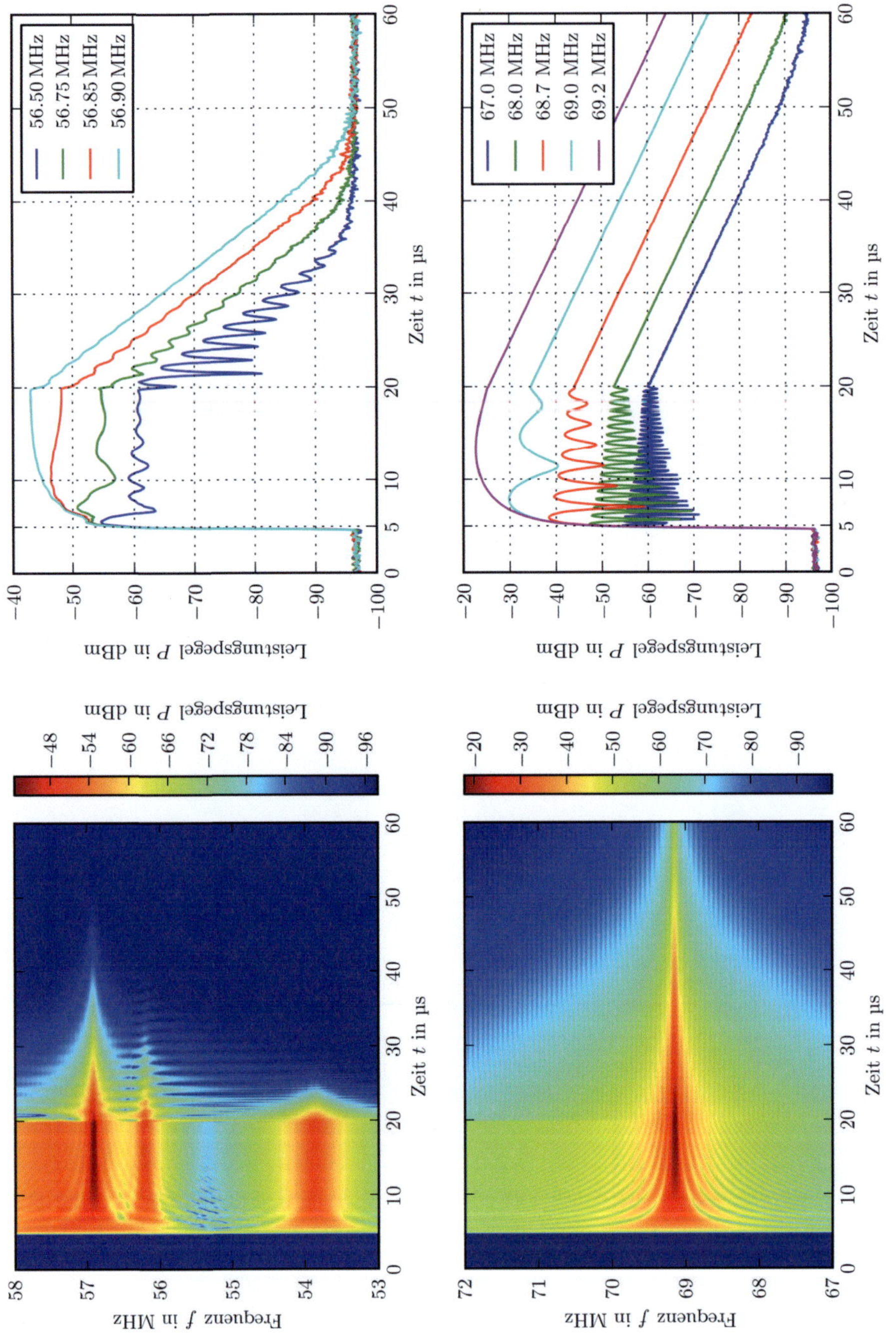

Abbildung 2.5: Zeitverhalten der MVK, Leistung an der Empfangsantenne in Abhängigkeit der Frequenz, Rührernullstellung, 53 MHz bis 58 MHz und 67 MHz bis 72 MHz

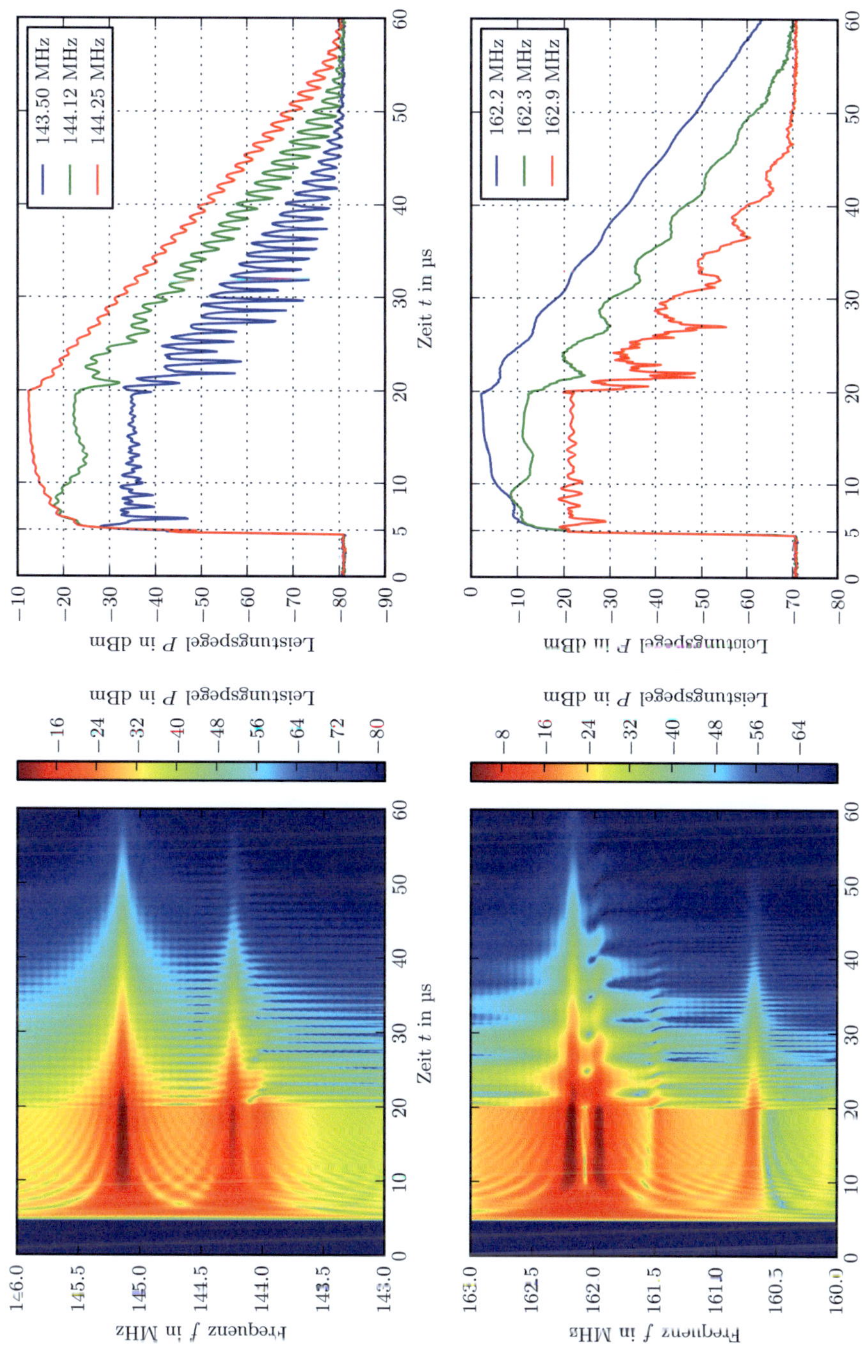

Abbildung 2.6: Zeitverhalten der MVK, Leistung an der Empfangsantenne in Abhängigkeit der Frequenz, Rührernullstellung, 143 MHz bis 146 MHz und 160 MHz bis 163 MHz

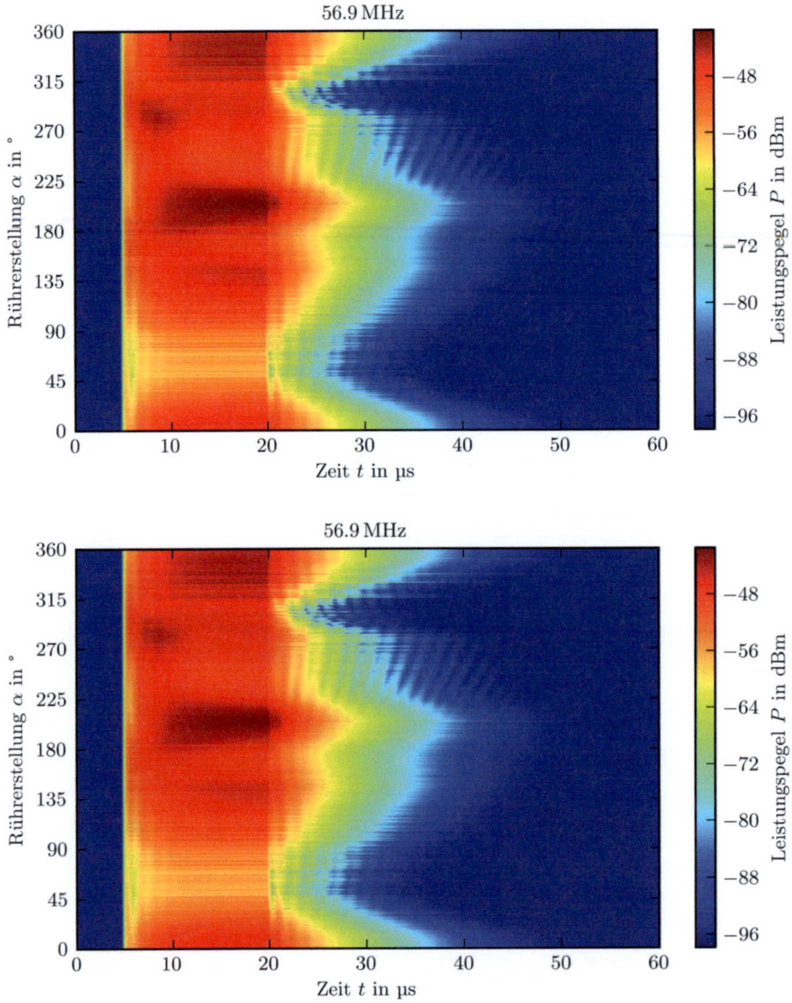

Abbildung 2.7: Zeitverhalten der MVK, Leistung an der Empfangsantenne in Abhängigkeit der Rührerstellung, 56.9 MHz und 69.2 MHz

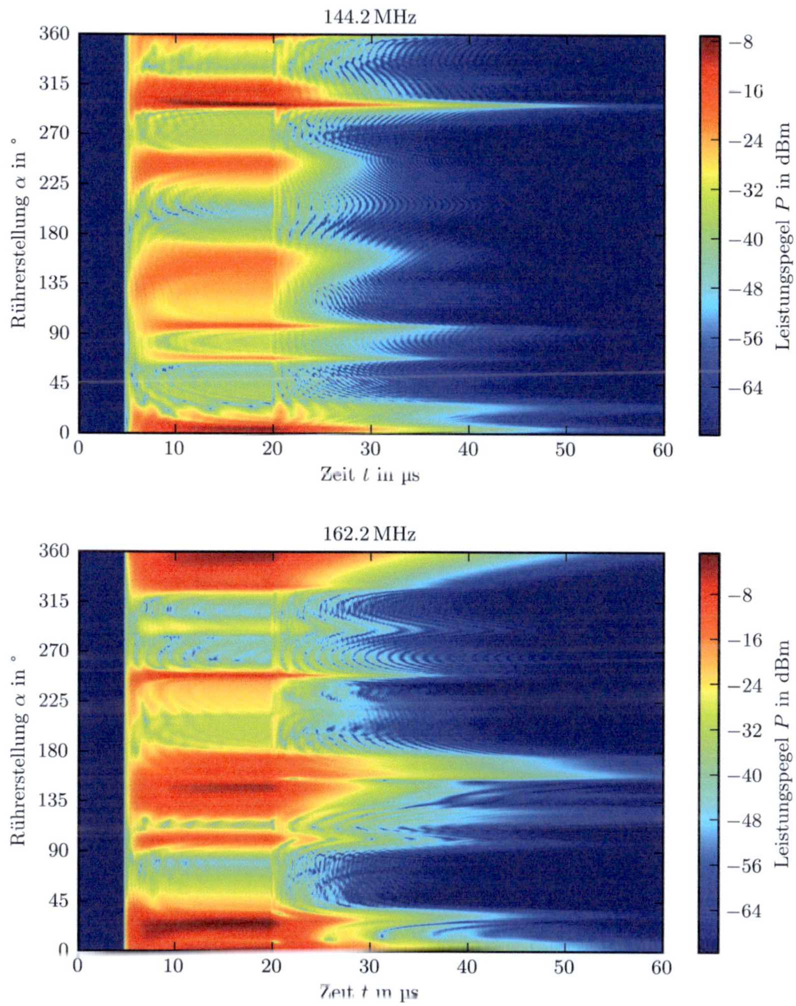

Abbildung 2.8: Zeitverhalten der MVK, Leistung an der Empfangsantenne in Abhängigkeit der Rührerstellung, 144.3 MHz und 162.2 MHz

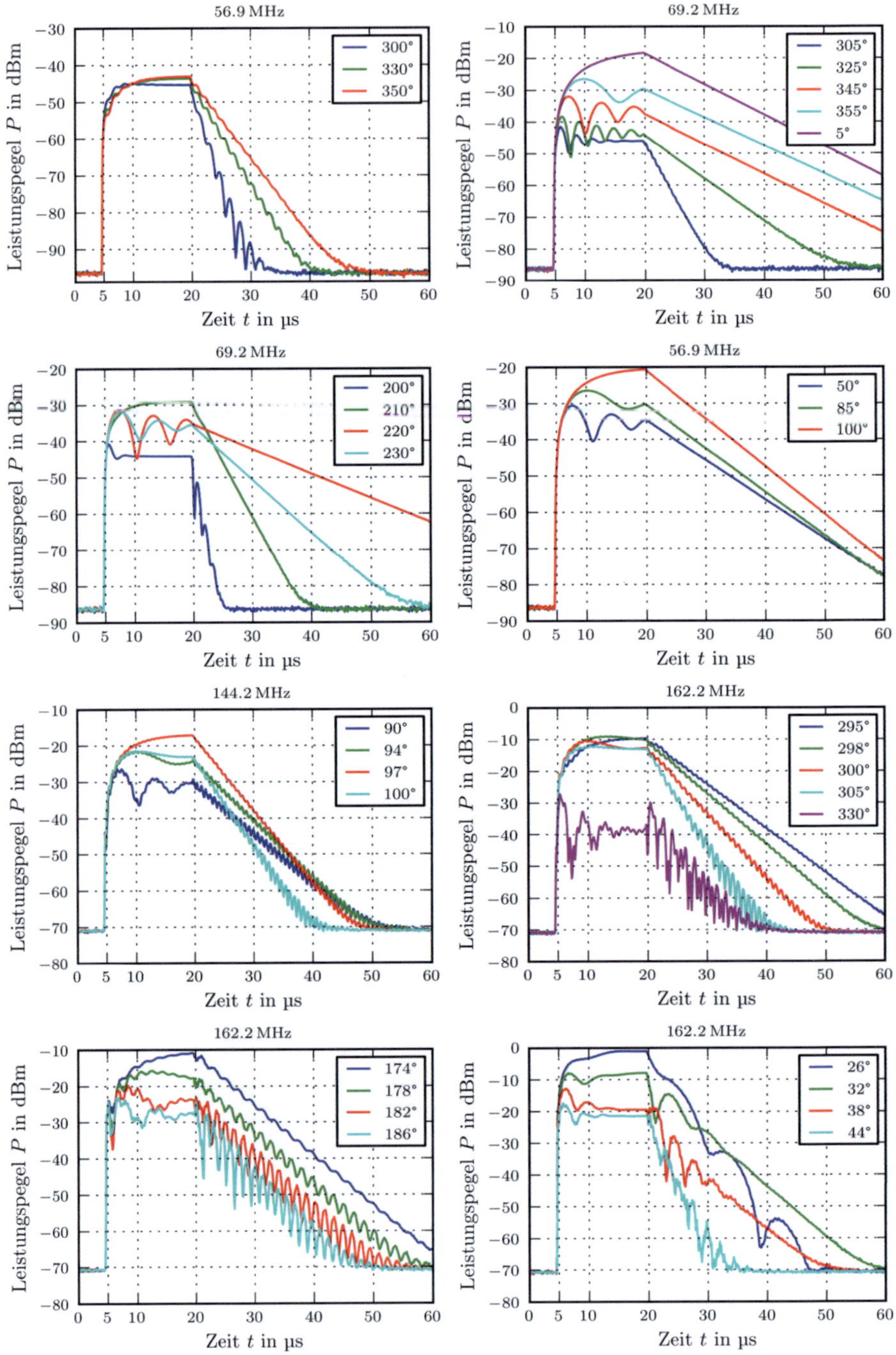

Abbildung 2.9: Zeitverhalten der MVK, Leistung an der Empfangsantenne in Abhängigkeit der Rührerstellung, 56.9 MHz, 69.2 MHz, 144.3 MHz und 162.2 MHz

2.4 Güte

Eine wichtige Größe zur Charakterisierung von Modenverwirbelungskammern ist die Güte Q. Sie ist definiert als das 2π-fache des Verhältnisses der im zeitlichen Mittel im Hohlraumresonator gespeicherten Energie zum Energieverlust pro Schwingungsperiode [7].

2.4.1 Theoretischer Verlauf der Güte

Ausgehend von der Definition der Güte kann der theoretische Verlauf der Güte berechnet werden, wobei in der Regel nur die Güteanteile aus den beiden dominierenden Verlustquellen, d. h. den ohmschen Wandverlusten und den Antennenverlusten berücksichtigt werden.

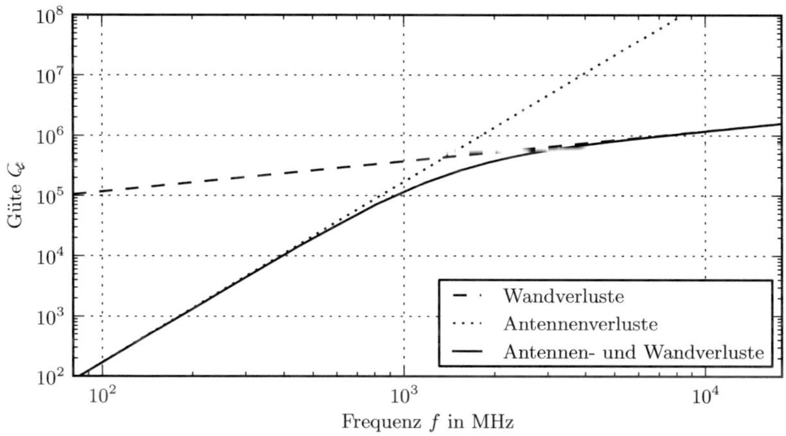

Abbildung 2.10: Theoretischer Verlauf der Güte

Eine Herleitung der entsprechenden Gleichungen mit ausführlichen Erläuterungen führt Krauthäuser in [8] durch. Er zeigt, dass zur Abschätzung des Güteanteils aus den ohmschen Wandverlusten Q_w und des Güteanteils aus den Antennenverlusten Q_a die Gleichungen

$$Q_\mathrm{w} \approx \frac{3}{2}\frac{V}{S}\sqrt{\pi\mu_0\sigma_\mathrm{w} f} \tag{2.2}$$

$$Q_\mathrm{a} \approx 16\pi^2 V \left(\frac{f}{c}\right)^3 \tag{2.3}$$

verwendet werden können. Die Gleichungen gelten für den Fall einer idealen Modenverwirbelungskammer mit einer endlichen Wandleitfähigkeit und unter der Bedingung, dass die dielektrischen Verluste im Inneren der MVK vernachlässigbar klein sind und die Wände aus einem unmagnetischen Material bestehen. Weiterhin werden Fehlanpassungen und ohmsche Verluste der Antennen als vernachlässigbar klein angenommen.

Aus dem Volumen V und der Oberfläche S der MVK, der Leitfähigkeit der Wände σ_{w}, der Ausbreitungsgeschwindigkeit c der Wellen in der MVK und der Frequenz f können die frequenzabhängigen Güteanteile und anschließend der theoretische Verlauf der Güte Q berechnet werden.

$$Q = \frac{1}{\frac{1}{Q_{\mathrm{w}}} + \frac{1}{Q_{\mathrm{a}}}} \tag{2.4}$$

Die Güteanteile aus den Wand- und Antennenverlusten und die resultierende Güte Q sind in Abbildung 2.10 in Abhängigkeit der Frequenz dargestellt, wobei für die Wandleitfähigkeit zunächst ein Richtwert von $4 \cdot 10^7\,\mathrm{S/m}$ für die Kabinenwände aus verzinktem Stahlblech verwendet wurde. Anhand des Diagramms ist zu erkennen, dass im unteren Frequenzbereich die Antennenverluste und im oberen Frequenzbereich die Wandverluste den Güteverlauf maßgeblich bestimmen.

2.4.2 Mittlere Güte über eine Rührerdrehung

Basierend auf den in Abschnitt 2.3 vorgestellten Messungen des zeitlichen Leistungsverlaufes an der Empfangsantenne $P_{\mathrm{Rx}}(t)$ nach Anregung der MVK mit einem pulsmodulierten Sinussignal, wurde zur weiteren Charakterisierung der MVK die frequenzabhängige Güte der leeren Kammer untersucht. Abgesehen von den Sende- und Empfangsantennen und den zugehörigen Stativen und Antennenkabeln befanden sich keine weiteren Gegenstände in der Kammer.

Zur Berechnung der Güte Q wurde das von Krauthäuser in [8] vorgestellte sogenannte bandbreitenreduzierte Zeitbereichsverfahren verwendet, d. h. der zeitlich Abfall des Leistungspegels ΔP_{dB} nach der abfallenden Pulsflanke mit Hilfe einer Geradengleichung angenähert und anschließend aus dem Abfall ΔP_{dB} im Zeitintervall Δt die Güte bei der Frequenz f berechnet.

$$Q = \frac{20\pi}{\ln 10} \cdot f \cdot \frac{\Delta t}{\Delta P_{\mathrm{dB}}} \qquad \left(\Delta P_{\mathrm{dB}} = 10 \lg \frac{P_{\mathrm{Rx}}(t_0)}{P_{\mathrm{Rx}}(t)}, \quad \Delta t = t - t_0\right) \tag{2.5}$$

Eine kurze Herleitung der Gleichung ist in Anhang A.2 gegeben. Zur Bestimmung des zeitlichen Abfalls des Leistungspegels über eine dem Verlauf angepassten Geradengleichung wurde im Messprogramm ein entsprechender Algorithmus implementiert. Ein Beispiel ist in Abbildung 2.11 dargestellt.

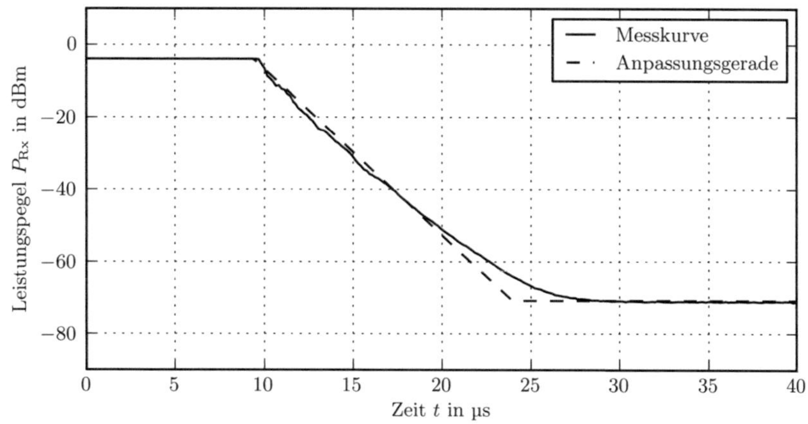

Abbildung 2.11: Abfall des Leistungspegels an der Empfangsantenne nach pulsförmiger Anregung der MVK mit einer dem Abfall angepassten Geradengleichung

Zur Berechnung der mittleren Güte wurde der mittlere Abfall des Leistungspegels über eine volle Rührerdrehung bestimmt, wobei die Mittelwertbildung über 500 Einzelmessungen mit langsam drehendem Rührer und unter Verwendung der Mittelwertfunktion des Spektrumanalysators erfolgte. Das Ergebnis der Messung zeigt Abbildung 2.12, wobei neben den Messwerten auch der theoretische Verlauf der Güte in das Diagramm eingetragen wurde.

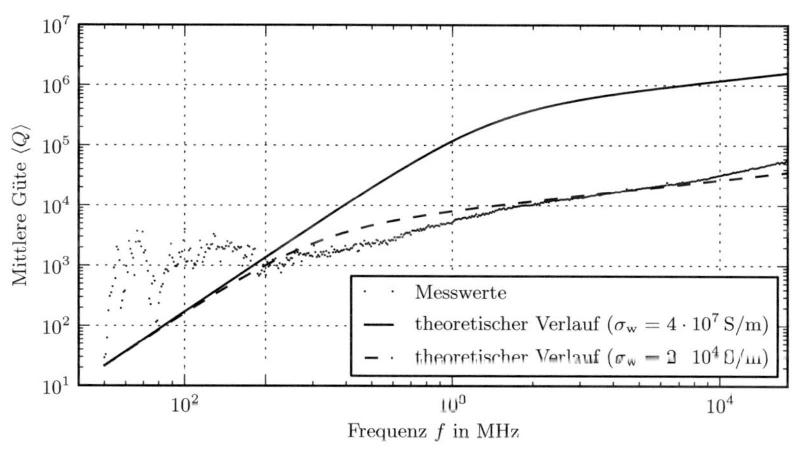

Abbildung 2.12: Mittlere Güte über eine Rührerdrehung

Wie bereits gezeigt, kann der theoretische Verlauf aus den Anteilen der Wand- und Antennenverluste berechnet werden, wobei die Wandverluste von der Leitfähigkeit des Wandmaterials abhängig sind und im oberen Frequenzbereich gegenüber den Antennenverlusten dominieren.

Für die Wandleitfähigkeit wurden deshalb zwei verschiedene Werte eingesetzt, ein Richtwert von $4 \cdot 10^7$ S/m für die Kabinenwände aus verzinktem Stahlblech sowie ein effektiver Wert von $2 \cdot 10^4$ S/m, für den der theoretische Verlauf in erster Näherung den Messwerten im oberen Frequenzbereich entspricht.

Im Frequenzbereich bis 200 MHz, in dem die Antennenverluste dominieren, sind sowohl deutliche Abweichungen der Messwerte vom theoretischen Güteverlauf als auch starke Schwankungen der Messwerte selbst zu erkennen. Da das erwartete Abknicken der Gütekurve im Übergangsbereich zwischen den dominierenden Antennenverlusten im unteren und den dominierenden Wandverlusten im oberen Frequenzbereich nicht erkennbar war, wurde die Messung wiederholt. Um den Einfluss der Fehlanpassung der log.-per. Antennen auf den Verlauf der Güte zu untersuchen, wurde die log.-per. Sendeantenne im Frequenzbereich bis 200 MHz dabei durch eine besser angepasste bikonische Antenne ersetzt. Weiterhin wurden die Empfangsantennen aus der Kammer entfernt und die Leistungsmessung mit Hilfe der elektrischen Feldsonde EFS105 von Enprobe durchgeführt. Abbildung 2.13 zeigt die gemessenen Mittelwerte sowie den theoretischen Verlauf der Güte mit einer effektiven Wandleitfähigkeit von $2 \cdot 10^4$ S/m. Von der ersten Messung wurden die Messwerte des Frequenzbereiches von 200 MHz bis 18 GHz in das Diagramm übernommen. Ein Vergleich der Ergebnisse zeigt, dass die Fehlanpassung der logarithmisch-periodischen Antennen im Frequenzbereich unterhalb von 200 MHz einen signifikanten Einfluss auf die Güte hat und nicht vernachlässigt werden darf. Bei Verwendung der besser angepassten bikonischen Antenne ist das erwartete Abknicken der Kurve zu erkennen und die Messwerte zeigen trotz einer Streuung eine gute Übereinstimmung zum theoretischen Verlauf.

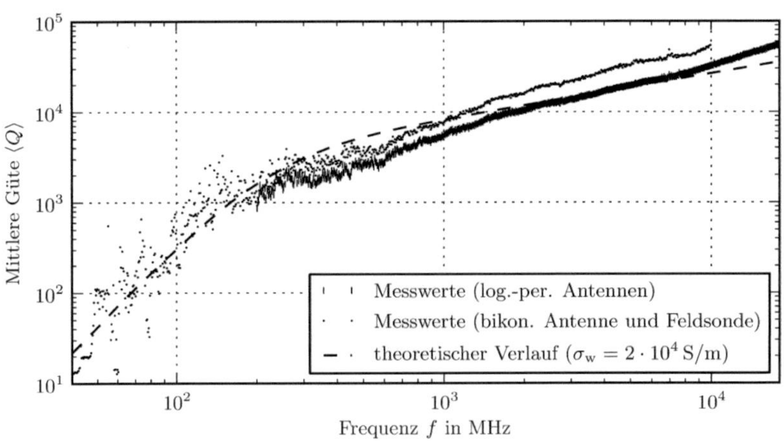

Abbildung 2.13: Mittlere Güte über eine Rührerdrehung bei Verwendung einer bikonischen Sendeantenne und einer Feldmesssonde

Als Ursache für die deutlich geringere effektive Leitfähigkeit der Wände wird vermutet, dass mit steigender Frequenz der Skineffekt zum Tragen kommt und der Strom nur noch in einer dünnen Schicht an der Oberfläche des Materials bzw. nur in der Beschichtung des verzinkten Stahlbleches fließt. Da es sich um gewalzte Bleche handelt, die an den abgewinkelten Stößen über spezielle EMV-Dichtungen miteinander verbunden sind, könnten auch die Anisotropie des Materials und der Übergangswiderstand an den Verbindungsstellen einen Einfluss auf die effektive Leitfähigkeit haben. Weiterführende Untersuchungen fanden nicht statt, an dieser Stelle soll die Dokumentation des beobachteten Effektes genügen.

Ein Punkt der in Abschnitt 2.4.3 noch näher betrachtet wird, ist die Abhängigkeit der mittleren Güte von der Frequenz. Anhand von Abbildung 2.13 ist bereits zu erkennen, dass die gemessene mittlere Güte stärker als mit der Wurzel der Frequenz ansteigt. Ein weiterer Punkt, der jedoch nicht weiter untersucht wurde, sind die unerwartet hohen Gütewerte im Frequenzbereich unterhalb von 200 MHz bei Verwendung der log.-per. Antennen. Aufgrund der Fehlanpassung der Antennen wären intuitiv eher Gütewerte unterhalb des theoretischen Verlaufes zu erwarten.

Um die starken Schwankungen der Messwerte unterhalb von 200 MHz bei Verwendung der bikonischen Sendeantenne zu untersuchen, wurden aus dem in Abschnitt 2.3 aufgenommenen Zeitverhalten die Resonanzfrequenzen der Kammer für die Rührernullstellung im Frequenzbereich von 50 MHz bis 250 MHz ermittelt und die zugehörigen mittleren Gütewerte bestimmt. Die Ergebnisse lieferten jedoch keinen Hinweis für den Grund der Schwankungen. Es wird aber angenommen, dass ein Zusammenhang zu den Wellentypen der Resonanzfrequenzen besteht. Weiterführende Untersuchungen wären sinnvoll, wurden im Rahmen dieser Arbeit jedoch nicht durchgeführt.

2.4.3 Modendichte und Anzahl der angeregten Moden in der Gütebandbreite

Da die reale Modenverwirbelungskammer ein Resonator mit einer endlichen Güte ist, können bei deren Anregung bei der Resonanzfrequenz f_r verschiedene Moden in einem Frequenzintervall um die Frequenz herum angeregt werden. Die Breite dieses Frequenzintervalls, die Resonator-Güte-Bandbreite BW_Q, hängt von der Frequenz f_r und der Güte Q bei dieser Frequenz ab [1, 8].

$$BW_Q = \frac{f}{Q} \tag{2.6}$$

Mit Hilfe der Güte-Bandbreite und der in DIN-EN-61000-4-21 [1] gegebenen Gleichung zur Abschätzung der Modendichte m einer Modenverwirbelungskammer,

$$m \approx \frac{8\pi V f^2}{c^3} \tag{2.7}$$

kann aus deren Volumen V und Güte Q die Anzahl der angeregten Moden $N_{\mathrm{BW_Q}}$ in der Güte-Bandbreite abgeschätzt werden.

$$N_{\mathrm{BW_Q}} = m \cdot \mathrm{BW_Q} \approx \frac{8\pi V f^3}{c^3 Q} \tag{2.8}$$

Für die Dresdener MVK mit einem Volumen von $V = 63.27\,\mathrm{m}^3$ wurde für den theoretischen Verlauf der Güte mit einer effektiven Leitfähigkeit der Wände von $2 \cdot 10^4\,\mathrm{S/m}$ und für die mittlere Güte der leeren Kammer die Anzahl der angeregten Moden in der Güte-Bandbreite berechnet und zusammen in Abbildung 2.14 dargestellt.

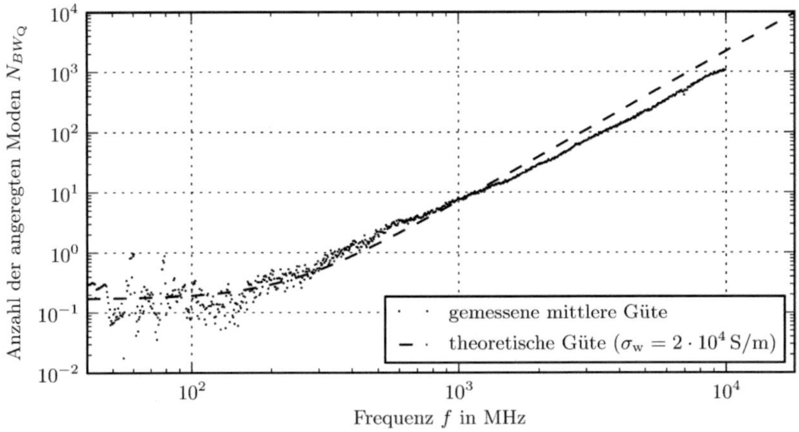

Abbildung 2.14: Anzahl der angeregten Moden in der Güte-Bandbreite

2.4.4 Abhängigkeit der mittlere Güte von der Beladung der MVK

In Abschnitt 2.4.2 wurde die mittlere Güte der leeren (unbeladenen) MVK bestimmt. Um den Einfluss der Beladung auf die mittlere Güte zu untersuchen, wurden im nächsten Schritt verschiedene Absorber in die MVK eingebracht und anschließend die Güte im Frequenzbereich von 200 MHz bis 18 GHz ermittelt. Zur Beladung der Kammer standen dabei die in Abbildung 2.15 dargestellten Pyramidenabsorber zur Verfügung. Beide Typen besitzen eine quadratische Grundfläche mit einer Seitenlänge von 50 cm. Die Länge der Absorber beträgt bei Typ 1 50 cm und bei Typ 2 20 cm.

Abbildung 2.15: Absorber zur Beladung der MVK, Typ 1 (links) und Typ 2 (rechts)

Betrachtet man den oberen Frequenzbereich, in dem der Güteanteil Q_w der Wandverluste dominiert, ist nach Gleichung 2.2 die Güte proportional zur Wurzel der Frequenz, d. h. bei doppelt-logarithmischer Darstellung

$$\log_{10} Q_\mathrm{w} = \frac{1}{2}\log_{10}\frac{f}{\mathrm{Hz}} + \left(\frac{1}{2}\log_{10}\frac{\pi\mu_0\sigma_\mathrm{w}}{\frac{1}{\mathrm{m^2\,Hz}}} + \log_{10}\frac{\frac{2V}{2S}}{\mathrm{m}}\right) \tag{2.9a}$$

$$\log_{10} Q_\mathrm{w} = m\cdot\log_{10}\frac{f}{\mathrm{Hz}} + n \qquad \left[\rightarrow m = \frac{1}{2}\right] \tag{2.9b}$$

ist eine lineare Funktion mit einem Anstieg von $m = 0.5$ zu erwarten. Es wurde vermutet, dass sich die Verschiebung n der linearen Funktion durch Einbringen der Absorber verkleinert, der Anstieg m jedoch konstant bleibt.

Um die Abhängigkeit der mittleren Güte von der Beladung der Kammer zu untersuchen, wurde die Beladung in drei Schritten erhöht. Für Beladung I wurde ein Pyramidenabsorber vom Typ 2 in der MVK platziert, für Beladung II ein Absorber vom Typ 1 und für Beladung III zwei Absorber vom Typ 1. Die Ergebnisse der Messungen sind in Abbildung 2.16 dargestellt und zeigen, dass die Güte wie erwartet mit steigender Beladung sinkt. Zur weiteren Auswertung der Ergebnisse wurde im zweiten Diagramm der Logarithmus der Güte über dem Logarithmus der Frequenz zusammen mit der jeweils angepassten linearen Funktion dargestellt und der Anstieg und die Verschiebung der zugehörigen Geradengleichung angegeben.

Wie die Darstellung des Logarithmus der Güte über dem Logarithmus der Frequenz zeigt, ergeben sich für die leere und beladene MVK lineare Funktionen mit einem Anstieg von $m \approx 0.9\ldots1.0$. Das heißt, statt der erwarteten Abhängigkeit der Güte von der Wurzel der Frequenz zeigen die Messungen in der Dresdener MVK nahezu eine direkte Proportionalität zwischen Güte und Frequenz. Aus der Literatur sind dem Autor keine entsprechend

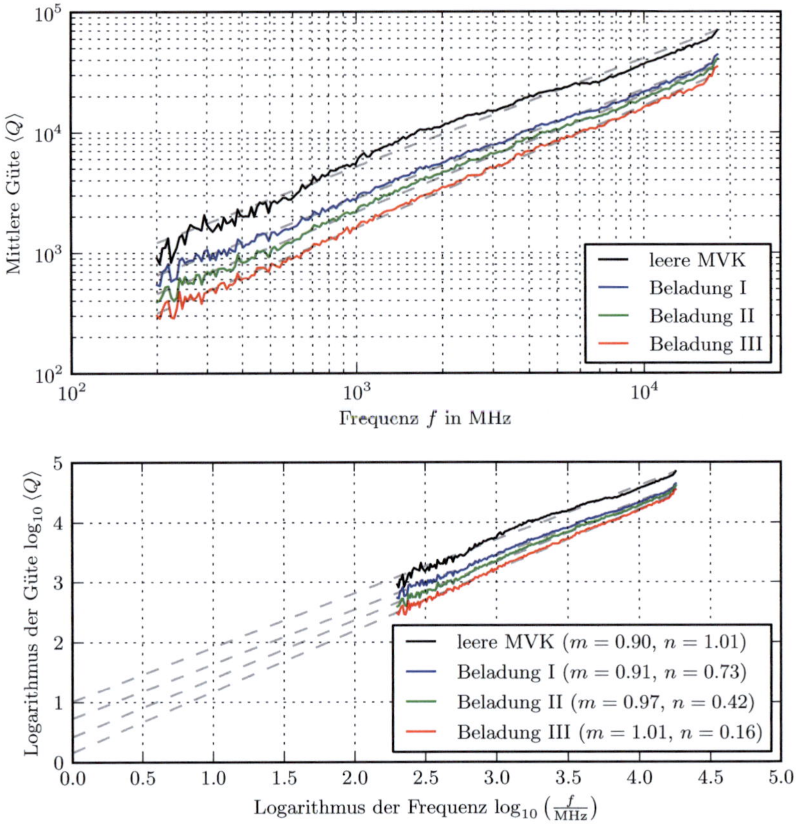

Abbildung 2.16: Abhängigkeit der mittlere Güte von der Beladung der MVK

dokumentierten Effekte bekannt. Die Ergebnisse bilden daher einen sehr interessanten Anknüpfungspunkt für weiterführende Untersuchungen.

Die Ergebnisse zeigen weiterhin, dass die Güte wie erwartet über den gesamten Frequenzbereich sinkt, wenn die Kammer mit Pyramidenabsorbern beladen wird und der Abfall der Güte mit der Beladung steigt. Eine weiterführende Untersuchung der Abhängigkeit der Güte von der Frequenz und Beladung der Modenverwirbelungskammer wird empfohlen, wurde im Rahmen dieser Arbeit aber nicht durchgeführt.

2.5 Validierung der Modenverwirbelungskammer

Entsprechend DIN EN 61000-4-21 [1] ist nach dem Aufbau einer Modenverwirbelungskammer bzw. nach jeder größeren Änderung deren sachgerechtes Betriebsverhalten mit Hilfe eines auf der Feldhomogenität basierenden Validierungsverfahrens nachzuweisen. In diesem Zusammenhang soll in Abschnitt 2.5.1 zunächst ein allgemeiner Überblick zur Durchführung der Validierung und im Abschnitt 2.5.2 ein Überblick zur Auswertung der Validierungsmessung gegeben werden. Darauf aufbauend wird in Abschnitt 2.5.3 ausführlicher auf die Grundlagen der Validierung eingegangen und der Übergang zur Messung der strahlungsgebundenen Störfestigkeit und Störaussendung erläutert. Abschließend ist in Abschnitt 2.5.4 die erste Validierung der Dresdener MVK dokumentiert.

2.5.1 Überblick zur Durchführung der Validierung

Die Validierung der MVK ist mit Hilfe einer isotropen Feldsonde an 8 ausreichend voneinander entfernten Messpunkten, welche die Eckpunkte des späteren Arbeits- bzw. Prüfvolumens bilden und mit schrittweise drehendem Modenrührer [1, Anhang B] durchzuführen. Alternativ kann die Validierung mit kontinuierlich drehendem Modenrührer [1, Anhang C] erfolgen, dieses Verfahren wird im Weiteren jedoch nicht näher betrachtet.

Basierend auf den $N_\mathrm{o} = 8$ Ortspunkten und den 3 orthogonalen Komponenten der elektrischen Feldstärke an jeden Ortspunkt ergeben sich für jede Frequenz und Rührerstellung insgesamt 24 Feldstärkemesswerte. Diese bilden zusammen mit der Eingangsleistung am Fußpunkt der Sendeantenne P_Tx und der Leistung am Fußpunkt der Empfangsantenne P_Rx den Datensatz der Validierungsmessung. Das heißt, nach der Messung steht ein Datensatz zur Verfügung, der für jede Position der Feldsonde, jede Frequenz und jede Rührerstellung die Eingangsleistung P_Tx, die Leistung der Referenzantenne P_Rx und die Komponenten der elektrischen Feldstärke E_x, E_y und E_z enthält.

Bei der anschließenden Auswertung der Messung werden zur Bewertung der Gleichförmigkeit des Feldes die räumlichen Standardabweichungen der Komponenten der elektrischen Feldstärke bestimmt. Zusätzlich werden der Empfangsantennenvalidierungsfaktor (AVF) und die Einfügedämpfung (IL) der Kammer berechnet.

Die Anforderungen an die Gleichförmigkeit des Feldes gelten als erfüllt, wenn sowohl die berechneten Standardabweichungen σ_x, σ_y, σ_z der orthogonalen Feldstärkekomponenten E_x, E_y, E_z an den 8 Feldsondenpositionen als auch die Standardabweichung σ_{24} der insgesamt $3 \cdot 8 = 24$ Messwerte unterhalb des Grenzwertes liegen. Bei beiden Standardabweichungen handelt es sich um normierte und bezogene Größen, die in dB angegeben werden. Die Grenzwertkurve zur Bewertung der Gleichförmigkeit des Feldes ist definiert durch 4 dB unterhalb 100 MHz, 4 dB bei 100 MHz linear abfallend auf 3 dB bei 400 MHz und 3 dB oberhalb 400 MHz. Zusätzlich dürfen bis zu 3 Frequenzen je Oktave den Grenzwert um jeweils bis zu 1 dB überschreiten.

Für eine detaillierte Beschreibung zur Durchführung der Messung sei an dieser Stelle auf DIN EN 61000-4-21 [1, Anhang B1] verwiesen, wo neben der Validierung der Gleichförmigkeit des Feldes in der Kammer auch die Bestimmung der höchstzulässigen Beladung der MVK für zukünftige Prüfungen beschrieben wird.

Aufbauend auf der Validierung der Gleichförmigkeit des Feldes [1, Anhang B1], die für die leere Kammer und nur nach dem Aufbau bzw. nach Änderungen an der MVK durchzuführen ist, muss entsprechend DIN EN 61000-4-21 [1] bei jeder Prüfung mit Prüfling eine weiterführende Validierung zum Nachweis des Leistungsvermögens der Kammer [1, Anhang B2] erfolgen. Dazu wird die Empfangsantenne an $N_{\mathrm{Rx}} \geq 1$ Aufstellorten im Arbeitsvolumen der Kammer platziert und für jeden Aufstellort, jede Frequenz und jede Rührerstellung die Eingangsleistung am Fußpunkt der Sendeantenne P_{Tx} und die empfangenen Leistung am Fußpunkt der Empfangsantenne P_{Rx} aufgenommen. Die Feldsonde wird dafür nicht benötigt. Aus den Messdaten kann anschließend der Kammerkalibrierfaktor (CCF) und der Beladungsfaktor der mit dem Prüfling beladenen Kammer ($\mathrm{CLF}_{\mathrm{EUT}}$) berechnet werden.

Zum Abschluss der Validierung mit Prüfling muss der Kammerbeladungsfaktor mit dem Beladungsfaktor der bestimmten höchstzulässigen Beladung $\mathrm{CLF}_{\mathrm{max}}$ verglichen werden. Falls für alle Frequenzen die Bedingung $\mathrm{CLF}_{\mathrm{EUT}} \leq \mathrm{CLF}_{\mathrm{max}}$ erfüllt ist, kann die Messung der Störfestigkeit erfolgen und mit Hilfe des Kammerbeladungsfaktors die notwendige Eingangsleistung für die geforderte Prüffeldstärke berechnet werden.

2.5.2 Überblick zur Auswertung der Validierungsmessung

2.5.2.1 Gleichförmigkeit des Feldes

Im Anschluss an die Messung zur Validierung der Gleichförmigkeit des Feldes in der MVK steht ein Datensatz zur Verfügung, der für jede der N_{o} Positionen der Feldsonde, jede der N_{f} Frequenzen und jede der N_{α} Rührerstellungen die Eingangsleistung am Fußpunkt der Sendeantenne P_{Tx}, die empfangene Leistung am Fußpunkt der Empfangsantenne P_{Rx} und die Komponenten der elektrischen Feldstärke E_{x}, E_{y} und E_{z} enthält.

Im ersten Schritt werden daraus für jede Position der Feldsonde und jede Frequenz die Mittelwerte der Eingangsleistung $\langle P_{\mathrm{Tx}}\rangle_{N_\alpha}$ und der Leistung an der Empfangsantenne $\langle P_{\mathrm{Rx}}\rangle_{N_\alpha}$ über die Rührerdrehung mit N_α Rührerstellungen sowie die entsprechenden Maximalwerte der Leistung an der Empfangsantenne $\lceil P_{\mathrm{Rx}}\rceil_{N_\alpha}$ und der Komponenten der elektrischen Feldstärke $\lceil E_{\mathrm{x}}\rceil_{N_\alpha}$, $\lceil E_{\mathrm{y}}\rceil_{N_\alpha}$ und $\lceil E_{\mathrm{z}}\rceil_{N_\alpha}$ berechnet. Die Maximalwerte der Feldstärkekomponenten werden anschließend auf die Wurzel der mittleren Eingangsleistung bezogen und liefern die normierten Komponenten der elektrischen Feldstärke $\tilde{E}_{\mathrm{x}}$, $\tilde{E}_{\mathrm{y}}$ und $\tilde{E}_{\mathrm{z}}$.

$$\tilde{E}_{\mathrm{x}} = \frac{\lceil E_{\mathrm{x}}\rceil_{N_\alpha}}{\sqrt{\langle P_{\mathrm{Tx}}\rangle_{N_\alpha}}} \qquad \tilde{E}_{\mathrm{y}} = \frac{\lceil E_{\mathrm{y}}\rceil_{N_\alpha}}{\sqrt{\langle P_{\mathrm{Tx}}\rangle_{N_\alpha}}} \qquad \tilde{E}_{\mathrm{z}} = \frac{\lceil E_{\mathrm{z}}\rceil_{N_\alpha}}{\sqrt{\langle P_{\mathrm{Tx}}\rangle_{N_\alpha}}} \tag{2.10}$$

Für diese erfolgt im nächsten Schritt eine räumliche Mittelung über die Positionen der Feldsonde. Analog wird der Mittelwert $\left\langle \tilde{E}\right\rangle_{3N_{\mathrm{o}}}$ der insgesamt $3\cdot N_{\mathrm{o}}$ Feldstärkewerte berechnet.

$$\left\langle \tilde{E}_{\mathrm{x}}\right\rangle_{N_{\mathrm{o}}} = \frac{\sum\limits_{i=1}^{N_{\mathrm{o}}} \tilde{E}_{\mathrm{x}}}{N_{\mathrm{o}}} \qquad \left\langle \tilde{E}_{\mathrm{y}}\right\rangle_{N_{\mathrm{o}}} = \frac{\sum\limits_{i=1}^{N_{\mathrm{o}}} \tilde{E}_{\mathrm{y}}}{N_{\mathrm{o}}} \tag{2.11}$$

$$\left\langle \tilde{E}_{\mathrm{z}}\right\rangle_{N_{\mathrm{o}}} = \frac{\sum\limits_{i=1}^{N_{\mathrm{o}}} \tilde{E}_{\mathrm{z}}}{N_{\mathrm{o}}} \qquad \left\langle \tilde{E}\right\rangle_{3N_{\mathrm{o}}} = \frac{\sum\limits_{k=x,y,z} \sum\limits_{i=1}^{N_{\mathrm{o}}} \tilde{E}_{\mathrm{k}}}{3N_{\mathrm{o}}} \tag{2.12}$$

Mit Hilfe der für jede Frequenz berechneten Mittelwerte können anschließend die zugehörigen Standardabweichungen berechnet werden.

$$\sigma_{\mathrm{x}} = \sqrt{\frac{\sum\limits_{i=1}^{N_{\mathrm{o}}} \left(\tilde{E}_{\mathrm{x,i}} - \left\langle \tilde{E}_{\mathrm{x}}\right\rangle_{N_{\mathrm{o}}}\right)^2}{N_{\mathrm{o}}-1}} \qquad \sigma_{\mathrm{y}} = \sqrt{\frac{\sum\limits_{i=1}^{N_{\mathrm{o}}} \left(\tilde{E}_{\mathrm{y,i}} - \left\langle \tilde{E}_{\mathrm{y}}\right\rangle_{N_{\mathrm{o}}}\right)^2}{N_{\mathrm{o}}-1}} \tag{2.13a}$$

$$\sigma_{\mathrm{z}} = \sqrt{\frac{\sum\limits_{i=1}^{N_{\mathrm{o}}} \left(\tilde{E}_{\mathrm{z,i}} - \left\langle \tilde{E}_{\mathrm{z}}\right\rangle_{N_{\mathrm{o}}}\right)^2}{N_{\mathrm{o}}-1}} \qquad \sigma_{3N_{\mathrm{o}}} = \sqrt{\frac{\sum\limits_{k=x,y,z} \sum\limits_{i=1}^{N_{\mathrm{o}}} \left(\tilde{E}_{\mathrm{k,i}} - \left\langle \tilde{E}\right\rangle_{3N_{\mathrm{o}}}\right)^2}{3N_{\mathrm{o}}-1}} \tag{2.13b}$$

Schließlich werden die Standardabweichungen auf den zugehörigen Mittelwert bezogen und als Pegel in dB angegeben.

$$\frac{\sigma_{\mathrm{x}}}{\mathrm{dB}} = 20\log\left(\frac{\sigma_{\mathrm{x}} + \left\langle \tilde{E}_{\mathrm{x}}\right\rangle_{N_{\mathrm{o}}}}{\left\langle \tilde{E}_{\mathrm{x}}\right\rangle_{N_{\mathrm{o}}}}\right) \qquad \frac{\sigma_{\mathrm{y}}}{\mathrm{dB}} = 20\log\left(\frac{\sigma_{\mathrm{y}} + \left\langle \tilde{E}_{\mathrm{y}}\right\rangle_{N_{\mathrm{o}}}}{\left\langle \tilde{E}_{\mathrm{y}}\right\rangle_{N_{\mathrm{o}}}}\right) \tag{2.14a}$$

$$\frac{\sigma_{\mathrm{z}}}{\mathrm{dB}} = 20\log\left(\frac{\sigma_{\mathrm{z}} + \left\langle \tilde{E}_{\mathrm{z}}\right\rangle_{N_{\mathrm{o}}}}{\left\langle \tilde{E}_{\mathrm{z}}\right\rangle_{N_{\mathrm{o}}}}\right) \qquad \frac{\sigma_{3N_{\mathrm{o}}}}{\mathrm{dB}} = 20\log\left(\frac{\sigma_{3N_{\mathrm{o}}} + \left\langle \tilde{E}\right\rangle_{3N_{\mathrm{o}}}}{\left\langle \tilde{E}\right\rangle_{3N_{\mathrm{o}}}}\right) \tag{2.14b}$$

Zur Bewertung der Gleichförmigkeit des Feldes müssen die berechneten Standardabweichungen mit der Grenzwertkurve verglichen werden, wobei bis zu 3 Frequenzen je Oktave den Grenzwert um jeweils bis zu 1 dB überschreiten dürfen.

2.5.2.2 Empfangsantennenvalidierungsfaktor und Einfügedämpfung der Kammer

Für die spätere Validierung der Kammer mit Prüfling wird der (Empfangs-)Antennenvalidierungsfaktor AVF (engl. antenna validation factor) der leeren Kammer benötigt. Dieser entspricht dem räumlichen Mittelwert des Verhältnisses aus der über die Rührerstellungen gemittelten Leistung an der Sendeantenne $\langle P_{\mathrm{Tx}} \rangle_{N_\alpha}$ und der Empfangsantenne $\langle P_{\mathrm{Tx}} \rangle_{N_\alpha}$.

$$\mathrm{AVF} = \left\langle \frac{\langle P_{\mathrm{Rx}} \rangle_{N_\alpha}}{\langle P_{\mathrm{Tx}} \rangle_{N_\alpha}} \right\rangle_{N_\mathrm{o}} \tag{2.15}$$

Zusätzlich kann die Einfügedämpfung IL (engl. insertation loss) der Kammer berechnet werden, wobei hier der Maximalwert $\lceil P_{\mathrm{Rx}} \rceil_{N_\alpha}$ eingeht.

$$\mathrm{IL} = \left\langle \frac{\lceil P_{\mathrm{Rx}} \rceil_{N_\alpha}}{\langle P_{\mathrm{Tx}} \rangle_{N_\alpha}} \right\rangle_{N_\mathrm{o}} \tag{2.16}$$

Die Einfügedämpfung wird zum Beispiel bei der Messung der Störaussendung verwendet.

2.5.2.3 Kammerbeladungsfaktor und höchstzulässige Beladung der Kammer

Allgemein wird die Ausbildung des Feldes in der Kammer durch das Einbringen des Prüflings in das Arbeitsvolumen beeinflusst und es ist zu erwarten, dass ab einem bestimmten Grad der Beladung, die geforderte Gleichförmigkeit des Prüffeldes im Arbeitsvolumen nicht mehr gegeben ist. Daher muss im Anschluss an die Validierung der leeren Kammer einmalig die höchstzulässige (maximale) Beladung der Kammer bestimmt werden, bei der die Anforderung an die Gleichförmigkeit des Feldes gerade noch erfüllt wird. Als Maß für die Kammerbeladung wird entsprechend DIN EN 61000-4-21 [1] das Verhältnis des Antennenvalidierungsfaktors bei Bestimmung in der leeren und beladenen Kammer verwendet, das im Weiteren als Kammerbeladungsfaktor CLF (engl. chamber loading factor) bezeichnet wird.

$$\mathrm{CLF} = \frac{\mathrm{AVF}|_{\text{beladene MVK}}}{\mathrm{AVF}|_{\text{leere MVK}}} \tag{2.17}$$

Die Beladung der Kammer wird dabei durch zusätzlich in die Kammer eingebrachte Absorber nachgebildet. Für die ermittelte höchstzulässige (maximale) Beladung ergibt sich der maximale Beladungsfaktor $\mathrm{CLF}_{\mathrm{max}}$ der Kammer.

Achtung: In der Norm [1, Anhang B.1.6] wird an dieser Stelle zunächst der Reziprokwert des Kammerbeladungsfaktors als die 'Belastung' (engl. loading) der Kammer definiert. Dieser wird im Weiteren nicht verwendet und stattdessen direkt der Kammerladungsfaktor CLF eingeführt und der maximale Beladungsfaktor der Kammer mit $\mathrm{CLF}_{\mathrm{max}}$ bezeichnet.

2.5.2.4 Kammerkalibrierfaktor und Kammerbeladungsfaktor des Prüflings

Zur Kalibrierung der Kammer mit Prüfling wird die Empfangsantenne an $N_{\mathrm{Rx}} \geq 1$ Aufstellorten im Arbeitsvolumen der Kammer platziert und für jeden Aufstellort, jede Frequenz und jede Rührerstellung die Eingangsleistung am Fußpunkt der Sendeantenne P_{Tx} und die empfangene Leistung am Fußpunkt der Empfangsantenne P_{Rx} aufgenommen. Aus den Messdaten wird zunächst der Kammerkalibrierfaktor CCF (engl. chamber calibration factor) berechnet.

$$\mathrm{CCF} = \left\langle \frac{\langle P_{\mathrm{Rx}} \rangle_{N_\alpha}}{\langle P_{\mathrm{Tx}} \rangle_{N_\alpha}} \right\rangle_{N_{\mathrm{Rx}}} \tag{2.18}$$

Unter Verwendung des Antennenvalidierungsfaktors AVF aus der Validierung der leeren Kammer kann anschließend der Kammerbeladungsfaktor für den Prüfling $\mathrm{CLF}_{\mathrm{EUT}}$ ermittelt werden.

$$\mathrm{CLF}_{\mathrm{EUT}} = \frac{\mathrm{CCF}}{\mathrm{AVF}|_{\mathrm{leere\ MVK}}} \tag{2.19}$$

Erfüllt dieser die Bedingung $\mathrm{CLF}_{\mathrm{EUT}} \leq \mathrm{CLF}_{\mathrm{max}}$, darf anschließend die Messung der strahlungsgebundenen Störfestigkeit in der validierten Kammer erfolgen.

Achtung: Im Vergleich zur Norm [1] wurde für den Kammerbeladungsfaktor eine abgewandelte Nomenklatur verwendet, um besser zwischen der Beladung der Kammer durch die Absorber und der Beladung durch den Prüfling zu unterscheiden.

2.5.3 Erläuterungen zur Validierung und zur anschließenden Messung der Störfestigkeit und Störaussendung

In Abbildung 1.3 auf Seite 7 wurden bereits die Indizes zur Beschreibung der von den Antennen abgestrahlten und empfangenen Leistungen definiert. Allgemein wird die am Fußpunkt der Sendeantenne zur Verfügung gestellte Leistung mit P_{Tx} beschrieben. Dabei ist darauf zu achten, dass bei Fehlanpassung der Antenne ein Teil der Leistung reflektiert wird. Entscheidend ist dann die Nettoeingangsleistung, die sich aus der Differenz der zugeführten und reflektierten Leistung ergibt. Aufgrund der ohmschen Verluste realer Antenne wird nur der Anteil P_{t} der zugeführten Leistung P_{Tx} von der Antenne abgestrahlt. Dieser Anteil wird durch die Antenneneffektivität η_{Tx} beschrieben.

$$\eta_{\mathrm{Tx}} = \frac{P_{\mathrm{t}}}{P_{\mathrm{Tx}}} \qquad \eta_{\mathrm{Rx}} = \frac{P_{\mathrm{Rx}}}{P_{\mathrm{r}}} \tag{2.20}$$

Analog werden zur Beschreibung der Leistungen an der Empfangsantenne die empfangene Leistung P_{r}, die Antenneneffektivität η_{Rx} und die Leistung am Fußpunkt der Antenne P_{Rx}

verwendet. Für die vom Prüfling abgestrahlte Leistung $P_{\mathrm{t,EUT}}$ wurde der Index EUT eingeführt. Für eine ausführliche Betrachtung zu den Antenneneffektivitäten und deren Bestimmung sei auf Abschnitt 2.8 verweisen.

2.5.3.1 Grundgleichung der Validierung

Die Validierung der Modenverwirbelungskammer und die anschließende Messung der Störfestigkeit und Störaussendung von Prüflingen in der MVK basiert prinzipiell auf Gleichung 2.22, die den Zusammenhang bzw. das Verhältnis zwischen der Eingangsleistung am Fußpunkt der Sendeantenne P_{Tx} und der Ausgangsleistung am Fußpunkt der Empfangsantenne P_{Rx} beschreibt.

Ausgehend von der allgemeinen Fragestellung, welche mittlere Leistung $\langle P_{\mathrm{r}} \rangle$ eine Antenne in einer Modenverwirbelungskammer empfängt, wenn von einem gegebenen Strahler bzw. der Sendeantenne die Leistung P_{t} abgestrahlt wird, kann zunächst Gleichung 2.21 hergeleitet werden [8]. Dabei ist jedoch zu beachten, dass diese nur für den Fall einer verlustlosen, perfekt angepassten Antenne gilt.

$$\langle P_{\mathrm{r}} \rangle = \frac{\lambda^3 Q}{16\pi^2 V} \cdot P_{\mathrm{t}} \tag{2.21}$$

Das heißt, die über eine Drehung des Rührers gemittelte empfangene Leistung $\langle P_{\mathrm{r}} \rangle$ ist von der Frequenz f (Wellenlänge λ), der Güte der Kammer Q und dem Volumen der Kammer V abhängig, wobei die Beladung der Kammer in die Güte eingeht.

Allgemein sind die Güte der leeren Kammer und die Güte der mit dem Prüfling beladenen Kammer unbekannt. In beiden Fällen kann die mittlere Güte jedoch mit Hilfe von Gleichung 2.22, die sich nach Einsetzen der Antenneneffektivitäten aus Gleichung 2.21 ergibt, bestimmt werden. Dazu müssen für jede Frequenz und jede Rührerstellung die Eingangsleistung am Fußpunkt der Sendeantenne P_{Tx} und die empfangene Leistung am Fußpunkt der Empfangsantenne P_{Rx} aufgenommen und die entsprechenden Mittelwerte für N_α Rührerstellungen ins Verhältnis gesetzt werden.

$$\frac{\langle P_{\mathrm{Rx}} \rangle_{N_\alpha}}{\langle P_{\mathrm{Tx}} \rangle_{N_\alpha}} = \frac{\eta_{\mathrm{Tx}} \eta_{\mathrm{Rx}} \lambda^3}{16\pi^2 V} \cdot \langle Q \rangle_{N_\alpha} \tag{2.22}$$

Das heißt, das Verhältnis dieser beiden Mittelwerte ist ein Maß für die Güte der Kammer und wird zur Bestimmung des Antennenvalidierungsfaktors AVF nach Gleichung 2.15 und des Kammerkalibrierfaktors CCF nach Gleichung 2.18 verwendet. Zur Berechnung des AVF und CCF wird zusätzlich der Mittelwert über die Positionen der Feldsonde N_{o} bzw. die

Anzahl der Aufstellorte der Empfangsantenne N_{Rx} gebildet.

$$\mathrm{AVF}\big|_{\text{leere MVK}} = \frac{\eta_{\mathrm{Tx}}\eta_{\mathrm{Rx}}\lambda^3}{16\pi^2 V} \cdot \left\langle \langle Q \rangle_{N_\alpha} \right\rangle_{N_\mathrm{o}} \Big|_{\text{leere MVK}} \tag{2.23}$$

$$\mathrm{CCF} = \frac{\eta_{\mathrm{Tx}}\eta_{\mathrm{Rx}}\lambda^3}{16\pi^2 V} \cdot \left\langle \langle Q \rangle_{N_\alpha} \right\rangle_{N_{\mathrm{Rx}}} \tag{2.24}$$

Damit entspricht der Kammerbeladungsfaktor dem Verhältnis aus der mittleren Güte der beladenen Kammer und der mittleren Güte der leeren Kammer.

$$\mathrm{CLF} = \frac{\mathrm{AVF}\big|_{\text{beladene MVK}}}{\mathrm{AVF}\big|_{\text{leere MVK}}} = \frac{\left\langle \langle Q \rangle_{N_\alpha} \right\rangle_{N_\mathrm{o}} \Big|_{\text{beladene MVK}}}{\left\langle \langle Q \rangle_{N_\alpha} \right\rangle_{N_\mathrm{o}} \Big|_{\text{leere MVK}}} \tag{2.25}$$

$$\mathrm{CLF}_{\mathrm{EUT}} = \frac{\mathrm{CCF}}{\mathrm{AVF}\big|_{\text{leere MVK}}} = \frac{\left\langle \langle Q \rangle_{N_\alpha} \right\rangle_{N_{\mathrm{Rx}}} \Big|_{\mathrm{EUT}}}{\left\langle \langle Q \rangle_{N_\alpha} \right\rangle_{N_\mathrm{o}} \Big|_{\text{leere MVK}}} \tag{2.26}$$

Allgemein ist bei Verwendung von Gleichung 2.22 zu beachten, dass Fehlanpassungen der Antennen darin nicht berücksichtigt werden, d. h. die Antennen sollten nur in einem Frequenzbereich eingesetzt werden, in dem deren Anpassung entsprechend gut ist. Für die Herleitung von Gleichung 2.21 und eine weiterführende Betrachtung zur Antennenfehlanpassung sei an dieser Stelle auf [8] verwiesen.

2.5.3.2 Mittlere Güte der leeren MVK und der mit dem Prüfling beladenen MVK

Sind der Antennenvalidierungsfaktor der leeren MVK und der Kammerkalibrierfaktor der mit dem Prüfling beladenen MVK gegeben, können die Güte der leeren MVK $\langle Q \rangle_{\text{leere MVK}}$ und die Güte der mit dem Prüfling beladenen MVK $\langle Q \rangle_{\mathrm{EUT}}$ berechnet werden.

$$\langle Q \rangle_{\text{leere MVK}} = \frac{16\pi^2 V}{\eta_{\mathrm{Tx}}\eta_{\mathrm{Rx}}\lambda^3} \cdot \mathrm{AVF}\big|_{\text{leere MVK}} = \frac{16\pi^2 V}{\eta_{\mathrm{Tx}}\eta_{\mathrm{Rx}}\lambda^3} \cdot \left\langle \frac{\langle P_{\mathrm{Rx}} \rangle_{N_\alpha}}{\langle P_{\mathrm{Tx}} \rangle_{N_\alpha}} \right\rangle_{N_\mathrm{o}} \Bigg|_{\text{leere MVK}} \tag{2.27}$$

$$\langle Q \rangle_{\mathrm{EUT}} = \frac{16\pi^2 V}{\eta_{\mathrm{Tx}}\eta_{\mathrm{Rx}}\lambda^3} \cdot \mathrm{CCF} = \frac{16\pi^2 V}{\eta_{\mathrm{Tx}}\eta_{\mathrm{Rx}}\lambda^3} \cdot \left\langle \frac{\langle P_{\mathrm{Rx}} \rangle_{N_\alpha}}{\langle P_{\mathrm{Tx}} \rangle_{N_\alpha}} \right\rangle_{N_{\mathrm{Rx}}} \Bigg|_{\mathrm{EUT}} \tag{2.28}$$

In Abschnitt 2.4.2 wurde bereits die mittlere Güte der MVK aus dem zeitlichen Abfall des Leistungspegels nach Anregung der Kammer mit einem pulsmodulierten Sinussignal bestimmt. Ein Vergleich dieser bereits bestimmten Gütekurve mit den Ergebnissen aus der Validierung der leeren MVK folgt in Abschnitt 2.5.4.3.

2.5.3.3 Übergang zur Messung der Störfestigkeit und Störaussendung

Grundlage für die Messung der strahlungsgebundenen Störfestigkeit und Störaussendung ist, wie in Abschnitt 2.5.1 bereits erläutert, die einmalige Validierung der leeren MVK, bei der die Gleichförmigkeit des Feldes und die höchstzulässige Beladung der Kammer zu bestimmen ist. Neben der Validierung der leeren Modenverwirbelungskammer muss vor jeder Prüfung eines Prüflings nachgewiesen werden, dass die Kammer durch den Prüfling nicht zu stark beladen wird. Dazu muss der Beladungsfaktor der mit dem Prüfling beladenen Kammer ermittelt und mit dem höchstzulässigen (maximalen) Kammerbeladungsfaktor verglichen werden.

Nach der erfolgreichen Validierung kann die Messung der strahlungsgebundenen Störfestigkeit nach DIN EN 61000-4-21 [1] erfolgen. Dazu muss im Arbeitsvolumen der MVK die für den Prüfling (EUT) geforderte Prüffeldstärke E_{EUT} erzeugt werden. Die dafür notwendige Leistung am Eingang der Sendeantenne P_{Tx} kann mit Hilfe des Kammerbeladungsfaktors des Prüflings $\mathrm{CLF}_{\mathrm{EUT}}$ berechnet werden.

$$P_{\mathrm{Tx,\,EUT}} = \frac{1}{\mathrm{CLF}_{\mathrm{EUT}}} \cdot \left(\frac{E_{\mathrm{EUT}}}{\left\langle \tilde{E} \right\rangle_{3N_{\mathrm{o}}}} \right)^2 \tag{2.29}$$

Die Herleitung der Gleichung basiert auf dem Zusammenhang zwischen der erreichbaren Feldstärke E in der MVK und der Eingangsleistung P_{Tx} am Fußpunkt der Sendeantenne, der durch Gleichung 2.30 gegeben ist und die Abhängigkeit von der Güte der MVK enthält. Das heißt, das Quadrat der Feldstärke ist proportional dem Produkt aus der Güte und der Eingangsleistung.

$$E^2 = \frac{QP_{\mathrm{Tx}}}{\omega\epsilon V} \tag{2.30}$$

$$E^2 \sim QP_{\mathrm{Tx}} \tag{2.31}$$

Damit kann zunächst folgende Verhältnisgleichung aufgestellt werden:

$$\frac{E^2_{\mathrm{EUT}}}{E^2_{\mathrm{leere\ MVK}}} = \frac{\langle Q \rangle|_{\mathrm{EUT}}}{\langle Q \rangle|_{\mathrm{leere\ MVK}}} \cdot \frac{P_{\mathrm{Tx,\,EUT}}}{\langle P_{\mathrm{Tx}} \rangle_{N_\alpha}} \tag{2.32}$$

Ausgehend von den Gleichungen 2.10 und 2.12 kann die Feldstärke $E_{\mathrm{leere\ MVK}}$ ersetzt werden durch:

$$E_{\mathrm{leere\ MVK}} \approx \left\langle \tilde{E} \right\rangle_{3N_{\mathrm{o}}} \cdot \sqrt{\langle P_{\mathrm{Tx}} \rangle_{N_\alpha}} \tag{2.33}$$

Anschließend können die Gleichung 2.33 sowie die Gleichung 2.26 für den Beladungsfaktor der mit dem Prüfling beladenen Kammer in Gleichung 2.32 eingesetzt werden.

$$\frac{E_{\mathrm{EUT}}^2}{\left(\left\langle \tilde{E} \right\rangle_{3N_\mathrm{o}} \cdot \sqrt{\langle P_{\mathrm{Tx}} \rangle_{N_\alpha}}\right)^2} = \mathrm{CLF} \cdot \frac{P_{\mathrm{Tx,\,EUT}}}{\langle P_{\mathrm{Tx}} \rangle_{N_\alpha}} \tag{2.34}$$

Stellt man die erhaltene Gleichung 2.34 nach der notwendigen Eingangsleistung zur Prüfung des Prüflings um, so ergibt sich die bereits vorgestellte Gleichung 2.29.

Zur Messung der strahlungsgebundenen Störaussendung in der MVK kann entsprechend DIN EN 61000-4-21 [1] die vom Prüfling abgestrahlte Leistung $P_{\mathrm{t,\,EUT}}$ entweder unter Verwendung der mittleren Empfangsleistung $\langle P_{\mathrm{Rx}} \rangle_{N_\alpha}$ und dem Kammerkalibrierfaktor CCF oder auch unter Verwendung der maximalen Empfangsleistung $\lceil P_{\mathrm{Rx}} \rceil_{N_\alpha}$ und dem Kammerbeladungsfaktor $\mathrm{CLF}_{\mathrm{EUT}}$ und der Einfügedämpfung IL bestimmt werden.

$$P_{\mathrm{t,\,EUT}} = \frac{\eta_{\mathrm{Tx}} \langle P_{\mathrm{Rx}} \rangle_{N_\alpha}}{\mathrm{CCF}} \tag{2.35}$$

$$P_{\mathrm{t,\,EUT}} = \frac{\eta_{\mathrm{Tx}} \lceil P_{\mathrm{Rx}} \rceil_{N_\alpha}}{\mathrm{CLF}_{\mathrm{EUT}} \cdot \mathrm{IL}} \tag{2.36}$$

Die Gleichung 2.35 ergibt sich durch das Einsetzen der Antenneneffektivität der Sendeantenne aus Gleichung 2.20 in die Definitionsgleichung des Kammerkalibrierfaktors 2.18.

2.5.3.4 Anmerkungen zur verwendeten Nomenklatur

Die in der Norm DIN EN 61000-4-21 [1] verwendete Nomenklatur war für den Autor teilweise sehr verwirrend. Der Autor hat sich deshalb entschieden, eine leicht abgewandelte Nomenklatur zu verwenden, wobei einige Symbole und Bezeichnungen anders definiert wurden.

Allgemein erscheint die Verwendung der Begriffe der Validierung und der Kalibrierung uneinheitlich und verwirrend. Es wird sowohl von der Validierung der Gleichförmigkeit des Feldes als auch von der Validierung der Empfangsantenne und der Validierung der Kammer gesprochen. In Anhang B.1.3. wird die Kalibrierung der Antenne beschrieben, jedoch der Empfangsantennenvalidierungsfaktor definiert. Aus Sicht des Autors wäre an dieser Stelle eine differenziertere Verwendung sinnvoll. So könnte z. B. zwischen der Validierung des Prüffeldes, d. h. der Validierung der Gleichförmigkeit der Feldes im Prüfvolumen der MVK und der Kalibrierung der Kammer differenziert werden. Da der Begriff der Kalibrierung für die Verwendung bezüglich der Kammer passender erschien, wurde im Gegensatz zur Norm statt des Kammervalidierungsfaktors (CVF) der Kammerkalibrierfaktor (CCF) definiert. Weiterhin wurde für den Kammerbeladungsfaktor eine abgewandelte Nomenklatur verwendet, um besser zwischen der Beladung der Kammer durch die Absorber und der Beladung durch den

Prüfling zu unterscheiden. In der Norm wird zunächst der Reziprokwert des Kammerbeladungsfaktors als die Belastung (engl. loading) der Kammer definiert. Dieser wurde in dieser Arbeit nicht verwendet und stattdessen direkt der Kammerladungsfaktor CLF eingeführt und der maximale Beladungsfaktor der Kammer mit $\mathrm{CLF}_{\mathrm{max}}$ bezeichnet.

Einen möglichen Ansatz die Verständlichkeit der Norm bzw. des in der Norm beschriebenen Verfahrens zur Validierung (Kalibrierung) der Kammer zu verbessern, sieht der Autor darin, den Antennenvalidierungsfaktor (AVF) durch den Feldvalidierungsfaktor (engl. field validation factor, FVF)

$$\mathrm{FVF} = \left\langle \frac{\langle P_{\mathrm{Rx}} \rangle_{N_\alpha}}{\langle P_{\mathrm{Tx}} \rangle_{N_\alpha}} \right\rangle_{N_\mathrm{o}} \tag{2.37}$$

sowie den Kammervalidierungsfaktor (CVF) zur Kalibrierung der Kammer mit dem Prüfling durch den Kammerkalibrierfaktor (CCF) entsprechend Gleichung 2.18

$$\mathrm{CCF} = \left\langle \frac{\langle P_{\mathrm{Rx}} \rangle_{N_\alpha}}{\langle P_{\mathrm{Tx}} \rangle_{N_\alpha}} \right\rangle_{N_{\mathrm{Rx}}}$$

zu ersetzen, wobei N_{Rx} die Anzahl der verwendeten Aufstellorte der Empfangsantenne beschreibt. Der Kammerbeladungsfaktor (CLF) zur Bestimmung der höchstzulässigen (maximalen) Beladung $\mathrm{CLF}_{\mathrm{max}}$ und der Kammerbeladungsfaktor der mit dem Prüfling beladenen Kammer ($\mathrm{CLF}_{\mathrm{EUT}}$) könnten entsprechend unter Verwendung der folgenden Gleichungen bestimmt werden:

$$\mathrm{CLF} = \frac{\mathrm{FVF}|_{\text{beladene MVK}}}{\mathrm{FVF}|_{\text{leere MVK}}} \tag{2.38}$$

$$\mathrm{CLF}_{\mathrm{EUT}} = \frac{\mathrm{CCF}}{\mathrm{FVF}|_{\text{leere MVK}}} \tag{2.39}$$

Ist die Bedingung $\mathrm{CLF}_{\mathrm{EUT}} \leq \mathrm{CLF}_{\mathrm{max}}$ erfüllt, darf in der kalibrierten Kammer anschließend die Messung der strahlungsgebundenen Störfestigkeit erfolgen.

2.5.4 Erste Validierung der Dresdener MVK

2.5.4.1 Validierung der Gleichförmigkeit des Feldes in der Kammer

Die Validierung der Gleichförmigkeit des Feldes in der leeren Dresdener MVK erfolgte für den Frequenzbereich von 200 MHz bis 18 GHz mit der in Tabelle 2.2 gegebenen Unterteilung des Frequenzbereiches und einer Startfrequenz von $f_s = 200$ MHz. Die Tabelle enthält weiterhin die für den jeweiligen Frequenzbereich verwendete Anzahl von diskreten Frequenzen N_f, die Anzahl der verwendeten Ortspunkte N_o und die Anzahl der verwendeten Rührerstellungen N_α. Das für die Validierung verwendete Arbeitsvolumen ist durch die in Tabelle 2.3 gegebenen Punkte definiert und in Abbildung 2.17 veranschaulicht.

Frequenzbereich	N_f	N_o	N_α	α_i in °
$f_s \leq f < 3f_s$	20	8	50	$7 \cdot i \quad (i \in [1, 50])$
$3f_s \leq f < 6f_s$	15	8	18	$14 \cdot i \quad (i \in [1, 18])$
$6f_s \leq f < 10f_s$	10	8	12	$28 \cdot i \quad (i \in [1, 12])$
$10f_s \leq f < 100f_s$	20	8	12	$28 \cdot i \quad (i \in [1, 12])$

Tabelle 2.2: Verwendete Frequenzbereiche für die Validierung der Kammer mit der zugehörigen Anzahl der verwendeten Frequenzen, Ortspunkte und Rührerstellungen

Punkt	Koordinaten in m	Punkt	Koordinaten in m
P_1	(1.6,3.1,0.5)	P_5	(1.6,3.1,2.0)
P_2	(4.7,3.1,0.5)	P_6	(4.7,3.1,2.0)
P_3	(2.6,0.6,0.5)	P_7	(2.6,0.6,2.0)
P_4	(0.6,0.6,0.5)	P_8	(0.6,0.6,2.0)

Tabelle 2.3: Eckpunkte des zur Validierung der Kammer verwendeten Arbeitsvolumens

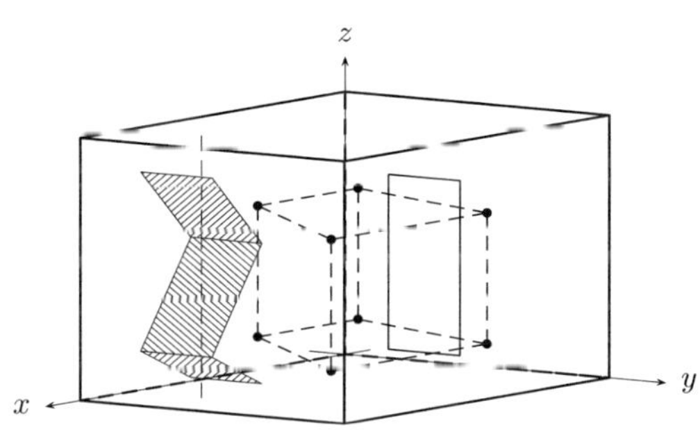

Abbildung 2.17: Arbeitsvolumen bei der Validierung der MVK

Die Ergebnisse der Validierung der leeren MVK sind in Abbildung 2.18 dargestellt und zeigen, dass die Standardabweichungen der Komponenten der elektrischen Feldstärke an zwei Frequenzpunkten den Grenzwert minimal überschreiten, jedoch jeweils nur von einer Komponente und um weniger als 1 dB. Die Standardabweichung für die insgesamt 24 Messwerte zeigt keine Überschreitung des Grenzwertes. Da bis zu 3 Frequenzen je Oktave den Grenzwert um jeweils bis zu 1 dB überschreiten dürfen, werden die Anforderungen an die Gleichförmigkeit des Feldes erfüllt.

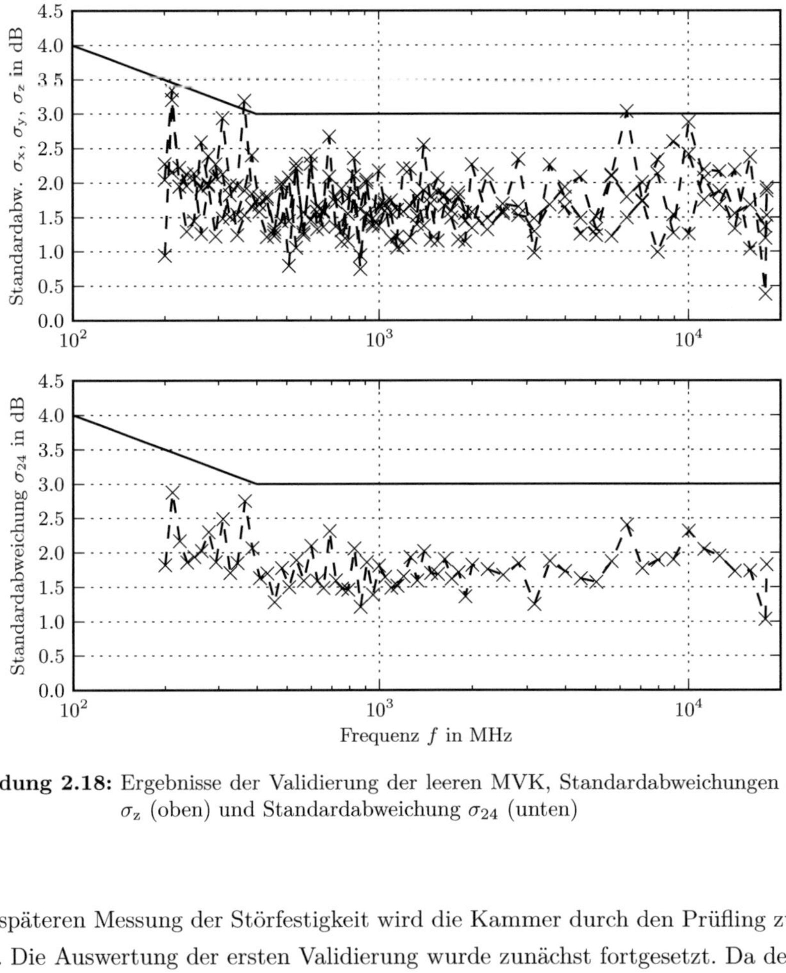

Abbildung 2.18: Ergebnisse der Validierung der leeren MVK, Standardabweichungen σ_x, σ_y, σ_z (oben) und Standardabweichung σ_{24} (unten)

Bei der späteren Messung der Störfestigkeit wird die Kammer durch den Prüfling zusätzlich beladen. Die Auswertung der ersten Validierung wurde zunächst fortgesetzt. Da der Grenzwert aber bereits überschritten wird und sich die Gleichförmigkeit des Feldes in Abhängigkeit vom Prüfling noch verschlechtern kann, wird empfohlen die Anzahl der Rührerstellungen N_α zu vergrößern, um die Gleichförmigkeit des Feldes zu verbessern und die Validierung entsprechend zu wiederholen.

2.5.4.2 Antennenvalidierungsfaktor und Einfügedämpfung der Kammer

Mit Hilfe der Gleichungen 2.15 und 2.16 wurden der Empfangsantennenvalidierungsfaktor und die Einfügedämpfung der Kammer bestimmt und die Ergebnisse in Abbildung 2.19 dargestellt.

2.5.4.3 Mittlere Güte der leeren MVK

Basierend auf dem Antennenvalidierungsfaktor wurde anschließend die mittlere Güte der MVK nach Gleichung 2.27 berechnet und in Abbildung 2.20 dargestellt. Zum Vergleich wurden dem Diagramm die Ergebnisse der Gütemessung aus Abschnitt 2.4.2 beigefügt, die aus dem mittleren Abfall des Leistungspegels nach Anregung der MVK mit einem pulsmodulierten Sinussignal gewonnen wurden.

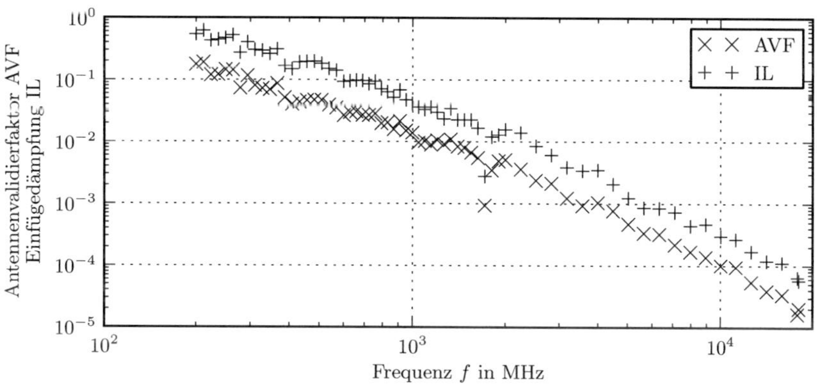

Abbildung 2.19: Antennenvalidierungsfaktor und Einfügedämpfung der Kammer

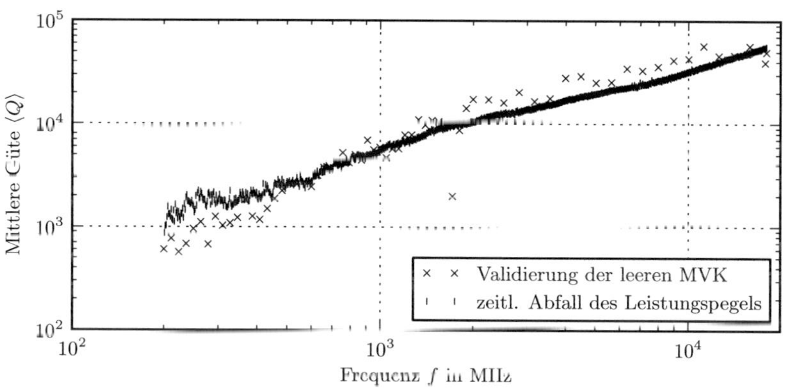

Abbildung 2.20: Mittlere Güte der MVK

2.5.4.4 Höchstzulässige Beladung der Kammer

Im Anschluss an die Validierung der leeren Kammer wurde die Messung für den beladenen Zustand wiederholt. Zur Beladung dienten 8 Pyramidenabsorber vom Typ 1 (Abb. 2.15 auf Seite 39). Die berechneten Standardabweichungen zur Bewertung der Gleichförmigkeit des Feldes sind in Abbildung 2.21 dargestellt. Die MVK im leeren und beladenen Zustand zeigt Abbildung 2.23.

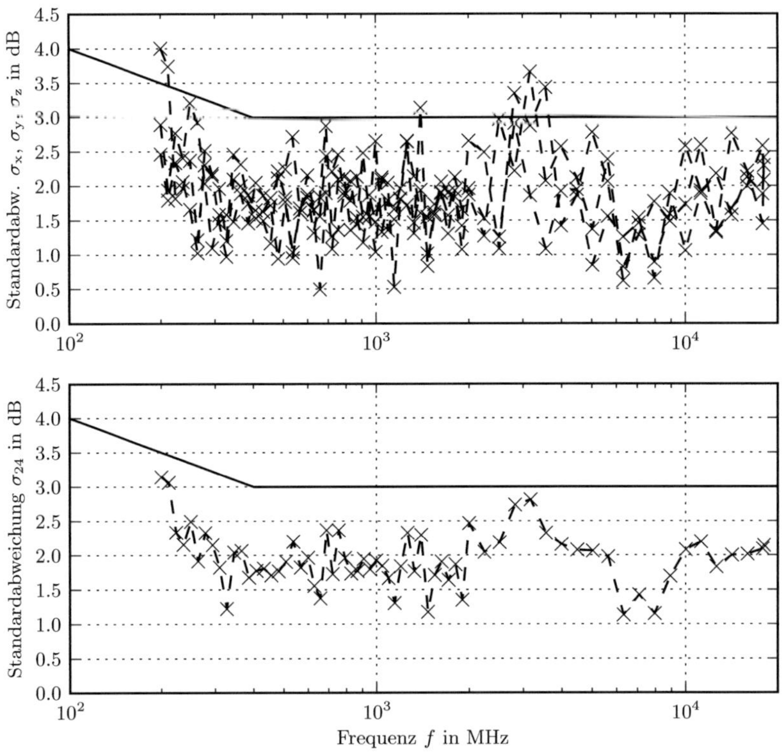

Abbildung 2.21: Ergebnisse der Validierungen der beladenen MVK

Anschließend wurde der Antennenvalidierungsfaktor für die beladene Kammer berechnet und zusammen mit dem Antennenvalidierungsfaktor der leeren Kammer in Abbildung 2.22 dargestellt. Zusätzlich wurde der Kammerbeladungsfaktor, das heißt das Verhältnis der beiden Antennenvalidierungsfaktoren bestimmt und Abbildung 2.22 beigefügt.

Die Ergebnisse zeigen, dass bei der gewählten Beladung die Anforderungen an die Gleichförmigkeit des Feldes nicht mehr erfüllt werden, da der Grenzwert bei 2 Frequenzen um mehr als 1 dB und bei mehr als 3 Frequenzen pro Dekade überschritten wird. Der Reziprokwert des Kammerbeladungsfaktors liegt jedoch unterhalb des empfohlenen Wertes von

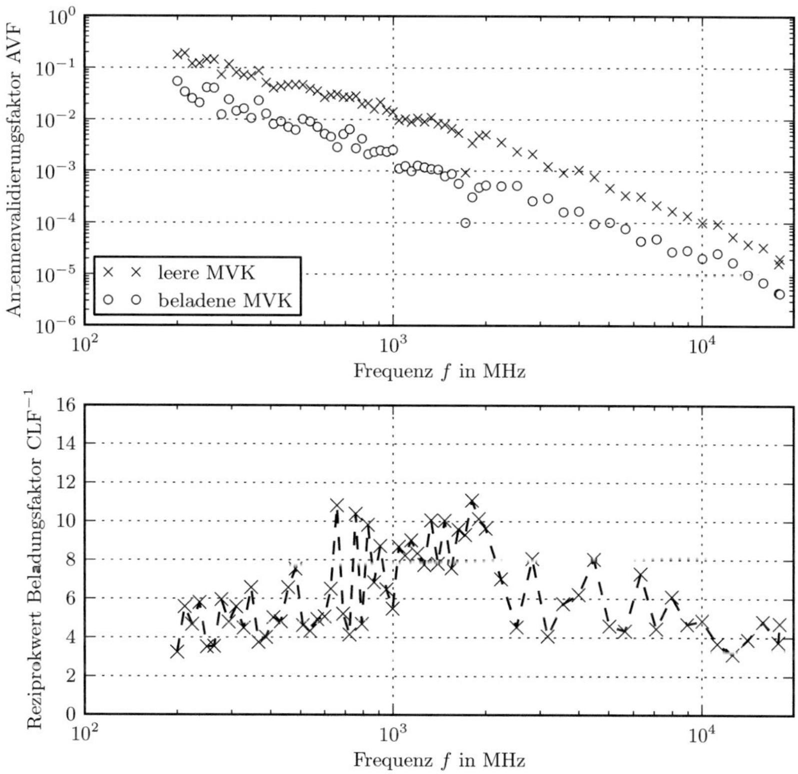

Abbildung 2.22: Antennenvalidierungsfaktor der leeren und beladenen MVK und der Reziprokwert des Kammerbeladungsfaktors

$\mathrm{CLF}^{-1} \approx 16$, der laut Norm [1] während üblicher Prüfungen zu erwarten ist. Weiterhin ist zu erkennen, dass der Kammerbeladungsfaktor im Frequenzbereich von ungefähr 600 MHz bis 2000 MHz im Vergleich zum restlichen Frequenzbereich deutlich erhöht ist. Der Frequenzbereich von 600 MHz bis 2000 MHz entspricht genau den für die Validierung gewählten Bereichen $3f_\mathrm{s} \leq f < 6f_\mathrm{s}$ und $6f_\mathrm{s} \leq f < 10f_\mathrm{s}$, für welche die Anzahl der verwendeten Rührerstellungen von $N_\alpha = 50$ auf $N_\alpha = 18$ bzw. $N_\alpha = 12$ herabgesetzt wurde (siehe Tabelle 2.2).

Da außerdem der Grenzwert für die Gleichförmigkeit des Feldes bereits bei der Validierung der leeren MVK an wenigen Frequenzpunkten überschritten wurde, wird empfohlen die Validierung der MVK mit einer höheren Anzahl von Rührerstellungen zu wiederholen, z. B. mit der Startfrequenz $f_\mathrm{s} = 200$ MHz und den in Tabelle 2.4 gegebenen Parametern.

Aufgrund wiederholter Ausfälle des Feldstärkemesssystems konnte die Validierung im Rahmen dieser Arbeit leider nicht wiederholt werden.

Frequenzbereich	N_f	N_o	N_α	α_i in °
$f_s \leq f < 3f_s$	20	8	60	$6 \cdot i \quad (i \in [0, 59])$
$3f_s \leq f < 6f_s$	15	8	30	$12 \cdot i \quad (i \in [1, 29])$
$6f_s \leq f < 10f_s$	10	8	20	$18 \cdot i \quad (i \in [1, 19])$
$10f_s \leq f < 100f_s$	20	8	15	$24 \cdot i \quad (i \in [1, 14])$

Tabelle 2.4: Empfohlene Wahl der Parameter für eine Wiederholung der Validierung der MVK

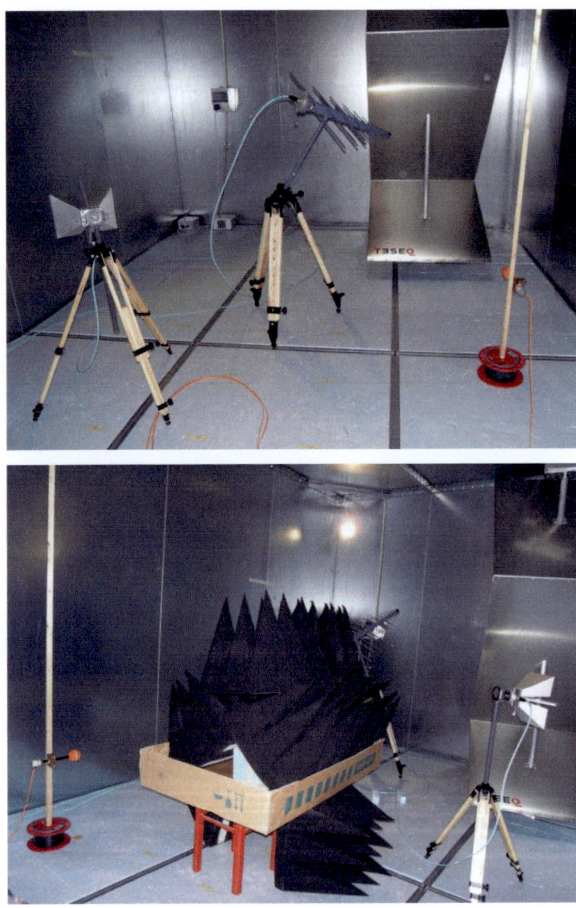

Abbildung 2.23: Validierungen der MVK, leere und beladene Kammer

2.6 Messung der strahlungsgebundenen Störaussendung

In Abschnitt 2.4 wurde das von Krauthäuser in [8] vorgestellte sogenannte bandbreitenreduzierte Zeitbereichsverfahren zur Bestimmung der Güte verwendet. Basierend auf diesem Verfahren kann weiterhin eine Messung der strahlungsgebundenen Störaussendung (Störabstrahlung) in der MVK erfolgen. Dieses alternative Verfahren wird von Krauthäuser in [8] ausführlich beschrieben und mit dem Standardverfahren nach DIN EN 61000-4-21 [1] verglichen.

Bei beiden Verfahren wird die vom Prüfling gesamt abgestrahlte Leistung gemessen. Die Grenzwerte für die Messung der Störabstrahlung werden bislang jedoch als elektrische Feldstärke, die in einem definierten Abstand vom Prüfling nicht überschritten werden dürfen, angegeben. Deshalb muss zunächst ein Bezug zwischen den gemessenen Leistungen und den einzuhaltenden Grenzwerten der Störfeldstärke hergestellt werden. DIN EN 61000-4-21 liefert hierfür die durch Gleichung 2.40 gegebene Abschätzung, mit der aus der gesamt abgestrahlten Leistung P, der maximalen Richtwirkung (Direktivität) des Prüflings D und dem Wellenwiderstand des freien Raumes $Z_0 \approx 120\pi\,\Omega \approx 377\,\Omega$ die äquivalente Störfeldstärke im Abstand r vom Prüfling berechnet werden kann.

$$E(r) = \sqrt{\frac{D \cdot P \cdot Z_0}{4\pi r^2}} \approx \frac{1}{r}\sqrt{30\,\Omega \cdot D \cdot P} \tag{2.40}$$

Die gegebene Abschätzung betrachtet die äquivalente Störfeldstärke für Freiraumbedingungen und gilt nur für das Fernfeld, das heißt für eine entsprechend große Entfernung r vom Prüfling. DIN EN 61000-4-21 enthält außerdem eine zweite Abschätzung für die über einem perfekt leitenden Boden erzeugte Feldstärke. Beide Abschätzungen enthalten die Direktivität des Prüflings, die in der Regel jedoch nicht bekannt ist und daher nur abgeschätzt werden kann.

Um die Direktivität in Zukunft besser abschätzen zu können, wurde von Prof. Krauthäuser das DEBORA-Projekt (Directivity Estimation Based On Routine Assessment) ins Leben gerufen. In Zusammenarbeit mit der Bundesnetzagentur (BNetzA) soll dabei die Direktivität realer Prüflinge bei Messungen der Störabstrahlung auf dem Freifeld bzw. in der Absorberkammer bestimmt und in einer Datenbank gespeichert werden. Ziel der Untersuchung ist es, anhand der gesammelten Daten eine Aussage zur Direktivität verschiedener Prüflingstypen geben zu können. Diese Direktivitäten können anschließend als verbesserte Schätzwerte für die Berechnung der äquivalenten Störfeldstärke nach Gleichung 2.40 verwendet werden. Im Rahmen des Projektes soll weiterführend die Korrelation der Messergebnisse zwischen den etablierten Messumgebungen (Freifeld, Absorberkammer) und den alternativen Messumgebungen (GTEM-Zelle, Modenverwirbelungskammer) untersucht und bewertet werden.

2.6.1 Berechnung der vom Prüfling abgestrahlten Leistung

Ausgehend von der allgemeinen Fragestellung, welche mittlere Leistung $\langle P_\mathrm{r} \rangle$ eine Antenne in einer Modenverwirbelungskammer empfängt, wenn von einem gegebenen Strahler die Leistung P_t abgestrahlt wird, kann Gleichung 2.41 abgeleitet werden [8]. Es ist jedoch zu beachten, dass diese nur für den Fall einer verlustlosen, perfekt angepassten Antenne gilt.

$$\langle P_\mathrm{r} \rangle = \frac{\lambda^3 \langle Q \rangle}{16\pi^2 V} \cdot P_\mathrm{t} \tag{2.41}$$

Für eine reale Empfangsantenne reduziert sich die Empfangsleistung gegenüber dem idealen Fall um die ohmschen Verluste. Dieser Zusammenhang wird durch die Antenneneffektivität η_Rx (Gleichung 2.20 auf Seite 45) beschrieben. Damit kann für die Leistung am Fußpunkt der Antenne P_Rx folgende Gleichung angegeben werden:

$$\langle P_\mathrm{Rx} \rangle = \frac{1}{\eta_\mathrm{Rx}} \cdot \frac{\lambda^3 \langle Q \rangle}{16\pi^2 V} \cdot P_\mathrm{t} \tag{2.42}$$

Für die Messung der strahlungsgebundenen Störaussendung in der MVK kann Gleichung 2.42 nach der abgestrahlten Leistung umgestellt werden, d. h. aus dem Volumen V der MVK, der mittleren Güte $\langle Q \rangle$ und der mittleren Leistung am Fußpunkt der Empfangsantenne $\langle P_\mathrm{Rx} \rangle$ kann die vom Prüfling (EUT) gesamt abgestrahlte Leistung $P_\mathrm{t,EUT}$ bestimmt werden.

$$P_\mathrm{t,EUT} = \frac{16\pi^2 V}{\lambda^3 \langle Q \rangle} \cdot \frac{\langle P_\mathrm{Rx} \rangle}{\eta_\mathrm{Rx}} \tag{2.43}$$

Dazu wäre es jedoch erforderlich, bei jeder Messung gleichzeitig die mittlere Leistung an der Empfangsantenne und die Güte der mit dem Prüfling beladenen Kammer zu messen. Wie in Abschnitt 2.4.4 bereits gezeigt, ist die Güte der Kammer aber von deren Beladung abhängig, d. h. an dieser Stelle darf nicht die mittlere Güte der leeren Kammer verwendet werden.

Allgemein ist bei Verwendung von Gleichung 2.43 zu beachten, dass Fehlanpassungen der Antennen darin nicht berücksichtigt werden, d. h. die Antennen sollten dann nur in einem Frequenzbereich eingesetzt werden, in dem deren Anpassung entsprechend gut ist. Für die Herleitung von Gleichung 2.41 und eine weiterführende Betrachtung zur Antennenfehlanpassung sei an dieser Stelle auf [8] verwiesen.

2.6.2 Einfluss der Beladung der Kammer

In Abschnitt 2.4.4 wurde bereits der Einfluss der Beladungen der Kammer auf die mittlere Güte der MVK untersucht. Für die dabei verwendeten Beladungszustände, die mit

Hilfe verschiedener Absorber realisiert wurden, erfolgte weiterführend eine Untersuchung der Empfangsleistung am Fußpunkt der Empfangsantenne. Dazu wurde mit der Referenzstörquelle CNE III der Firma York EMC Service Ltd. ein breitbandiger Störer in der MVK platziert und anschließend der Leistungspegel $\langle P_{\mathrm{Rx}} \rangle_{\mathrm{dBm}}$ im Frequenzbereich von 200 MHz bis 3000 MHz in Abhängigkeit der Beladung aufgenommen und in Abbildung 2.24 dargestellt. In Abbildung 2.25 sind für jede Beladung zusätzlich die Differenz des Leistungspegels $\Delta \langle P_{\mathrm{Rx}} \rangle_{\mathrm{dB}}$ bezüglich der leeren (unbeladenen) MVK und der durch eine Anpassungsfunktion geglättete Verlauf der Differenzwerte sowie deren Mittelwert gegeben.

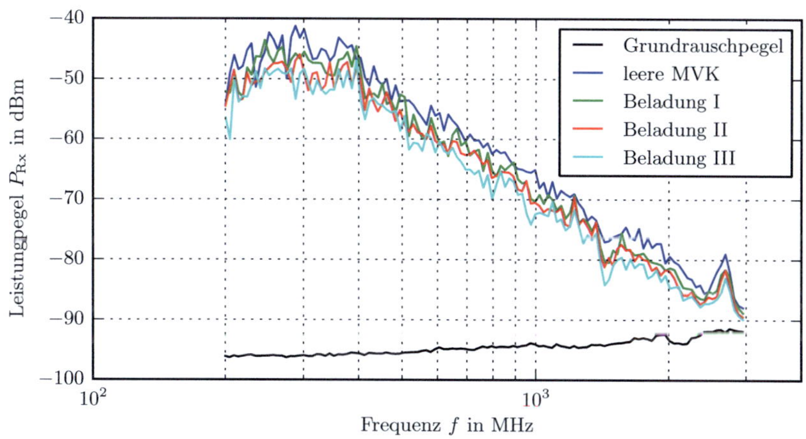

Abbildung 2.24: Mittlerer Leistungspegel $\langle P_{\mathrm{Rx}} \rangle$ am Fußpunkt der Empfangsantenne im Frequenzbereich von 200 MHz bis 3000 MHz in Abhängigkeit der Beladung der MVK

Für die in Abbildung 2.16 auf Seite 40 dargestellten Gütekurven der beladenen Kammer wurde zusätzlich das Güteverhältnis bezüglich der leeren Kammer berechnet. Für die betrachteten Beladungszustände wurde anschließend in Abbildung 2.26 der Abfall des Leistungspegels an der Empfangsantenne über dem berechneten Güteverhältnis dargestellt. Allgemein ist anhand der Diagramme zu erkennen, dass sowohl die Güte der Kammer als auch die empfangene Leistung von der Beladung der Kammer abhängig sind.

Prinzipiell wäre es möglich die Untersuchung für eine deutlich größere Anzahl von Beladungszuständen, d. h. mit einer unterschiedlichen Anzahl von Absorbern durchzuführen, um somit eine Funktion für die mittlere Abhängigkeit des Differenzleistungspegels $\Delta \langle P_{\mathrm{Rx}} \rangle$ vom Güteverhältnis $\langle Q \rangle_{\mathrm{beladen}} / \langle Q \rangle_{\mathrm{leer}}$ zu bestimmen. Diese Funktion könnte Gleichung 2.43 als Korrekturterm beigefügt werden. In Vorbereitung für die Messung der Störaussendung wäre damit nur eine einmalige Bestimmung der mittleren Güte der Kammer notwendig. Bei der eigentlichen Messung der Störaussendung des Prüflings muss dann neben der mittleren Leistung am Fußpunkt der Empfangsantenne nur die Güte an wenigen Stützstellen bestimmt

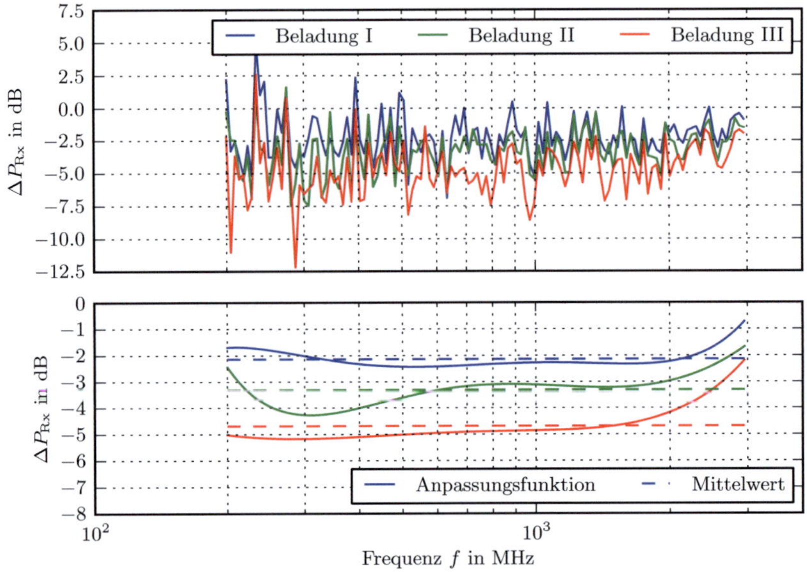

Abbildung 2.25: Abfall des mittleren Leistungspegels $\Delta \langle P_{\mathrm{Rx}} \rangle$ am Fusspunkt der Empfangsantenne im Frequenzbereich von 200 MHz bis 3000 MHz bei Beladung der MVK

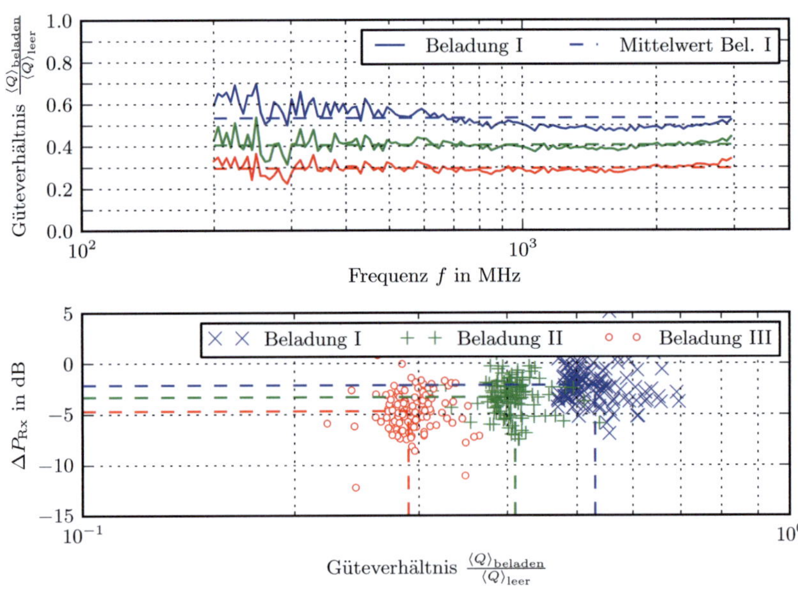

Abbildung 2.26: Abfall des mittleren Leistungspegels $\Delta \langle P_{\mathrm{Rx}} \rangle$ am Fußpunkt der Empfangsantenne in Abhängigkeit des Güteverhältnisses bei Beladung der MVK

werden. Dieser prinzipielle Ansatz geht jedoch davon aus, dass das Verhalten realer Prüflinge durch Absorber nachgebildet werden kann, die im betrachteten Frequenzbereich einen näherungsweise gleichmäßigen Abfall der mittleren Güte zeigen. Das heißt, es ergeben sich automatisch Fehler, falls der Prüfling einen stark frequenzabhängigen Einfluss auf die mittlere Güte hat. Im Rahmen der Arbeit wurde dieser Ansatz deshalb nicht weiter verfolgt.

2.6.3 Messung unter Verwendung der Güte der leeren MVK

Basierend auf Gleichung 2.43 und der mittleren Güte der leeren Kammer wurde die äquivalente Störfeldstärke der Referenzstörquelle CNE III für einen Abstand von $r = 10\,\mathrm{m}$ und eine Direktivität von $D = 1.7$ berechnet und zusammen mit dem Grundrauschpegel in Abbildung 2.27 dargestellt. Zur Bewertung des Ergebnisse wäre weiterführend eine Vergleichsmessung in einer Absorberkammer oder GTEM-Zelle sinnvoll.

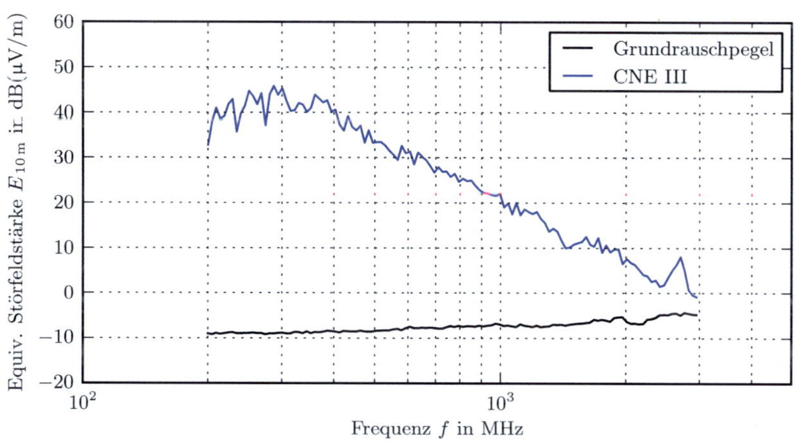

Abbildung 2.27: Äquivalente Störfeldstärke $E_{10\,\mathrm{m}}$ der Referenzstörquelle CNE III für einen Abstand von $r = 10\,\mathrm{m}$ vom Prüfling und einer Direktivität von $D = 1.7$ bei Verwendung der mittleren Güte der leeren MVK

Allgemein kann die Messung der Störaussendung auf diese Art erfolgen, wenn der Einfluss des zu untersuchenden Prüflings auf die Güte der Kammer vernachlässigbar ist.

2.7 Feldhomogenität und erreichbare Feldstärke

2.7.1 Feldhomogenität

Zur Validierung der Gleichförmigkeit des Feldes in der Modenverwirbelungskammer entsprechend DIN EN 61000-4-21 [1] wurde in Abschnitt 2.5.4 bereits die Feldhomogenität für das in Abbildung 2.17 gegebene Arbeitsvolumen untersucht. Zur weiterführenden Untersuchung wurde das in Abbildung 2.28 dargestellte würfelförmige Testvolumen mit einer Seitenlänge von 1 m und 27 ($3 \times 3 \times 3$) gleichmäßig verteilten Messpunkten definiert, wobei ein Mindestabstand von 0.5 m zu den Wänden, den Antennen und dem Modenrührer eingehalten wurde. Der Abstand der Messpunkte beträgt in den Koordinatenrichtungen jeweils 0.5 m. Der Mittelpunkt des Testvolumens liegt im Punkt $P(2.3\,\mathrm{m}, 2.0\,\mathrm{m}, 1.5\,\mathrm{m})$.

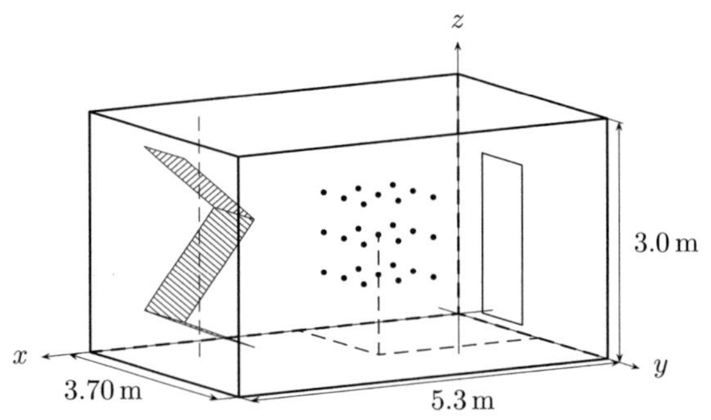

Abbildung 2.28: MVK Testvolumen für Homogenitätsuntersuchungen

Mit Hilfe der lasergespeisten Feldsonde FL7018 von Amplifier Research wurde die elektrische Feldstärke in Abhängigkeit der definierten 27 Ortspunkte, 360 äquidistanter Rührerstellungen und 10 diskreter Frequenzen im Bereich von 150 MHz bis 1000 MHz aufgenommen. Dabei wurde auf eine Eingangsleistung von 20 W am Fußpunkt der Sendeantenne geregelt, wobei als Eingangsleistung die Vorwärtsleistung verwendet wurde. Aufgrund der Fehlanpassung der Antenne unterhalb von 200 MHz kann die Netto-Eingangsleistung in diesem Bereich entsprechend geringer sein, was bei der Auswertung der Ergebnisse zu berücksichtigen ist. Während der Messung wurden die orthogonalen Feldstärkekomponenten E_x, E_y und E_z für jede Position der Feldsonde, jede Frequenz und jede Rührerstellung aufgenommen und diese zusammen mit der Eingangsleistung und dem Betrag der elektrischen Feldstärke E gespeichert.

Zur Bewertung der Feldhomogenität wurden, basierend auf den Messwerten der 360 Rührerstellungen, für jede Frequenz und jede Position zunächst die Maximalwerte der Feldstärkekomponenten und des Betrages der elektrischen Feldstärke bestimmt und für zwei ausgewählte Frequenzen in Abbildung 2.29 über den Ortspunkten dargestellt. Anschließend wurde für jede Frequenz der Mittelwert und die Standardabweichung der den Ortspunkten zugehörigen Maximalwerte berechnet und die Standardabweichung σ_E in dB in Abbildung 2.30 dargestellt.

Als Kriterium für die Homogenität des Feldes innerhalb des Testvolumens soll entsprechend DIN EN 61000-4-21 [1] die Forderung gelten, dass die Standardabweichung im Frequenzbereich von 100 MHz bis 400 MHz einen von 4 dB auf 3 dB linear abfallenden Grenzwert sowie oberhalb von 400 MHz einen Grenzwert von 3 dB nicht überschreitet. Diese Forderung soll für die orthogonalen Komponenten und den Betrag der Gesamtfeldstärke erfüllt sein.

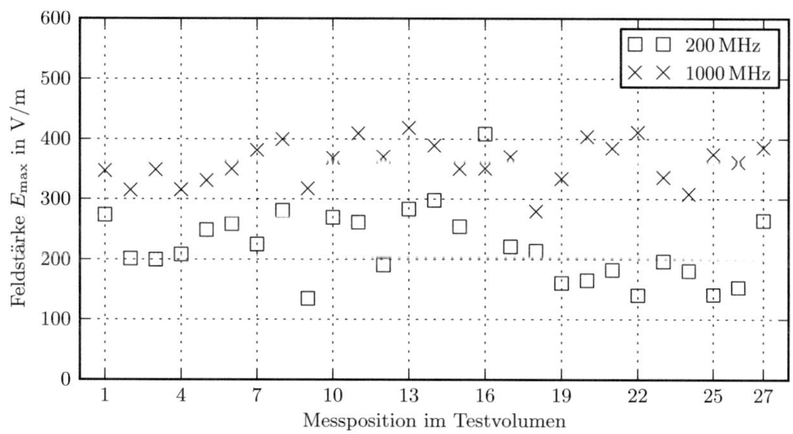

Abbildung 2.29: Maximalwert des Betrages der elektrischen Feldstärke E_{max} in Abhängigkeit der Messposition im Testvolumen

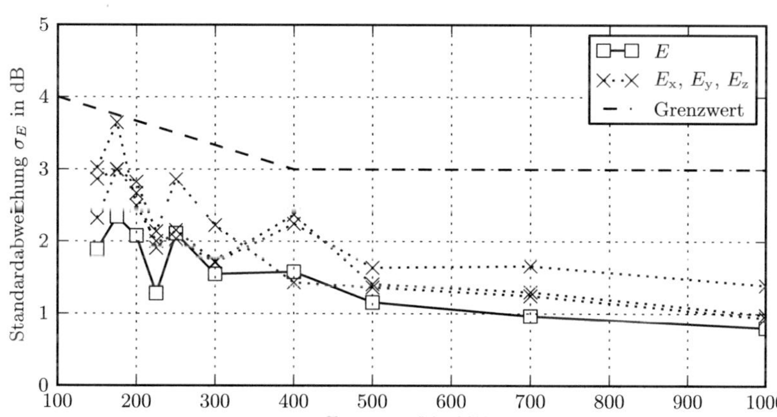

Abbildung 2.30: Standardabweichung σ_E des Maximalwertes des Betrages der elektrischen Feldstärke in Abhängigkeit der Frequenz

Anhand von Abbildung 2.30 ist zu erkennen, dass bei Verwendung von 360 Rührerstellungen das Homogenitätskriterium im Frequenzbereich von 150 MHz bis 1000 MHz bei den gewählten diskreten Frequenz eingehalten wird. Für die Messung der strahlungsgebundenen Störfestigkeit in der Modenverwirbelungskammer soll diese Anforderung an die Homogenität des Prüffeldes mit einer möglichst geringen Anzahl von Rührerstellungen realisiert werden. Dies kann nur erreicht werden, wenn die Feldverteilungen der gewählten Rührerstellungen möglichst unkorreliert sind. Die Bestimmung dieser Rührerstellungen ist ein weiterer Schwerpunkt und wird in Kapitel 3 ausführlich untersucht.

2.7.2 Erreichbare Feldstärke

Im Rahmen der Charakterisierung der Modenverwirbelungskammer wurde weiterhin untersucht, welche maximale Feldstärke in Abhängigkeit der Frequenz mit den gegebenen Verstärkern erreicht werden kann. Dazu wurde die Feldsonde FL7018 in der Mitte des in Abschnitt 2.7.1 definierten Testvolumens, das heißt im Raumpunkt $P(2.3\,\mathrm{m}, 2.0\,\mathrm{m}, 1.5\,\mathrm{m})$ positioniert und die Feldstärke für ausgewählte diskrete Frequenzen in Abhängigkeit der Rührerstellung aufgenommen.

Die Messung wurde entsprechend der Einteilung des Messsystems in den LF- und HF-Frequenzbereich in zwei Schritten durchgeführt. Zunächst erfolgte die Messung im Frequenzbereich von 100 MHz bis 1000 MHz mit dem 100 W Verstärker BLWA, der eine automatische Abriegelfunktion besitzt. Dabei wurde die Leistung am Fußpunkt der LF-Sendeantenne P_{Tx} auf einem Sollwert von 100 W geregelt.

Im zweiten Schritt erfolgte die Messung im Frequenzbereich von 1 GHz bis 18 GHz mit dem Verstärker BLMA, der die Frequenzbänder 1 GHz bis 2 GHz (100 W), 2 GHz bis 6 GHz (30 W) und 6 GHz bis 18 GHz (100 W) abdeckt. Bei dieser Messung wurde ebenfalls auf die Leistung am Fußpunkt der Sendeantenne P_{Tx} geregelt und bei jeder Frequenz und Rührerstellung die Leistung schrittweise erhöht, bis am Fußpunkt der Antenne nur noch 80 % des Sollwertes erreicht wurde, d. h. der Verstärker in die Kompression über ging.

Beide Messungen erfolgten mit 360 äquidistanten Rührerstellungen. Aus den Messdaten wurde anschließend für jede Frequenz das Minimum, der Mittelwert und das Maximum der Feldstärke über den Rührerstellungen ermittelt und zusammen mit dem entsprechenden Mittelwert und Maximum der Leistung in den Abbildungen 2.31 und 2.33 dargestellt.

Anhand des Diagramms für den Frequenzbereich von 100 MHz bis 1000 MHz ist zu erkennen, dass im Arbeitsbereich der LF-Antenne (log.-per. Antenne, 200 MHz bis 1000 MHz) Feldstärkewerte bis ungefähr 1000 V/m erreicht werden können, der Verlauf aber eine deutliche

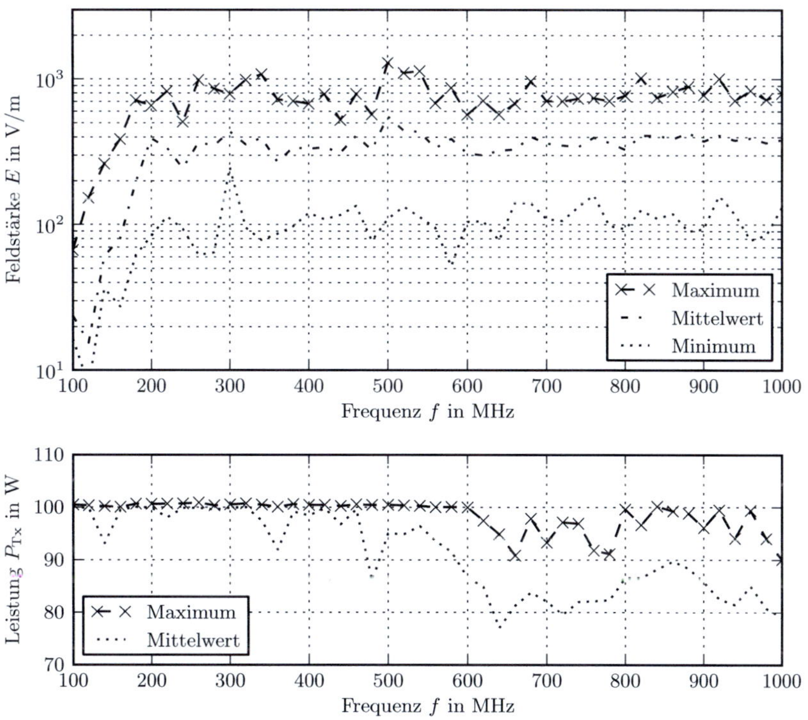

Abbildung 2.31: Erreichbare Feldstärke E im Frequenzbereich von 100 MHz bis 1000 MHz

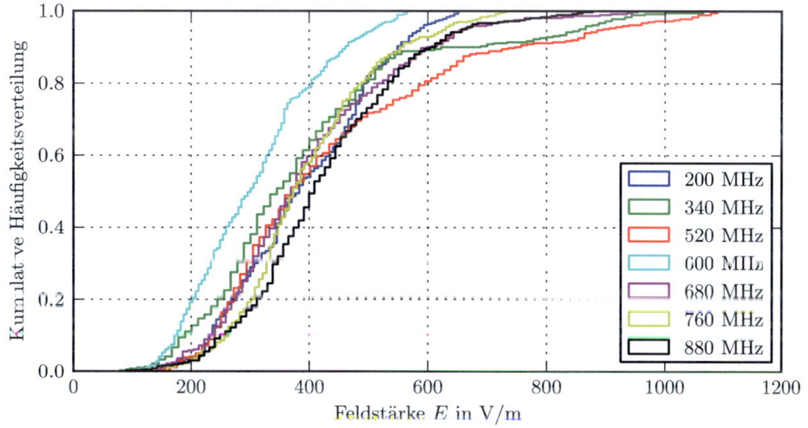

Abbildung 2.32: Kumulative Häufigkeitsverteilung der gemessenen elektrischen Feldstärke für ausgewählte Frequenzen und 360 Rührerstellungen

Abhängigkeit von der Frequenz zeigt. Für Frequenzen kleiner 200 MHz fällt die erreichbare Feldstärke aufgrund der Fehlanpassung der Antenne wie erwartet deutlich ab. Für die maximal erreichbare Feldstärke kann im Frequenzbereich von 200 MHz bis 1000 MHz mit 41 Frequenzpunkten ein Mittelwert von $\langle E_{\max} \rangle \approx 800\,\mathrm{V/m}$ und eine Standardabweichung von $\sigma_{E_{\max}} \approx 170\,\mathrm{V/m}$ angegeben werden.

Die kumulative Häufigkeitsverteilung der in Abhängigkeit der Rührerstellungen aufgenommen Feldstärkewerte zeigt Abbildung 2.32 am Beispiel ausgewählter Frequenzen aus dem Bereich 200 MHz bis 1000 MHz. Anhand des Diagramms ist zu erkennen, dass sich vor allem im Bereich der hohen Feldstärken deutliche Unterschiede im Verlauf der Verteilungsfunktionen ergeben und daraus die Schwankung der maximalen Feldstärke resultiert.

Für den Frequenzbereich von 1 GHz bis 18 GHz sind die Ergebnisse der Messung in Abbildung 2.33 dargestellt. Aufgrund der mit der Frequenz steigenden Kabeldämpfung und der geringeren Ausgangsleistung der für diesen Frequenzbereich verwendeten Verstärker, fallen sowohl das Minimum, der Mittelwert und das Maximum der Feldstärke entsprechend ab.

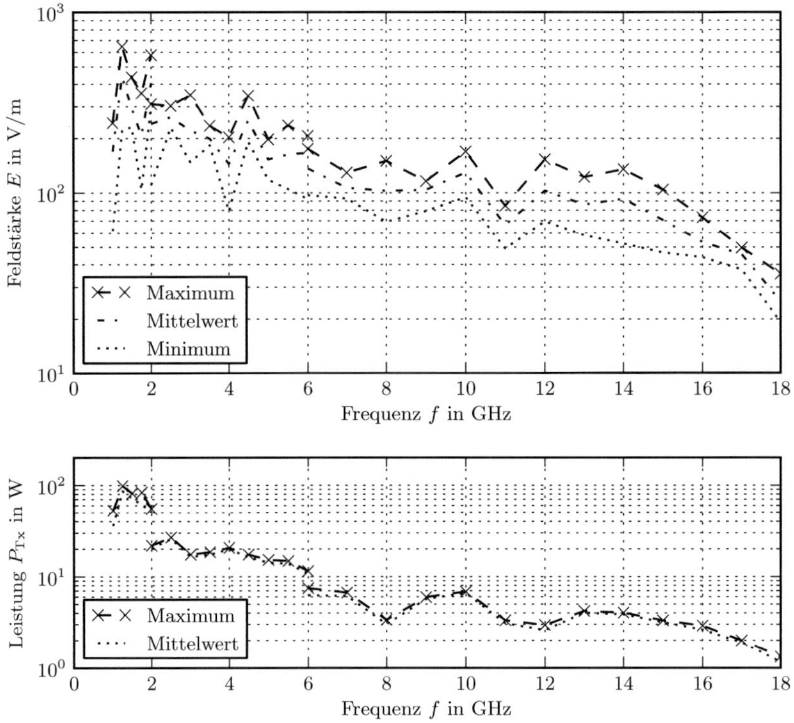

Abbildung 2.33: Erreichbare Feldstärke E im Frequenzbereich von 1 GHz bis 18 GHz

Für die Frequenzbereiche von 100 MHz bis 1000 MHz und 1 GHz bis 18 GHz ist in Abbildung 2.34 zusätzlich die auf die Wurzel der maximalen Eingangsleistung normierte maximale Feldstärke dargestellt.

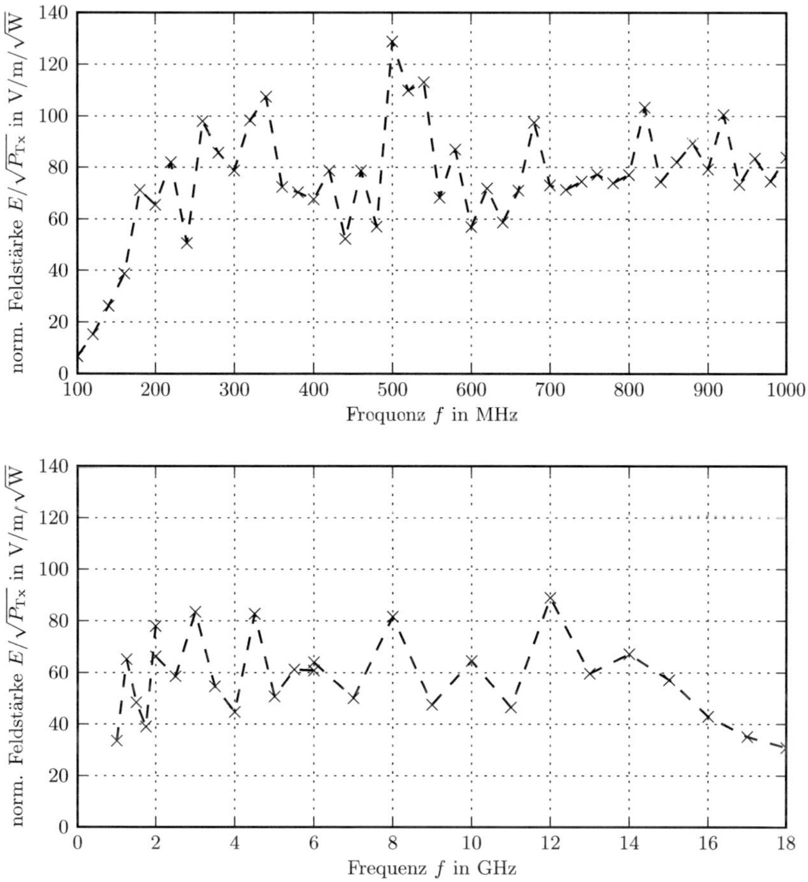

Abbildung 2.34: Auf die Wurzel der maximalen Eingangsleistung normierte maximale Feldstärke $E/\sqrt{P_{\mathrm{Tx}}}$ für die Frequenzbereiche 100 MHz bis 1000 MHz und 1 GHz bis 18 GHz

Die Ergebnisse zeigen, dass in der leeren Dresdener MVK im Frequenzbereich von 200 MHz bis 1000 MHz in Abhängigkeit der Frequenz Werte zwischen ungefähr 50 V/m/$\sqrt{\mathrm{W}}$ und 130 V/m/$\sqrt{\mathrm{W}}$ erreicht werden und im Frequenzbereich von 1 GHz bis 18 GHz Werte zwischen ungefähr 30 V/m/$\sqrt{\mathrm{W}}$ und 90 V/m/$\sqrt{\mathrm{W}}$. Unterhalb von 200 MHz fällt der Wert aufgrund der Fehlanpassung der log.-per. Sendeantenne ab.

2.8 Bestimmung der Antenneneffektivitäten

Zur Beschreibung von Antennen und deren Abstrahlverhalten werden verschiedene physikalische Kenngrößen verwendet. Die Modellierung der Antenne erfolgt in der Regel über deren Fußpunktimpedanz, die auch als Eingangsimpedanz bezeichnet wird und sich aus dem Strahlungswiderstand R_s, dem Verlustwiderstand R_v und der Reaktanz X_a der Antenne zusammensetzt.

$$\underline{Z} = R_\mathrm{a} + jX_\mathrm{a} = R_\mathrm{s} + R_\mathrm{v} + jX_\mathrm{a} \tag{2.44}$$

Ist die Reaktanz im idealen Fall der Resonanz gleich Null, dann vereinfacht sich das Ersatzschaltbild der Antenne auf den Realteil R_a der Eingangsimpedanz. Der Anteil R_v beschreibt dabei die in der Antenne auftretenden Verluste, die z. B. durch dielektrische Verluste und den Skineffekt im Leiter entstehen. Der zweite Anteil R_s beschreibt die Leistung, die durch die Antenne abgestrahlt wird.

Das Abstrahlverhalten der Antenne wird in der Regel mit Hilfe der Richtcharakteristik C, dem Richtfaktor D, dem Gewinn G und dem Wirkungsgrad η charakterisiert. Der Richtfaktor und der Wirkungsgrad werden auch als die Direktivität D und Effektivität η der Antenne bezeichnet.

2.8.1 Definition der Antenneneffektivät

Betrachtet man den Fall der Sendeantenne (Tx), dann ist die Antenneneffektivität entsprechend IEEE Standard 145 [9] definiert als das Verhältnis der von der Antenne abgestrahlten Leistung P_t zur Nettoeingangsleistung am Fußpunkt der Sendeantenne, wobei sich die Nettoeingangsleistung aus der gesamt zugeführten Leistung P_Tx (Vorwärtsleistung P_fwd) und der am Fußpunkt reflektierten Leistung P_rfl ergibt.

$$\eta_\mathrm{Tx,IEEE} = \frac{P_\mathrm{t}}{P_\mathrm{Tx} - P_\mathrm{rfl}} \tag{2.45}$$

Das bedeutet, nach der Definition des IEEE Standards 145 geht die Fehlanpassung der Antenne nicht in die Antenneneffektivität ein. In der Praxis kann es hingegen zweckmäßig sein, die Fehlanpassung als Teil der Antenneneffektivität zu betrachten. In diesem Fall wird die Antenneneffektivät als das Verhältnis der abgestrahlten Leistung P_t zur zugeführten Leistung P_Tx (Vorwärtsleistung P_fwd) am Fußpunkt der Antenne definiert.

$$\eta_\mathrm{Tx} = \frac{P_\mathrm{t}}{P_\mathrm{Tx}} \tag{2.46}$$

Bei Verwendung der Antenne im angegebenen nutzbaren Frequenzbereich, in dem deren Eingangsreflexionsfaktor sehr klein und der Anteil der reflektierten Leistung entsprechend gering ist, wird auch der Unterschied zwischen den Definitionen der Antenneneffektivität gering sein. Für die praktische Anwendung kann es deshalb zweckmäßig sein, die Fehlanpassung nicht separat sondern als Teil der Antenneneffektivität zu betrachten.

2.8.2 Methoden zur Bestimmung der Antenneneffektivität

Die Effektivität einer Antenne analytisch exakt zu berechnen, ist aufgrund der in der Regel nur unzureichend bekannten Verlustmechanismen nahezu unmöglich. Praktisch beschränkt sich die Bestimmung der Antenneneffektivität deshalb auf verschiedene messtechnische Methoden. Allgemein kann die Antenneneffektivität nicht direkt gemessen werden, sondern muss indirekt über die Messung anderer Antennenkenngrößen erfolgen [10].

Ein Ansatz zur Bestimmung der Antenneneffektivität ist die Berechnung aus dem gemessenen Gewinn G und dem Richtfaktor D.

$$\eta = \frac{G}{D} \tag{2.47}$$

Die dafür notwendige Messung des Gewinns und der Richtcharakteristik der Antenne kann z. B. auf einem Antennenmessplatz oder in einem Antennenmessraum erfolgen.

Ein weiterer Ansatz ist die Berechnung der Antenneneffektivität aus dem Strahlungswiderstand R_s und dem Verlustwiderstand R_v der Antenne. Dazu müssen jedoch beide Anteile bekannt sein.

$$\eta = \frac{R_\mathrm{s}}{R_\mathrm{s} + R_\mathrm{v}} \tag{2.48}$$

Bei einer Messung der Eingangsimpedanz wird normalerweise die Serienschaltung der beiden Widerstände erfasst. Wird durch besondere Maßnahmen eine Abstrahlung von der Antenne verhindert, so wird der Abstrahlungsanteil unterdrückt. Bei der Messung der Eingangsimpedanz kann dann der Verlustanteil getrennt bestimmt und anschließend die Antenneneffektivität berechnet werden. Eine Möglichkeit, die Abstrahlung einer Antenne zu unterdrücken, ist die sogenannte Wheeler-Cap-Methode [10].

Einen alternativen Ansatz zur Bestimmung der Antenneneffektivität in Modenverwirbelungskammern schlagen Krauthäuser und Herbig in [11] vor. Dieser soll im nächsten Abschnitt näher betrachtet und zur Bestimmung der Antenneneffektivitäten verwendet werden.

2.8.3 Bestimmung der Antenneneffektivät in der MVK

Der von Krauthäuser und Herbig in [11] vorgeschlagene Ansatz ist eine Erweiterung des von Krauthäuser in [8] vorgestellten Verfahrens zur Messung der Güte von Modenverwirbelungskammern, bei dem die MVK über die Sendeantenne mit einem pulsmodulierten Sinussignal angeregt und die mittlere Güte aus dem zeitlichen Abfall des Leistungspegels an der Empfangsantenne bestimmt wird (siehe Abschnitt 2.4). Der alternative Ansatz, der von Krauthäuser ebenfalls in [8] ausführlich beschrieben wird, basiert auf Gleichung 2.43 (Seite 58), die allgemein zur Berechnung der gesamt-abgestrahlten Leistung P_t in einer MVK dient, jedoch nur bei Verwendung einer gut angepassten Empfangsantenne gilt. Unter Verwendung der Antenneneffektivität 2.46 kann diese nach dem Produkt der Antenneneffektivitäten η_{Tx} und η_{Rx} umgeformt werden.

$$\eta_{Tx} \cdot \eta_{Rx} = \frac{16\pi^2 V}{\lambda^3 \langle Q \rangle} \cdot \frac{\langle P_{Rx} \rangle}{P_{Tx}} \tag{2.49}$$

Das heißt, zur Bestimmung der Antenneneffektivität wird, wie in Abbildung 2.35 dargestellt, die der Sendeantenne zugeführte Leistung P_{Tx} und der mittlere zeitliche Verlauf der Leistung an der Sendeantenne $\langle P_{Rx} \rangle$ aufgenommen und zunächst aus dem mittleren Abfall des Leistungspegels nach dem Abschalten der Anregung die mittlere Güte $\langle Q \rangle$ berechnet. Anschließend kann aus der zugeführten Leistung P_{Tx} und der mittleren Leistung $\langle P_{Rx} \rangle$ zum Zeitpunkt der Anregung sowie der mittleren Güte $\langle Q \rangle$ das Produkt der Antenneneffektivitäten von Sende- und Empfangsantenne entsprechend Gleichung 2.49 berechnet werden.

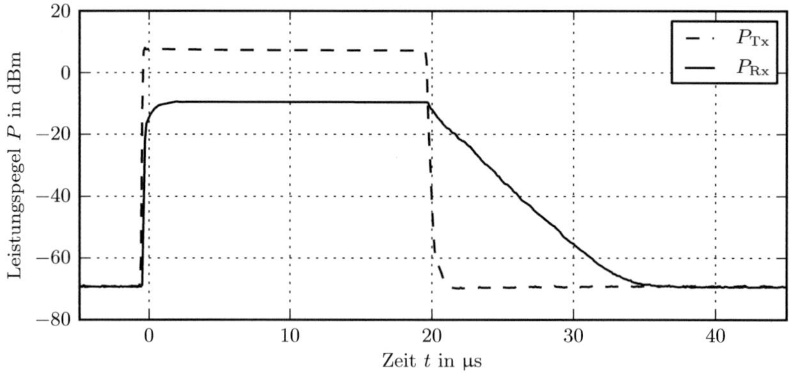

Abbildung 2.35: Zeitliche Verlauf des Leistungspegels an der Sende- und Empfangsantenne am Beispiel von 800 MHz

Für den Fall, dass die Sende- und Empfangsantenne vom gleichen Typ sind, können die Antenneneffektivitäten als näherungsweise gleich betrachtet und die Antenneneffektivität η

mit $\eta \approx \eta_{\mathrm{Tx}} \approx \eta_{\mathrm{Rx}}$ berechnet werden.

$$\eta = \sqrt{\frac{16\pi^2 V}{\lambda^3 \langle Q \rangle} \cdot \frac{\langle P_{\mathrm{Rx}} \rangle}{P_{\mathrm{Tx}}}} \tag{2.50}$$

Bei Verwendung der entsprechenden Leistungspegel kann folgende Gleichung verwendet werden.

$$\eta = 4\pi \sqrt{\frac{V}{\langle Q \rangle} \cdot \left(\frac{f}{c}\right)^3 \cdot 10^{\frac{1}{10}\left(\frac{\langle P_{\mathrm{Rx}} \rangle}{\mathrm{dBm}} - \frac{P_{\mathrm{Tx}}}{\mathrm{dBm}}\right)}} \tag{2.51}$$

Entsprechend DIN EN 61000-421 [1] kann die Antenneneffektivität von log.-per. Antennen mit $\eta = 0.75$ und die von Hornantennen mit $\eta = 0.9$ angenommen und davon ausgegangen werden, dass diese konstant über den Arbeitsbereich der Antennen sind. Die Ergebnisse der Messungen in der MVK zeigt Abbildung 2.36. Zur Veranschaulichung wurde den Messwerten jeweils eine den Messwerten angepasste Ausgleichsfunktion beigefügt.

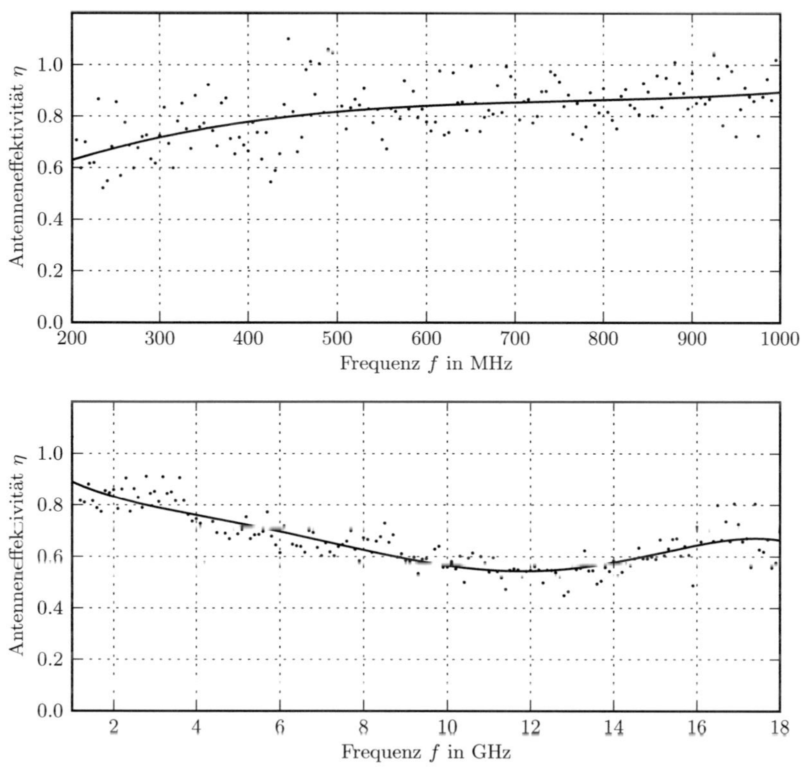

Abbildung 2.36: Bestimmung der Antenneneffektivität in der MVK, Ergebnisse für die log.-per. Antennen HL223 (oben) und Hornantennen HF907 (unten)

Bei der Bestimmung der Antenneneffektivitäten nach Krauthäuser ergab sich für die log.-per. Antennen eine Antenneneffektivität, die im unteren Arbeitsbereich der Antennen nur $\eta \approx 0.6$ beträgt, sich mit steigender Frequenz aber einem Wert von $\eta \approx 0.9$ annähert und damit in einem breiten Frequenzbereich oberhalb des erwarteten Wertes von $\eta = 0.75$ liegt. Im Gegensatz dazu ergab sich für die Hornantennen eine Antenneneffektivität, die über den gesamten Arbeitsbereich der Antennen unterhalb des erwarteten Wertes von $\eta = 0.9$ liegt und im Frequenzbereich von ungefähr 9 GHz bis 14 GHz unter 0.6 fällt. Zusätzlich ist eine deutliche Schwankung der Werte zu erkennen.

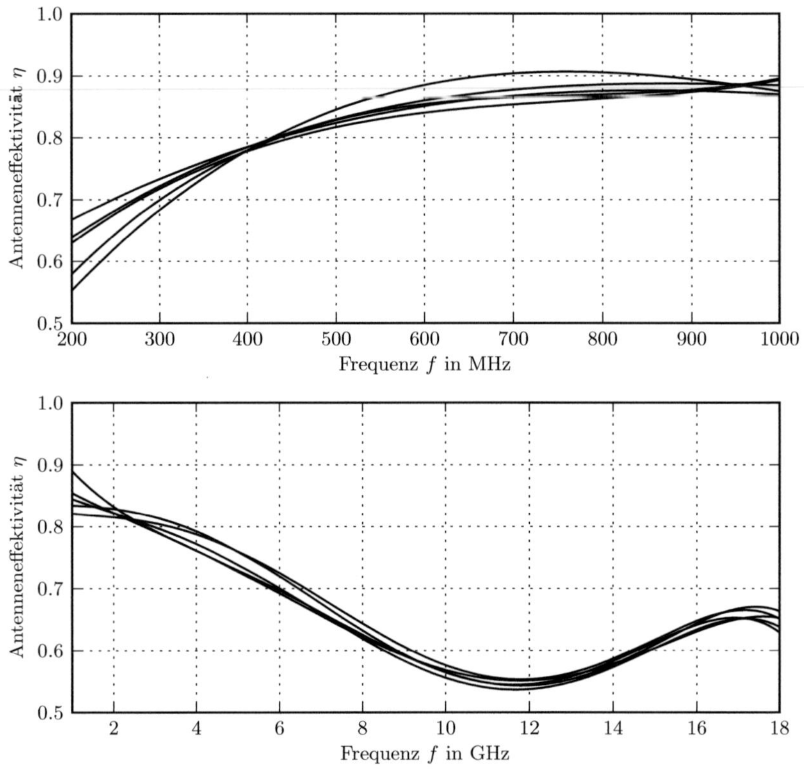

Abbildung 2.37: Bestimmung der Antenneneffektivität in der MVK, Abhängigkeit von der Position und der Ausrichtung der Antennen, log.-per. Antennen HL223 (oben) und Hornantennen HF907 (unten)

Aufgrund der erhaltenen Abweichungen der Messergebnisse von den erwarteten Werten sowie deren Schwankung wurde zur weiteren Untersuchung zunächst die Abhängigkeit von der Position und der Ausrichtung der Antennen betrachtet. Dazu wurde die Messung viermal mit jeweils veränderter Position und Ausrichtung der Antennen wiederholt. Die aus den erhaltenen Messwerten berechneten Ausgleichsfunktionen sind in Abbildung 2.37 dargestellt und zeigen keinen Einfluss auf den prinzipiellen Verlauf der Antenneneffektivität.

Speziell für die Hornantennen kann damit eine Abhängigkeit von der Position und Ausrichtung der Antennen als Grund für die unerwartet niedrigen Messwerte der Antenneneffektivität ausgeschlossen werden.

2.8.4 Vergleichsmessung im Antennenmessraum

Um die Ergebnisse der Messung in der MVK bewerten zu können, erfolgte im nächsten Schritt eine Vergleichsmessung im Antennenmessraum des Lehrstuhls für Hochfrequenztechnik der TU Dresden entsprechend IEEE Standard 149 [12]. Bei diesem Antennenmessraum handelt es sich um einen Absorberraum mit integrierter Nahfeldmessstrecke, der vollständig mit Absorbern verkleidet ist. Mit Hilfe des integrierten sphärischen Nahfeldscanners NSI-700-30 wird die Richtcharakteristik der zu vermessenden Antenne AUT (engl. antenna under test) im Nahfeld bestimmt. Dabei wird auf einer Kugeloberfläche um die AUT, d. h. für einen festen Abstand der Referenzantenne von der AUT die Amplitude der Feldstärke in Abhängigkeit des Horizontalwinkels ϕ (Azimut, 0° bis 360°) und des Vertikalwinkels θ (Elevation, 0° bis 180°) aufgenommen. Anschließend kann aus den Messwerten im Nahfeld mit Hilfe der Nahfeld-Fernfeld-Transformation [12, 13] das abgestrahlte Fernfeld und damit aus der Richtcharakteristik der Antenne im Fernfeld der Richtfaktor (die Direktivität) D berechnet werden.

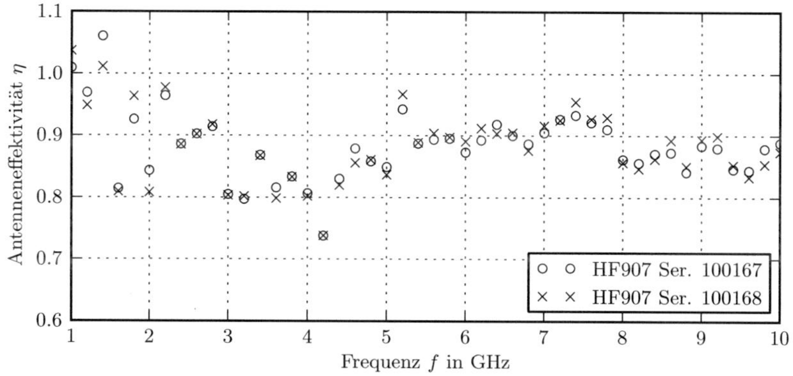

Abbildung 2.38: Bestimmung der Antenneneffektivität im Antennenmessraum, Ergebnisse für die Hornantennen HF907

Im Antennenmessraum wurde für die beiden Hornantennen HF907 jeweils die Direktivität im Frequenzbereich von 1 GHz bis 10 GHz bestimmt. Die Abtastung der Kugeloberfläche über den Horizontal- und Vertikalwinkel erfolgte dabei mit einer Schrittweite von 2°. Mit Hilfe der im Datenblatt der Antennen gegebenen Gewinne konnten anschließend die Antenneneffektivitäten berechnet werden. Die Ergebnisse für die Hornantennen vom Typ HF907 mit den Seriennummern 100167 und 100168 zeigt Abbildung 2.38.

Eine tabellarische Übersicht der Ergebnisse mit den ermittelten Direktivitäten, der verwendeten Gewinne und den daraus berechneten Antenneneffektivitäten ist in Anhang A.3 gegeben.

Die Ergebnisse der Messung im Antennenmessraum zeigen, dass die Werte der Direktivitäten und der Antenneneffektivitäten im untersuchten Frequenzbereich von 1 GHz bis 10 GHz bis auf geringe Abweichungen sehr gut übereinstimmen. Das bedeutet, dass die beiden Hornantennen bei der Messung in der MVK in erster Näherung als identisch betrachtet werden können und dies als Grund für die unerwartet niedrigen Werte bei der Messung in der MVK ausgeschlossen werden kann. Die Ergebnisse der Messung zeigen weiterhin, dass die erhaltenen Antenneneffektivitäten im Bereich des erwarteten Wertes von $\eta \approx 0.9$ liegen.

Einen direkten Vergleich der Messergebnisse aus der MVK und dem Antennenmessraum gibt Abbildung 2.39. Anhand der Messwerte und des Verlaufes der zusätzlich dargestellten

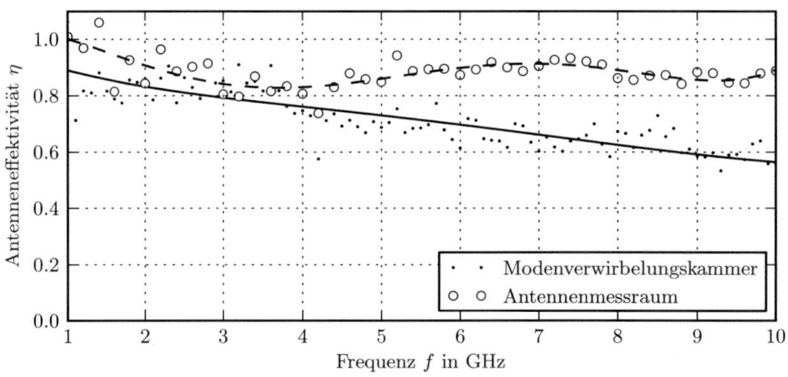

Abbildung 2.39: Antenneneffektivität der Hornantennen HF907, Vergleich der Messungen in Modenverwirbelungskammer und Antennenmessraum

Ausgleichsfunktionen ist zu erkennen, dass das Verfahren in der MVK über den gesamten betrachteten Frequenzbereich geringere Werte liefert, wobei die Abweichungen im Frequenzbereich von 1 GHz bis 4 GHz noch verhältnismäßig klein ausfallen, im Frequenzbereich von 4 GHz bis 10 GHz jedoch deutlich zunehmen. Außerdem ist zu erkennen, dass die Schwankung der Messwerte in der MVK größer ist. Insgesamt wird deshalb davon ausgegangen, dass das verwendete Verfahren in der MVK im Frequenzbereich oberhalb von 1 GHz zu kleine Werte liefert. Der Grund ist jedoch noch unbekannt und muss näher untersucht werden.

Auf Grund der örtlichen Begebenheiten konnte für die log.-per. Antennen keine Messung im Antennenmessraum durchgeführt werden. Für den Frequenzbereich von 200 MHz bis 1000 MHz kann deshalb keine weiterführende Bewertung der Ergebnisse vorgenommen werden.

Weitere Vergleichsergebnisse lieferte eine Monopolantenne, die im Rahmen einer Studienarbeit [14] am Lehrstuhl entstand und deren Antenneneffektivität sowohl in der Modenverwirbelungskammer als auch im Antennenmessraum des Lehrstuhls für Hochfrequenztechnik bestimmt wurde. Der Verlustwiderstand der Antenne wurde dabei durch einen zusätzlichen Innenwiderstand vergrößert, so dass deren Antenneneffektivität entsprechend geringer ausfiel. Die Ergebnisse der Messungen mit der Monopolantenne zeigt Abbildung 2.40.

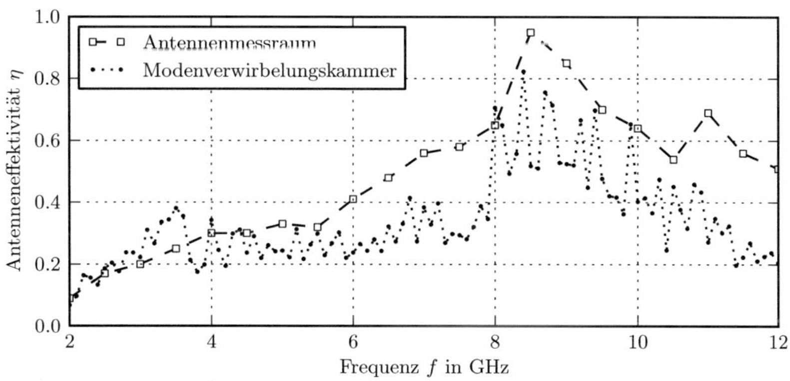

Abbildung 2.40: Antenneneffektivität einer Monopolantenne, Vergleich der Ergebnisse von Antennenmessraum und Modenverwirbelungskammer

Der Vergleich der Ergebnisse zeigt erneut, dass das Verfahren in der MVK im oberen Frequenzbereich von 6 GHz bis 10 GHz deutlich geringere Werte für die Antenneneffektivität liefert und die Messwerte deutliche Schwankungen aufweisen.

Die bisherigen Untersuchungen zeigen, dass das von Krauthäuser und Herbig vorgeschlagene Verfahren zur Bestimmung der Antenneneffektivität in der Modenverwirbelungskammer eine interessante Alternative darstellt, jedoch noch weitere Untersuchungen notwendig sind.

2.9 Zusammenfassung

Die vorgestellten Untersuchungen zum Aufbau und zur Charakterisierung der Dresdener MVK geben einen sehr breiten und praxisnahen Einblick zur Verwendung von Modenverwirbelungskammern in der EMV. Die vorgestellten Ergebnissen lieferten verschiedene neue Erkenntnisse bzw. warfen neue Fragestellungen auf und bieten damit einige sehr interessante Anknüpfungspunkte für weiterführende Untersuchungen.

Zum Nachweis der Schirmwirkung der Kammer erfolgte eine Schirmdämpfungsmessung entsprechend IEEE Std. 299-2006 [3]. Bei den Messungen konnte im Frequenzbereich von 1 GHz bis 18 GHZ ein Einfluss der Lichtwellenleiter, die an der Durchführungsplatte in das Innere der Kammer geführt werden, auf die Schirmdämpfung nachgewiesen werden, wobei die beobachtete Verringerung der Schirmwirkung mit der Frequenz ansteigt. An der Durchführungsplatte und 18 GHz konnte dabei ein Unterschied von mehr als 20 dB beobachtet werden. Weiterführend wurde der Einfluss auf die Güte der Kammer im Frequenzbereich von 1 GHz bis 18 GHz untersucht. Die Ergebnisse zeigen jedoch keine Veränderung und lassen den Schluss zu, dass die Verluste durch die Lichtwellenleiter vernachlässigbar klein gegenüber den Wandverlusten sind. Der Effekt selbst wird aktuell am Lehrstuhl näher untersucht.

Die Messungen des Vorwärtstransmissionsfaktors an den Durchführungen der MVK zeigen, dass sich die Resonanzfrequenzen wie erwartet durch die Drehung des Rührers und die damit verbundene Änderung der räumlichen Randbedingungen verschieben. Der Vergleich mit den berechneten Resonanzfrequenzen des idealen Resonators zeigt, dass eine Zuordnung schwer ist. Der Autor geht davon aus, dass die endliche Leitfähigkeit der Wände, die nicht durchgehend ebenen Wände und zusätzliche Reflexionen am Modenrührer und anderen Ausrüstungsgegenständen in der Kammer zu einer Verschiebung und unterschiedlich starken Ausprägung der einzelnen Resonanzen führt bzw. zusätzliche Resonanzfrequenzen auftreten.

Zur Charakterisierung des Zeitverhaltens des Feldes in der Kammer wurde diese über die Sendeantenne mit einem pulsmodulierten Sinussignal angeregt und der zeitliche Verlauf der Leistung an der Empfangsantenne in Abhängigkeit der Frequenz und der Stellung des Modenrührers aufgenommen. Die Untersuchungen erfolgten für den Frequenzbereich von 50 MHz bis 200 MHz, in dem die ersten Resonanzfrequenzen der Kammer liegen und zeigen, dass der Abfall der Leistung im betrachteten Frequenzbereich in Abhängigkeit der Frequenz und der Stellung des Rührers signifikant variieren kann. Zusätzlich wurden überlagerte Effekte beobachtet. Der Autor vermutet, dass sich die in der MVK gespeicherte Energie nach Abschalten der Anregung auf mehrere Resonanzfrequenzen im Bereich nahe der Anregefrequenz verteilt, d. h. die Kammer auf mehreren Frequenzen ausschwingt und damit verschiedene Schwebungseffekte auftreten können, die in Überlagerung zum linearen Abfall des Leistungspegels die aufgenommen Verläufe ergeben.

Aufbauend auf den Messungen des zeitlichen Leistungsverlaufes an der Empfangsantenne nach Anregung der MVK mit einem pulsmodulierten Sinussignal wurde die frequenzabhängige Güte der leeren Kammer mit Hilfe des bandbreitenreduzierten Zeitbereichsverfahrens [8] bestimmt. Das Verfahren liefert einen Mittelwert über die Drehung des Rührers. Die Ergebnisse zeigen, dass die mittlere Güte im Frequenzbereich von 200 MHZ bis 18 GHz, in dem die Wandverluste gegenüber den Antennenverlusten dominieren, stärker als mit der Wurzel der Frequenz ansteigt. Dieser Effekt bzw. diese Abweichung vom theoretischen Modell konnte auch bei entsprechenden Messungen in der beladenen Kammer beobachtet werden. Für den Frequenzbereich unterhalb von 200 MHz, in dem die Antennenverluste dominieren, zeigen die Ergebnisse, dass die Fehlanpassung der logarithmisch-periodischen Antenne einen signifikanten Einfluss auf die Gütemessung hat und nicht vernachlässigt werden darf. Bei Verwendung einer besser angepassten bikonischen Antenne war das erwartete Abknicken der Kurve im Übergangsbereich zwischen den dominierenden Antennenverlusten im unteren Frequenzbereich und den dominierenden Wandverlusten im oberen Frequenzbereich sehr gut zu erkennen. Die Messwerte zeigen trotz einer gewissen Streuung insgesamt eine gute Übereinstimmung zum theoretischen Verlauf. Für weiterführende Untersuchungen ergeben sich daher zwei interessante Anknüpfungspunkte, die Schwankung der Güte im unteren Frequenzbereich und die stärker als mit der Wurzel der Frequenz ansteigende Gütekurve im oberen Frequenzbereich.

Die für das System der Dresdener MVK durchgeführten Messungen zur erreichbaren Feldstärke zeigen, dass im Arbeitsbereich der log.-per. Antennen Feldstärkewerte bis ungefähr 1000 V/m erreicht werden können, die Maximalwerte aber über der Frequenz schwanken. Für diesen Frequenzbereich von 200 MHz bis 1000 MHz mit 41 gemessenen Frequenz kann ein Mittelwert von $\langle E_{\max} \rangle_{N_f} \approx 800\,\mathrm{V/m}$ und eine Standardabweichung von $\sigma_{E_{\max}} \approx 170\,\mathrm{V/m}$ angegeben werden. Anhand der kumulativen Häufigkeitsverteilungen der in Abhängigkeit der Rührerstellungen aufgenommen Feldstärkewerte ist zu erkennen, dass sich speziell im Bereich hoher Feldstärken deutliche Unterschiede zwischen den Verteilungsfunktionen ergeben und daraus die Schwankungen der maximalen Feldstärke resultieren. Für Frequenzen kleiner 200 MHz fällt die erreichbare Feldstärke aufgrund der Fehlanpassung der log.-per. Antennen deutlich ab. Im Arbeitsbereich der Hornantennen, d. h. im Frequenzbereich von 1 GHz bis 18 GHz fallen aufgrund der mit der Frequenz steigenden Kabeldämpfung und der geringeren Ausgangsleistung der verwendeten Verstärker sowohl das Minimum, der Mittelwert und das Maximum der Feldstärke ab. Bei der Normierung der maximalen Feldstärke auf die Wurzel der maximalen Eingangsleistung am Fußpunkt der Sendeantenne ergaben sich unerwartet hohe Schwankungen der Werte, die im Frequenzbereich von 200 MHz bis 1000 MHz ungefähr zwischen $50\,\mathrm{V/m/\sqrt{W}}$ und $130\,\mathrm{V/m/\sqrt{W}}$ und im Frequenzbereich von 1 GHz bis 18 GHz ungefähr zwischen $30\,\mathrm{V/m/\sqrt{W}}$ und $90\,\mathrm{V/m/\sqrt{W}}$ liegen. Ein Vergleich mit anderen Modenverwirbelungskammern wäre ein sehr interessanter Anknüpfungspunkt.

Im Rahmen der Charakterisierung der MVK wurde auch ein Ansatz zur Bestimmung der Antenneneffektivität in Modenverwirbelungskammern am Beispiel der Antennen der MVK untersucht. Parallel dazu erfolgte für den Frequenzbereich von 1 GHz bis 10 GHz eine Vergleichsmessung in einem Antennenmessraum. Anhand der Ergebnisse ist zu erkennen, dass das Verfahren in der MVK über den gesamten Frequenzbereich geringere Werte liefert, wobei die Abweichungen im Frequenzbereich von 1 GHz bis 4 GHz verhältnismäßig gering sind, aber im Frequenzbereich von 4 GHz bis 10 GHz deutlich zunehmen. Außerdem war die Schwankung der Messwerte in der MVK größer, was auf eine höhere Messunsicherheit des Verfahrens hindeutet. Das Verfahren stellt prinzipiell einen interessanten Ansatz zur Bestimmung der Antenneneffektivität dar. Um die Ursache für die erhaltenen Abweichungen zu finden, sind jedoch weiterführende Untersuchungen notwendig.

3 Bestimmung der unabhängigen Rührerstellungen

Ein Bereich der Elektromagnetischen Verträglichkeit (EMV) ist die Messung der strahlungsgebundenen Störfestigkeit von elektrischen Geräten und Einrichtungen. Neben der GTEM-Zelle und der Absorberkammer gewinnt die Modenverwirbelungskammer (MVK) als alternative Messumgebung zunehmend an Bedeutung.

Bei einer MVK handelt es sich um eine Schirmkabine mit reflektierenden Wänden, in die ein mechanischer Rührer integriert wird. Der als Hohlraumresonator wirkenden Schirmkabine wird damit ein drehbarer, elektrisch großer Streukörper hinzugefügt. Durch schrittweise Drehung des Rührers in einer MVK werden die räumlichen Randbedingungen für die elektromagnetischen Feldgrößen verändert. Die damit verbundene Änderung der Feldverteilung in der Schirmkabine wird auch als Verwirbelung bezeichnet und ist von der Position und der Geometrie des Rührers abhängig. Aus der Überlagerung der sich in der MVK ausbreitenden Wellen und der damit verbunden Auslöschung bzw. Verstärkung der Feldstärkeanteile resultiert für jede Stellung des Rührers ein stark inhomogenes Feld. Betrachtet man jedoch das Maximum der Feldverteilungen, das sich für eine gewählte Anzahl von Rührerstellungen ergibt, kann sich die Homogenität des Feldes in Abhängigkeit von der Anzahl und der Verteilung der Rührerstellungen signifikant verbessern. Ein Ziel ist es deshalb, Kombinationen von Rührerstellungen zu finden, aus deren überlagerten Feldverteilungen ein möglichst homogenes Prüffeld resultiert. Die maximale Feldhomogenität würde sich für den theoretischen Fall der Überlagerung unendlich vieler, inhomogener Feldverteilungen ergeben. In der Praxis beschränkt man sich darauf bestimmte Homogenitätsanforderungen zu erreichen. Zur Optimierung der Zeit, die für die Störfestigkeitsmessung in der MVK benötigt wird, sollen diese Anforderungen an das Prüffeld mit einer möglichst geringen Anzahl von Rührerstellungen realisiert werden. Der in diesem Zusammenhang eingeführte Begriff der 'unabhängigen Rührerstellungen' bezeichnet Rührerstellungen, deren Feldverteilungen linear unkorreliert sind. Der Autor nimmt an, dass speziell diese geeignet sind, um bei minimaler Anzahl der Rührerstellungen ein möglichst homogenes Prüffeld zu erzeugen.

Die für Modenverwirbelungskammern abgeleiteten theoretischen Formeln und Verteilungsfunktionen basieren auf der Annahme unkorrelierter Feldverteilungen, so dass dem Auffinden der unabhängigen Rührerstellungen eine besondere Bedeutung zukommt. Alternative Verfahren zur Erzeugung unkorrellierter Feldverteilungen sind z. B. das kontinuierliche Drehen des Rührers oder das rein elektronische Rühren, bei dem die Anregung variiert wird.

3.1 Vorstellung der Verfahren

Im Rahmen dieses Abschnittes werden verschiedene Verfahren zur Bestimmung der unabhängigen Rührerstellungen vorgestellt, wobei zunächst nur die theoretischen Grundlagen betrachtet werden. Nach der Vorstellung eines neuen Verfahrens in Abschnitt 3.1.1 wird das aktuelle Standardverfahren in Abschnitt 3.1.2 erläutert. Anschließend wird in Abschnitt 3.1.3 auf verschiedene alternative Verfahren eingegangen. Ausführliche Untersuchungen zu den einzelnen Verfahren sind ab Abschnitt 3.2 dokumentiert.

3.1.1 Allgemeines Verfahren

Für das im Weiteren als Allgemeines Verfahren bezeichnete neue Verfahren wird zunächst ein Prüfvolumen definiert, das durch N_o Ortspunkte abgebildet wird. Ein Beispiel ist in Abbildung 3.1 gegeben, welche die MVK mit dem Modenrührer und einem würfelförmigen Prüfvolumen der Seitenlänge 1 m und $N_\text{o} = 27$ Messpunkten zeigt.

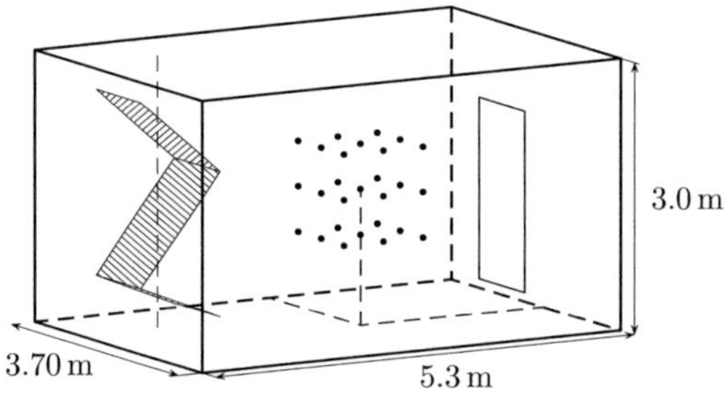

Abbildung 3.1: Modenverwirbelungskammer mit dem Modenrührer und einem würfelförmigen Prüfvolumen der Seitenlänge 1 m und 27 Messpunkten

Den Ansatz zur Bestimmung der unabhängigen Rührerstellungen bildet eine Messung der Feldverteilungen im Prüfvolumen, bei dem der Frequenzbereich, in dem die Störfestigkeitsmessung durchgeführt werden soll, zunächst durch N_f Frequenzpunkte abgebildet wird und anschließend für jeden Frequenzpunkt die Feldverteilung $X\left[x_0, x_1, x_2, \dots, x_{N_\text{o}-1}\right]$ an N_o Ortspunkten im Prüfvolumen und in Abhängigkeit von N_α Rührerstellungen aufgenommen wird. Die Rührerstellungen $(\alpha_0, \alpha_1, \alpha_2, \dots, \alpha_{N_\alpha-1})$ sind dabei frei wählbar, werden in der Regel aber gleichmäßig über eine volle Rührerdrehung verteilt.

Die anschließende Auswertung der Messdaten kann prinzipiell in drei Schritte unterteilt werden. Im ersten Schritt kann für jede Frequenz und für jedes Paar zweier Rührerstellungen (α_i, α_j) der Korrelationskoeffizient nach Pearson $r(\alpha_i, \alpha_j) = r_{ij}$ berechnet, das heißt die entsprechenden Feldverteilungen $X(\alpha_i) = X_i$ und $X(\alpha_j) = X_j$ auf lineare Korrelation geprüft werden. Der Pearson-Korrelationskoeffizient (PCC) wird dabei nach Gleichung 3.1 unter Verwendung der Varianz (Var) und der Kovarianz (Cov) berechnet.

$$r_{ij} = \frac{\mathrm{Cov}(X_i, X_j)}{\sqrt{\mathrm{Var}X_i \, \mathrm{Var}X_j}} \qquad (i, j = 0, 1, 2 \dots N_\alpha - 1) \tag{3.1}$$

Zur Veranschaulichung sind in Abbildung 3.2 die Pearson-Korrelationskoeffizienten für ausgewählte Verteilungen einer normalverteilten Zufallsgröße mit jeweils 1000 Werten dargestellt. Als Ergebnis erhält man für jede Frequenz eine quadratische Korrelationsmatrix, welche die berechneten Korrelationskoeffizienten enthält. Damit können im zweiten Schritt die Rührerstellungen bei jeder Frequenz auf Unabhängigkeit geprüft werden, wobei Paare von Rührerstellungen als unabhängig bezeichnet werden, deren Korrelationskoeffizient einen bestimmten Korrelationsschwellenwert r_s nicht überschreitet.

Nachdem die Korrelationskoeffizienten berechnet und die Rührerstellungen auf Unabhängigkeit überprüft wurden, müssen im dritten Schritt für jede Frequenz Gruppen von Rührerstellungen bestimmt werden, bei denen jede Kombination zweier Rührerstellungen unabhängig ist. Dafür werden geeignete Algorithmen benötigt.

Eine Möglichkeit zur Bestimmung von Gruppen unabhängiger Rührerstellungen ist die Anwendung sogenannter Maximum-Clique-Algorithmen aus der Graphentheorie. Dazu betrachten wir zunächst einen allgemeinen ungerichteten Graph, der sich aus Knoten (engl. nodes) und Kanten (engl. edges) zusammensetzt und bei dem nur die Knoten durch Kanten verbunden werden, die eine definierte Bedingung erfüllen. Für eine Gruppe von Knoten, deren Knoten alle durch Kanten miteinander verbunden sind, wurde der Begriff der Clique (engl. clique) eingeführt. Cliquen, die durch das Hinzufügen anderer Knoten des Graphen nicht erweitert werden können, werden als die maximalen Cliquen (engl. maximal cliques) bezeichnet. Ein Beispiel für einen Graph mit zehn Knoten zeigt Abbildung 3.3. Die Knoten 0, 1 und 2 des Graphen bilden eine Clique, die durch Hinzufügen der Knoten 3 und 4 zu einer maximalen Clique erweitert werden kann. Anhand des Beispiels wird weiterhin deutlich, dass maximale Cliquen unterschiedlicher Größe existieren können. Die maximale Clique mit der größten Anzahl von Knoten wird als die größte maximale Clique (engl. largest maximal clique) bzw. oft auch als die Maximum-Clique (engl. maximum clique) bezeichnet. Davon abgeleitet werden Algorithmen zur Bestimmung der größten maximalen Clique als Maximum-Clique-Algorithmen (engl. maximum clique algorithm) bezeichnet.

Angewendet auf das vorliegende Problem kann ein Graph mit N_α Knoten erzeugt werden, wobei jede Rührerstellung durch einen Knoten abgebildet wird und nur die Knoten durch Kanten verbunden werden, deren Rührerstellungen als unabhängig bewertet wurden. Anschließend können die maximalen Cliquen bzw. die größte maximale Clique des Graphen mit Hilfe eines Maximum-Clique-Algorithmus bestimmt werden.

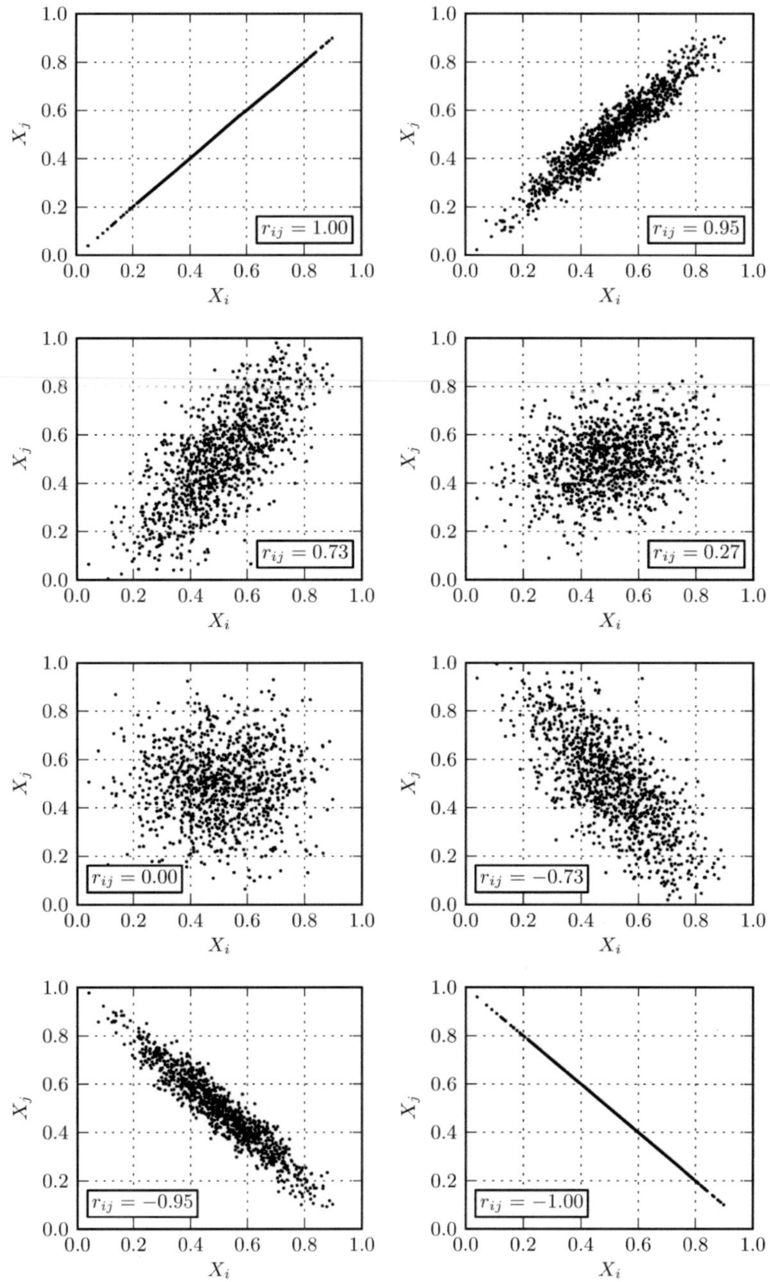

Abbildung 3.2: Veranschaulichung zum Pearson-Korrelationskoeffizienten anhand verschiedener Verteilungen einer normalverteilten Zufallsgröße mit jeweils 1000 Werten

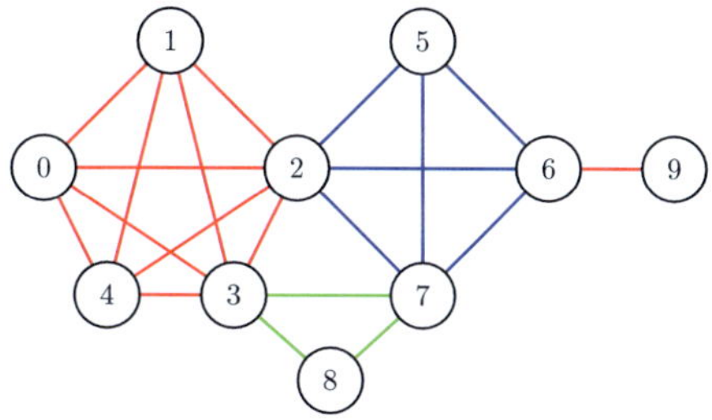

Abbildung 3.3: Beispiel für einen ungerichteten Graphen mit 10 Knoten

Das allgemeine Ziel ist es, Gruppen von Rührerstellungen zu finden, die bei Verwendung einer minimalen Anzahl von Rührerstellungen ein möglichst homogenes Prüffeld erzeugen. Die Verwendung von Maximum-Clique-Algorithmen ist jedoch nur eine Möglichkeit, wie aus den gemessenen Feldverteilung und den daraus berechneten Korrelationskoeffizienten Cliquen unabhängiger Rührerstellungen bestimmt werden können. Da dieser Ansatz neben der Anzahl auch die Verteilung der unabhängigen Rührerstellungen liefert, wird dieser als vielversprechend eingeschätzt und deshalb ein wesentlicher Bestandteil der weiterführenden Untersuchung in Abschnitt 3.2 sein.

Es wird weiterhin vermutet, dass die Anzahl und die Verteilung der unabhängigen Rührerstellungen $N_\beta\,(\beta_0, \beta_1, \beta_2, \ldots, \beta_{N_\beta - 1})$ von der Frequenz abhängig ist. Die Anforderungen an die Homogenität des Prüffeldes können abhängig von der Frequenz bereits mit einem Teil der unabhängigen Rührerstellungen erreicht werden. Die Frequenz, bei der die unabhängigen Rührerstellungen gerade noch die Anforderungen an das Prüffeld einhalten, könnte entsprechend als die untere Grenzfrequenz für die Störfestigkeitsmessung in der gegebenen MVK definiert werden.

Einen Einfluss auf die untere Grenzfrequenz der Störfestigkeitsmessung hat die Wahl des Prüfvolumens bzw. der Ortspunkte, die das Prüfvolumen abbilden. Um im Prüfvolumen möglichst unkorrelierte Feldverteilungen und in Überlagerung somit ein möglichst homogenes Prüffeld zu erhalten, sollte die Wellenlänge nicht größer als die Abmessungen des Prüfvolumens sein. Entsprechend ist darauf zu achten, dass ein Mindestabstand von den Ortspunkten zu den jeweils benachbarten Ortspunkten und den Grenzflächen der MVK eingehalten wird.

Für die weiterführenden Untersuchungen zum Allgemeinen Verfahren wird in Abschnitt 3.2 zunächst ein konstanter Korrelationsschwellenwert von $r_s = 0.37$ verwendet. An dieser Stelle sei bereits darauf hingewiesen, dass es sinnvoll ist, einen an die Anzahl der verwendeten Rührerstellungen angepassten Korrelationsschwellenwert zu verwenden. Eine ausführliche Betrachtung zur Anpassung des Schwellenwertes folgt in Abschnitt 3.2.12.

3.1.2 Standardverfahren nach DIN EN 61000-4-21

DIN EN 61000-4-21 [1] beschreibt ein Verfahren zur Abschätzung der Anzahl der unabhängigen Rührerstellungen. Im Gegensatz zum Allgemeinen Verfahren, bei dem N_o Ortspunkte für die Abbildung der Feldverteilung verwendet werden, wird dabei nur an einem einzigen Ortspunkt die Empfangsleistung in Abhängigkeit der N_α Rührerstellungen aufgenommen. Damit kann zur Bestimmung der Anzahl der unabhängigen Rührerstellungen der Korrelationskoeffizient nach Pearson nicht mehr verwendet werden. Alternativ wird an dieser Stelle eine Rührernullstellung α_0 gewählt und der Autokorrelationskoeffizient (ACC) $r(\alpha_0, \alpha_j) = r_{0j}$ bezüglich dieser Nullstellung mittels Gleichung 3.2 berechnet.

$$r_{0j} = \frac{\mathrm{Cov}(X_0, X_j)}{\sqrt{\mathrm{Var}X_0 \, \mathrm{Var}X_j}} \qquad (j = 0, 1, 2, \ldots, N_\alpha - 1) \tag{3.2}$$

Dabei wird aus der Verteilung der gemessenen Werte $X_0(x_0, x_1, x_2, \ldots, x_{N_\alpha - 1})$ durch zyklisches Verschieben der Messwerte die Verteilung $X_j(x_j, x_{j+1}, x_{j+2}, \ldots)$ generiert und zur Berechnung des Autokorrelationskoeffizienten verwendet.

Aus dem Verlauf des Autokorrelationskoeffizienten, wie er in Abbildung 3.4 an einem Beispiel gegeben ist, wird die Rührerstellung $\alpha_j(r < r_\mathrm{s})$ bestimmt, bei der der Autokorrelationskoeffizient den Korrelationsschwellenwert r_s erstmalig unterschreitet.

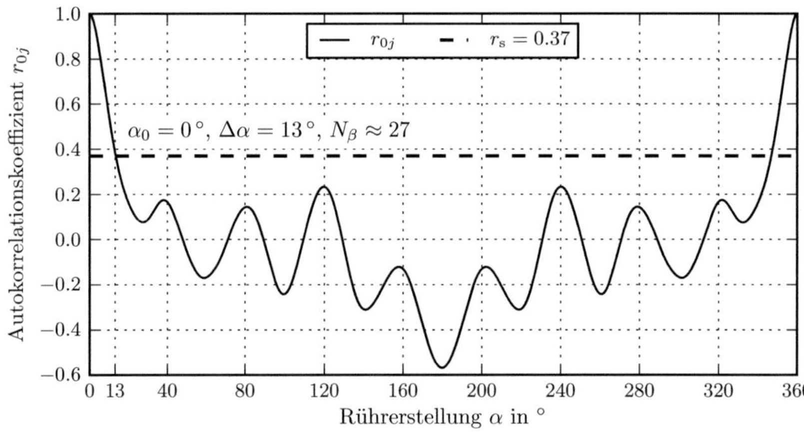

Abbildung 3.4: Beispiel für den Verlauf des Autokorrelationskoeffizienten

Die Abschätzung der Anzahl der unabhängigen Rührerstellungen erfolgt anschließend aus dem Verhältnis einer vollen Rührerdrehung zum Winkelsegment $\Delta\alpha = \alpha_j(r < r_\mathrm{s}) - \alpha_0$.

$$N_\beta = \frac{360°}{\alpha_j(r < r_s) - \alpha_0} = \frac{360°}{\Delta\alpha} \tag{3.3}$$

Der Korrelationsschwellenwert r_s ergibt sich dabei in Abhängigkeit der verwendeten Anzahl von Rührerstellungen N_α [1, 15].

$$r_s = \rho \cdot \left(1 - \frac{7.22}{N_\alpha^{0.64}}\right) \qquad (\rho = 0.37, N_\alpha > 100) \tag{3.4}$$

Da dieser Ansatz nur eine Abschätzung für die Anzahl der unabhängigen Rührerstellungen, jedoch keine Information zu deren Verteilung liefert, wird angenommen, dass diese äquidistant verteilt sind. Die als unabhängig angenommenen Rührerstellungen β_n können mit folgender Gleichung berechnet werden, wobei für die Anwendung zweckmäßigerweise die auf volle Grad gerundeten Werte verwendet werden.

$$\beta_n = n \cdot \Delta\alpha \qquad (n = 0, 1, 2, \ldots, N_\beta - 1) \tag{3.5}$$

Mit dem Allgemeinen Verfahren ist es möglich die Anzahl und die Verteilung der unabhängigen Rührerstellungen für ausgewählte Frequenzen zu bestimmen. Das Standardverfahren nach DIN EN 61000-4-21 liefert dagegen nur eine Abschätzung für die Anzahl der unabhängigen Rührerstellungen bei einer Frequenz und nimmt an, dass die unabhängigen Rührerstellungen äquidistant verteilt sind.

3.1.3 Alternative Verfahren

Neben dem Allgemeinen Verfahren und dem Standardverfahren existieren verschiedene alternative Ansätze zur Bestimmung der Anzahl und teilweise auch der Verteilung der unabhängigen Rührerstellungen. Diese sollen in den folgenden Abschnitten vorgestellt werden.

3.1.3.1 Dezimierter Korrelationsschwellenwert

Zur Bestimmung der Anzahl der unabhängigen Rührerstellungen mit Hilfe des Autokorrelationskoeffizienten nach DIN EN 61000-4-21 wurde ursprünglich der konstante Korrelationsschwellenwert $r_s = \rho = 0.37$ verwendet. In [16] diskutierten Lundén und Bäckström erstmals die Abhängigkeit von der Anzahl der verwendeten Rührerstellungen. Darauf aufbauend stellte Krauthäuser in [8] und [15] einen modifizierten Ansatz vor, der inzwischen in die Norm übernommen wurde.

Beide Ansätze nehmen an, dass der Verlauf des Autokorrelationskoeffizienten für eine unendlich große Anzahl von Rührerstellungen N_α unabhängig von der Wahl der Rührernullstellung sowie der Wahl des Ortspunktes im Prüfvolumen ist. Unter dieser Voraussetzung wird sich für den Korrelationsschwellenwert ρ eine vom Ortspunkt und der Rührernullstellung unabhängige Anzahl von unabhängigen Rührerstellungen $N_\beta(N_\alpha \to \infty)$ ergeben. Es wird angenommen, dass dieser Wert ein gutes Maß für die Anzahl der tatsächlich unabhängigen Rührerstellungen ist.

Bei endlicher Anzahl der verwendeten Rührerstellungen wird der Verlauf des Autokorrelationskoeffizienten eine Abhängigkeit vom Ortspunkt und der Rührernullstellung zeigen. Argumentiert man, dass sich trotz der reduzierten Anzahl der verwendeten Rührerstellungen N_α die Anzahl der tatsächlich unabhängigen Rührerstellungen nicht ändert, dann kann daraus die Forderung abgeleitet werden, dass auch N_β unabhängig von N_α sein soll. Dies kann erfüllt werden, wenn ein von der Anzahl der Rührerstellungen abhängiger Korrelationsschwellenwert $r_\mathrm{s} = f(N_\alpha)$ verwendet wird.

Führt man im nächsten Schritt die Verteilungsdichtefunktion des Korrelationsschwellenwertes $\psi\left[r_\mathrm{s}(N_\alpha)\right]$ mit dem Erwartungswert $\rho = r_\mathrm{s}(N_\alpha \to \infty)$ ein, kann ein Vertrauensintervall α bei gegebenem Korrelationsschwellenwert angegeben werden.

$$\alpha = \int_{r'_\mathrm{s}=-1}^{r_\mathrm{s}} \psi(r'_\mathrm{s})\,\mathrm{d}r'_\mathrm{s} \tag{3.6}$$

Mit der in [15] gegebenen Gleichung für die Verteilungsdichtefunktion $\psi(r_\mathrm{s})$

$$\begin{aligned}\psi(r_\mathrm{s}) =& \frac{N_\alpha - 2}{\sqrt{2\pi}} \cdot \frac{\Gamma(N_\alpha - 1)}{\Gamma(N_\alpha - 1/2)} \cdot \frac{(1-\rho^2)^{\frac{N_\alpha - 1}{2}} \cdot (1 - r_\mathrm{s}^2)^{\frac{N_\alpha - 4}{2}}}{(1 - \rho\, r_\mathrm{s})^{\frac{N_\alpha - 3/2}{2}}} \cdot \\ & \left[1 + \frac{1 + \rho\, r_\mathrm{s}}{4(2N_\alpha - 1)} + \cdots\right]\end{aligned} \tag{3.7}$$

kann Gleichung 3.6 nach dem Korrelationsschwellenwert r_s aufgelöst werden und für ein Vertrauensintervall von 95 % ($\alpha = 0.05$) und $N_\alpha > 100$ die Näherungsgleichung

$$r_\mathrm{s} = \rho \cdot \left(1 - \frac{7.22}{N_\alpha^{0.64}}\right) \qquad (N_\alpha > 100) \tag{3.8}$$

angegeben werden, welche bereits in die Norm DIN EN 61000-4-21 übernommen wurde.

3.1.3.2 Autoregressive Methode

In [17, 18] stellen Lemoine, Besnier und Drissi (LBD) eine Methode zur Abschätzung der Anzahl der unabhängigen Rührerstellungen unter Verwendung eines autoregressiven Modells vor. Dazu betrachten sie die schrittweise Drehung des Rührers als stationäre Zeitreihe, die in erster Näherung mit einem autoregressiven Prozess erster bzw. zweiter Ordnung beschrieben werden kann.

Allgemein wird ein autoregressiver Prozess der Ordnung p durch Gleichung 3.9 beschrieben, wobei die Beobachtung x_t zum Zeitpunkt t als Funktion der zurückliegenden Beobachtungen $(x_{t-1}, \ldots, x_{t-p})$ gewichtet mit den Koeffizienten $(k_1, \ldots, k_p)$, der Innovation ϵ_t und der Konstanten c dargestellt wird. Die Innovation ϵ_t bezeichnet die neue Information zum Zeitpunkt t, die unabhängig von den vergangenen und zukünftigen Beobachtungen ist.

$$x_t = c + k_1 \cdot x_{t-1} + k_2 \cdot x_{t-2} + \cdots + x_p \cdot x_{t-p} + \epsilon_t \tag{3.9}$$

Für den autoregressiven Prozess erster Ordnung AR(1) ergibt sich nach LBD folgende Gleichung, wobei der Koeffizient k_1 dem Autokorrelationskoeffizienten erster Ordnung r_{01}, d. h. dem Autokorrelationskoeffizienten der Rührerstellungen α_0 und α_1 entspricht.

$$x_t = r_{01} \cdot x_{t-1} + \epsilon_t \qquad \text{mit} \quad k_1 = r_{01} = \frac{\mathrm{Cov}(X_0, X_1)}{\sqrt{\mathrm{Var}(X_0)}\sqrt{\mathrm{Var}(Y_1)}} \tag{3.10}$$

Unter Verwendung des Zentralen Grenzwertsatzes der Statistik leiten LBD anschließend eine Abschätzung für die Anzahl der unabhängigen Rührerstellungen N_β ab.

$$\text{AR(1):} \quad N_\beta = N_\alpha \cdot \frac{1 - r_{01}}{1 + r_{01}} \cdot \left(\frac{\sigma_{x\alpha}}{\mu_{x\alpha}}\right)^2 \cdot \left(\frac{\sigma_{x\beta}}{\mu_{x\beta}}\right)^2 \tag{3.11}$$

Die Gleichung enthält neben der verwendeten Anzahl von Rührerstellungen N_α und dem bereits angegebenen Autokorrelationskoeffizienten r_{01} den Erwartungswert $\mu_{x\alpha}$ und die Standardabweichung $\sigma_{x\alpha}$ der Verteilung der Messwerte $X_\alpha(x_0, x_1, x_2, \ldots, x_{N_\alpha - 1})$ sowie den Erwartungswert $\mu_{x\beta}$ und die Standardabweichung $\sigma_{x\beta}$ der entsprechenden Verteilung der unabhängigen Rührerstellungen,

$$\mu_{x\alpha} = \frac{1}{N_\alpha} \sum_{t=0}^{N_\alpha - 1} x_t \qquad \sigma_{x\alpha} = \frac{1}{N_\alpha - 1} \sum_{t=0}^{N_\alpha - 1} (x_t - \mu_{x\alpha})^2 \tag{3.12}$$

wobei das Verhältnis $\sigma_{x\beta}/\mu_{x\beta}$ theoretisch bekannt ist [17, 18].

$$\frac{\sigma_x}{\mu_x} = \begin{cases} 0.52 & \text{Rayleigh-Verteilung} \\ 1.0 & \text{Exponentialverteilung} \end{cases} \tag{3.13}$$

Für den Fall einer idealen Modenverwirbelungskammer und der Verwendung einer Komponente der elektrischen Feldstärke liegt eine Rayleigh-Verteilung vor, womit das Verhältnis $\sigma_{x\beta}/\mu_{x\beta}$ ungefähr 0.52 beträgt. Wird die Empfangsleistung verwendet, dann liegt eine Exponentialverteilung vor und das Verhältnis $\sigma_{x\beta}/\mu_{x\beta}$ ist 1.

Im Rahmen einer experimentellen Untersuchung des Verfahrens kommen LDB zu dem Ergebnis, dass die Verwendung des autoregressiven Prozesses erster Ordnung AR(1) ausreichend ist, falls der Autokorrelationskoeffizient erster Ordnung r_{01} einen Wert von 0.5 nicht überschreitet. Andernfalls sollte zum autoregressiven Prozesses zweiter Ordnung AR(2) übergegangen werden, für den LBD folgende Gleichung angeben.

$$\text{AR}(2): \qquad N_\beta = N_\alpha \cdot \frac{1 - k_1 - k_2}{1 + k_1 + k_2} \cdot \left(\frac{\sigma_{x\alpha}}{\mu_{x\alpha}}\right)^2 \cdot \left(\frac{\sigma_{x\beta}}{\mu_{x\beta}}\right)^2 \tag{3.14}$$

Nach Auswertung der Messdaten kommen LBD zu dem Schluss, dass sich das beschriebene Verfahren zur Abschätzung der Anzahl der unabhängigen Rührerstellungen eignet. Bezüglich des Standardverfahrens [19] merken sie an, dass die darin getroffene Annahme, dass bei Erfüllung der Korrelationsbedingung $r_{0j} < 0.37$ die entsprechenden Rührerstellungen als unabhängig betrachtet werden können, nicht uneingeschränkt anwendbar ist.

3.1.3.3 Güte-Volumen-Methode

In [20, 21] leiten Madsen und Hallbjörner (MH) eine Gleichung zur Abschätzung der Anzahl der unabhängigen Rührerstellungen basierend auf der Güte der Kammer Q sowie des Kammervolumens V und des Rührervolumens V_R ab. Als Rührervolumen wird dabei der kleinste Zylinder mit dem Durchmesser d_R verwendet, der den Rührer vollständig umschließt. Bei der Herleitung von Gleichung 3.15 wurde dabei zwischen elektrisch kleinen und großen Rührern unterschieden und der Übergangsbereich bezüglich der Wellenlänge λ mit $d_\text{R} \approx (2 \ldots 3)\lambda$ definiert. Die Konstante C_R wurde bei der Herleitung als noch unbekannte Proportionalitätskonstante eingeführt und später mit Hilfe von Messungen in verschiedenen MVK'n und unter Verwendung unterschiedlicher Rührer empirisch bestimmt.

$$N_\beta \approx C_\text{R} \cdot \frac{Q}{V} \begin{cases} V_\text{R} & \text{für} \quad d_\text{R} \geq (2 \ldots 3)\lambda \quad \text{und} \quad C_\text{R} = 0.5 \\ \lambda\, V_\text{R}^{\frac{2}{3}} & \text{für} \quad d_\text{R} \leq (2 \ldots 3)\lambda \quad \text{und} \quad C_\text{R} = 2 \end{cases} \tag{3.15}$$

Mit der Eingangsleistung P_Tx am Fußpunkt der Sendeantenne, der mittleren Empfangsleistung $\langle P_\text{Rx} \rangle$ der Empfangsantenne und den Antenneneffektivitäten η_Rx und η_Tx der Sende- und Empfangsantennen kann die Güte der Kammer berechnet [19] und anschließend die Anzahl der unabhängigen Rührerstellungen nach Gleichung 3.15 bestimmt werden.

$$\langle Q \rangle = \frac{16\pi^2 V}{\lambda\, \eta_\text{Tx} \eta_\text{Rx}} \cdot \frac{\langle P_\text{Rx} \rangle}{P_\text{Tx}} \tag{3.16}$$

Bei der Herleitung von Gleichung 3.15 in [20] gehen MH von einem rotierenden Rührer aus und argumentieren, dass die Anzahl der unabhängigen Rührerstellungen N_β für den Fall des elektrisch großen Rührers proportional zum Verhältnis des Durchmesser d_R des definierten Rührervolumens V_R zur Wellenlänge λ sein wird. Für den Fall des elektrisch kleinen Rührers erwarten MH keine Abhängigkeit von d_R. Zusätzlich gehen Sie davon aus, dass d_R proportional zur dritten Wurzel des Rührervolumens ist und erhalten:

$$N_\beta \sim \frac{d_\mathrm{R}}{\lambda} \sim \frac{V_\mathrm{R}^{1/3}}{\lambda} \tag{3.17}$$

MH argumentieren weiterhin, dass eine Abhängigkeit bestehen muss, wie oft eine Welle bei der Durchquerung der MVK auf den Rührer trifft. Dies entspricht der Anzahl M wie oft eine Welle die MVK durchquert multipliziert mit der Wahrscheinlichkeit p, dass die Welle bei einer Durchquerung der MVK den Rührer trifft.

$$N_\beta \sim p \cdot M \tag{3.18}$$

Als Wahrscheinlichkeit p setzen MH das Verhältnis der Rühreroberfläche S_R zur Kammeroberfläche S an und gehen anschließend von den Oberflächen zu den entsprechenden Volumen über.

$$p = \frac{S_\mathrm{R}}{S} = \frac{V_\mathrm{R}^{2/3}}{V^{2/3}} \tag{3.19}$$

Basierend auf dem Zusammenhang zwischen der Güte Q der Kammer und deren charakteristischen Zeitkonstante τ

$$Q = 2\pi f \tau \tag{3.20}$$

geben MH eine Gleichung für die Anzahl M an.

$$M \sim \frac{\lambda Q}{V^{1/3}} \tag{3.21}$$

Für den Fall des elektrisch großen Rührers (eg) ergibt sich damit Gleichung 3.22 und nach Einführung der Proportionalitätskonstante $C_\mathrm{R,eg}$ Gleichung 3.23.

$$N_{\beta,\mathrm{eg}} \sim \frac{V_\mathrm{R}^{1/3}}{\lambda} \cdot \frac{V_\mathrm{R}^{2/3}}{V^{2/3}} \cdot \frac{Q\lambda}{V^{1/3}} \tag{3.22}$$

$$N_{\beta,\mathrm{eg}} = C_\mathrm{R,eg} \cdot Q \frac{V_\mathrm{R}}{V} \tag{3.23}$$

Für den Fall des elektrisch kleinen Rührers (ek) ergibt sich entsprechend Gleichung 3.24 und nach Einführung der Proportionalitätskonstante $C_\mathrm{R,ek}$ Gleichung 3.25.

$$N_{\beta,\mathrm{ek}} \sim \frac{V_\mathrm{R}^{2/3}}{V^{2/3}} \cdot \frac{Q\lambda}{V^{1/3}} \tag{3.24}$$

$$N_{\beta,\mathrm{ek}} = C_\mathrm{R,ek} \cdot \lambda Q \frac{V_\mathrm{R}^{2/3}}{V} \tag{3.25}$$

In [20] stellte Hallbjörner diesen Ansatz zur Abschätzung der Anzahl der unabhängigen Rührerstellungen vor. Im Rahmen der Diskussion der Ergebnisse merkt er an, dass weitere Messungen in anderen Modenverwirbelungskammern notwendig sind, um die empirisch gewonnene Konstante C_R zu verifizieren. Er weist außerdem darauf hin, dass sich bei Messungen in der beladenen Kammer Probleme ergaben und beschränkt die Gültigkeit des neuen Ansatzes für den Fall der leeren Kammer.

3.1.3.4 Differenzwertmethode

Basierend auf dem Standardverfahren nach DIN EN 61000-4-21 [1] untersuchte Hallbjörner in [22] einen alternativen Ansatz, bei dem er für einen Ortspunkt und N_α Rührerstellungen aus den Messwerten $X(x_0, x_1, x_2, \ldots, x_{N_\alpha-1})$ die Differenzwerte $d(k)$ benachbarter Rührerstellungen

$$d(k) = x_{k+1} - x_k \tag{3.26}$$

sowie deren Erwartungswert μ_d und Standardabweichung σ_d berechnet. Zusätzlich berechnet er den Erwartungswert μ_x der Verteilung der Messwerte.

Ist die Anzahl der unabhängigen Rührerstellungen N_β kleiner als N_α, dann sind nicht alle Rührerstellungen unabhängig. Für diesen praktisch relevanten Fall der Überabtastung einer vollen Rührerdrehung führt Hallbjörner das Überabtastverhältnis N_α/N_β ein und argumentiert, dass dieses indirekt proportional zum Erwartungswert μ_d bzw. zur Standardabweichung σ_d ist und damit Gleichung 3.27b zur Bestimmung der Anzahl der unabhängigen Rührerstellungen verwendet werden kann.

$$\frac{N_\alpha}{N_\beta} \sim \frac{1}{\mu_d} \sim \frac{1}{\sigma_d} \tag{3.27a}$$

$$N_\beta = C_\mu \frac{\mu_d}{\mu_x} N_\alpha = C_\sigma \frac{\sigma_d}{\mu_x} N_\alpha \tag{3.27b}$$

Die eingeführten Proportionalitätskonstanten bestimmt Hallbjörner mittels numerischer Simulation ($C_\mu = 0.566$ und $C_\sigma = 0.4$).

3.1.3.5 Leistungsabfall nach pulsförmiger Anregung der MVK

Einen alternativen Ansatz beschreiben Magdowski und Vick (MV) in [23]. Dabei wird der Frequenzbereich f durch N_f Frequenzpunkte abgebildet und bei jeder Frequenz die MVK mit einem gepulsten Sinussignal angeregt. Für jede Frequenz wird der zeitliche Verlauf der

Leistung an der Empfangsantenne gemessen und für jede der N_α Rührerstellungen der Abfall der Leistung nach der abfallenden Pulsflanke aufgezeichnet. Die Messung der Leistung erfolgt mit Hilfe eines Spektrumanalysators, der im 'Zero-Span-Mode' betrieben wird und im gewählten Zeitbereich N_t linear verteilte Messwerte aufnimmt.

Aus den gemessenen Verläufen der Leistung an der Empfangsantenne wird anschließend für jede Frequenz der mittlere Verlauf über alle Rührerstellungen berechnet. Für die Mittelwertbildung werden dabei die linearen Leistungswerte in W und nicht deren Leistungspegel verwendet. Zur Auswertung wird der Verlauf jeder Rührerstellung auf den mittleren Verlauf normiert. Für jede Frequenz und Rührerstellung α liegt somit eine Messwertreihe $X_\alpha(x_0, x_1, x_2, \ldots, x_{N_t-1})$ vor. Aus den Messwertreihen kann anschließend mit Hilfe der Gleichung 3.1 auf Seite 81, hier zur Wiederholung erneut angegeben, für jede Frequenz und für jede Kombination zweier Rührerstellungen (α_1, α_2) der Korrelationskoeffizient nach Pearson r_{ij} berechnet werden.

$$r_{ij} = r(\alpha_i,\, \alpha_j) = \frac{\operatorname{Cov}\left(X(\alpha_i), X(\alpha_j)\right)}{\sqrt{\operatorname{Var} X(\alpha_i) \operatorname{Var} X(\alpha_j)}}$$

Anhand der berechneten Korrelationskoeffizienten kann anschließend analog zum Allgemeinen Verfahren die Anzahl und die Verteilung der unabhängigen Rührerstellungen bestimmt werden. Im Gegensatz zum Allgemeinen Verfahren wird die Leistung jedoch nur an einem Ortspunkt im Prüfvolumen gemessen. Während beim Allgemeinen Verfahren die Feldverteilung mit Hilfe von N_o Ortspunkten auf räumliche Korrelation getestet wird, untersucht dieser Ansatz die zeitliche Korrelation an einem Ortspunkt nach Anregung der MVK mit einem gepulsten Sinussignal. Damit geht der Ansatz davon aus, dass die räumliche Korrelation durch die beschriebene zeitliche Korrelation ersetzt werden kann. Falls diese Annahme durch Messungen bestätigt werden kann, würde ein weiteres Verfahren zur Verfügung stehen, mit dessen Hilfe sowohl die Anzahl als auch die Verteilung der unabhängigen Rührerstellungen bestimmt werden kann.

3.1.3.6 Entropieansatz

Zur Abschätzung der Anzahl der unabhängigen Rührerstellungen wurde in [24] ein alternativer Ansatz vorgestellt, der die Entropie verwendet. Zum Einstieg in diesen Entropieansatz soll im Rahmen der theoretischen Vorbetrachtungen in diesem Abschnitt zunächst der Begriff der Entropie erläutert werden und einfache Beispiele zur Veranschaulichung dienen. Anschließend wird der von Gradoni, Primiani und Moglie vorgeschlagene Entropieansatz zur Abschätzung der Anzahl der unabhängigen Rührerstellungen vorgestellt.

Entropiebegriff

Eine anschauliche Erläuterung der Entropie im physikalischen und informationstheoretischen Sinn gibt Hinrichsen in [25]. Während die Entropie in der Physik ein Maß für die Unordnung komplexer Systeme, jedoch schwer zu verdeutlichen ist, stellt die Entropie informationstheoretisch ein Maß dar, das die minimale Anzahl von Bits angibt, die man benötigt, um den Zustand eines Systems vollständig zu charakterisieren. [25]

Allgemein wird die Menge der Zustände eines Systems durch den sogenannten Zustandsraum Ω und die Anzahl der Zustände $|\Omega|$ beschrieben. Im einfachen Fall eines Lichtschalters mit den Zuständen $\Omega = \{\text{ein, aus}\}$ und $|\Omega| = 2$ genügt ein Bit, um den Zustand des Systems vollständig zu beschreiben. Für den allgemeinen Fall eines Systems mit $|\Omega|$ Zuständen kann dessen Entropie, das heißt die Anzahl der benötigten Bits für dessen Beschreibung mit folgender Gleichung berechnet werden.

$$H = \log_2 |\Omega| \tag{3.28}$$

Ein dreistelliges Zahlenschloss mit den Ziffern 1 bis 9 besitzt $9^3 = 729$ Zustände, das heißt für dessen vollständige Beschreibung sind 10 Bits ($H = \log_2 729 = 9.51$) notwendig. [25]

Für ein Gesamtsystem, das sich aus mehreren Teilsystemen zusammensetzt, ergibt sich die Anzahl der möglichen Zustände aus der Multiplikation der Zustände der Teilsysteme, d. h. die Gesamtentropie kann aus der Summe der Einzelentropien berechnet werden. Zur Charakterisierung kann auch die mittlere Entropie H_m verwendet werden. Für ein Gesamtsystem bestehend aus 5 Würfeln, das unter Berücksichtigung der Reihenfolge insgesamt 7776 Zustände besitzt, werden zur vollständigen Beschreibung 13 Bits ($H = \log_2 7776 = 12.925$) benötigt, was einer mittleren Entropie von $H_\mathrm{m} = 13/5 = 2.6$ pro Würfel entspricht. Die Entropie besitzt in der Informationstheorie die Einheit Bit, wird in der Regel aber dimensionslos angegeben. [25]

Individuelle und mittlere Entropie

Ein Anwendungsfall der Entropie ist die Charakterisierung von Gesamtsystemen, die sich aus einer Vielzahl von gleichartigen Teilsystemen zusammensetzt und für die die Wahrscheinlichkeitsverteilungen vorliegen. Wir betrachten dafür den Zustandsraum Ω mit den Zuständen $i \in \Omega$ und den zugehörigen bestimmten Wahrscheinlichkeiten $p_i \in [0, 1]$, deren Summe gleich 1 ist. Weiterhin nehmen wir an, dass die Zustände i genau m_i mal in einer Menge mit insgesamt m Elementen vorkommen und die zugehörigen Wahrscheinlichkeiten durch $p_i = m_i/m$ angegeben werden können. Wir wählen nun ein Element der Menge aus.

Um anzugeben, um welches der m Elemente es sich handelt, wären nach Gleichung 3.28 $\log_2 m$ Bits notwendig. Da aber nur der Zustand i von Interesse ist, kann auf die Information zur Identifizierung des Elementes innerhalb der Teilmenge von m_i verzichtet werden, so dass $\log_2 m_i$ Bits überflüssig sind. Für die Charakterisierung des Zustandes i ist also eine Information von $H_i = \log_2 m - \log_2 m_i = \log_2 (m/m_i)$ notwendig. Unter Verwendung der Wahrscheinlichkeiten p_i ergibt sich die individuelle Entropie des Zustandes i. [25]

$$H_i = \log_2 \frac{m}{m_i} = -\log_2 \frac{m_i}{m} = -\log_2 p_i \tag{3.29}$$

Oft ist man aber nicht an der individuellen Entropie eines einzelnen Zustandes, sondern am Mittelwert über alle Zustände interessiert. Diese sogenannte Shannon-Entropie H_S

$$H_\mathrm{S} = \sum_{i \in \Omega} p_i H_i = -\sum_{i \in \Omega} p_i \log_2 p_i \tag{3.30}$$

gibt an, wie viele Bits im Durchschnitt notwendig sind, um einen Zustand zu charakterisieren. [25]

Abschätzung der Entropie

Die Entropie eines Systems kann abgeschätzt werden, indem man eine Stichprobe von n zufälligen Zuständen nimmt, von denen sich n_i im Zustand i befinden. Mit Hilfe der Stichprobe können die Wahrscheinlichkeiten p_i durch die relativen Häufigkeiten n_i/n angenähert werden, so dass man für die mittlere Entropie die Abschätzungsgleichung 3.31 erhält.

$$H \approx -\sum_{i \in \Omega} \frac{n_i}{n} \log_2 \frac{n_i}{n} \tag{3.31}$$

Diese Abschätzung eignet sich besonders für den Fall, dass die Stichprobe sehr viel größer als die Anzahl der möglichen Zustände ist. Für den theoretischen Fall von $n \to \infty$ Stichproben würde sich der tatsächliche Wert der Entropie ergeben. Für den in der Praxis interessanten Fall kleiner Stichproben führt die beschriebene Abschätzung jedoch zu einer systematischen Unterschätzung der Entropie. Dieser systematische Fehler wird hervorgerufen durch die Nichtlinearität des Logarithmus, kann jedoch durch verschiedene Korrekturterme reduziert werden [25, 26, 27]. Zwei dieser Korrekturterme, die von Miller und Grassberger abgeleitet wurden, sind in den folgenden Gleichungen zur Berechnung der Entropie enthalten.

$$H_\mathrm{Miller} = -\sum_{i \in \Omega} \left(\frac{n_i}{n} \log_2 \frac{n_i}{n} - \frac{1}{2n} \right) \tag{3.32}$$

$$H_\mathrm{Grassberger} = -\sum_{i \in \Omega} \left(\frac{n_i}{n} \log_2 \frac{n_i}{n} - \frac{1}{2n} + \frac{(-1)^{n_i}}{n(n_i+1)} \right) \tag{3.33}$$

Shannon- und Rényi-Entropie

Allgemein gelten für die Shannon-Entropie H_S und die Rényi-Entropie H_R der q-ten Ordnung die Gleichungen,

$$H_\mathrm{S} = -\sum_{i\in\Omega} p_i \ln p_i \tag{3.34}$$

$$H_\mathrm{R}(q) = \frac{1}{1-q} \ln \sum_{i\in\Omega} p_i^q \tag{3.35}$$

wobei sich Gleichung 3.34 aus der Rényi-Entropie für den Grenzübergang $q \to 1$ ergibt [26]. Für den Zustandsraum eines Systems mit den Wahrscheinlichkeiten p_i der Zustände i können die Entropiewerte entsprechend berechnet werden.

Entropieansatz zur Bestimmung der unabhängigen Rührerstellungen

Zur Auswertung von Messungen in der Modenverwirbelungskammer wurden die Shannon- und Rényi-Entropie bereits in [28, 24] verwendet. Einen Ansatz zur Abschätzung der Anzahl der unabhängigen Rührerstellungen beschreiben Gradoni, Primiani und Moglie in [24]. Den Ausgangspunkt bildet dabei die Korrelationsmatrix, wie sie beim Allgemeinen Verfahren verwendet wird. Zur Berechnung der Entropie werden zunächst die Eigenwerte λ_k der Korrelationsmatrix berechnet und normiert.

$$p_k = \frac{\lambda_k}{\sum_{k=1}^{N_\alpha} \lambda_k} \tag{3.36}$$

Aus den normierten Eigenwerten p_k können die Shannon- und Rényi-Entropie der Korrelationsmatrix berechnet werden.

$$H_\mathrm{R}(q) = \frac{1}{1-q} \ln \sum_{i=1}^{N_\alpha} p_k^q \tag{3.37}$$

$$H_\mathrm{R}(q=1) = H_\mathrm{S} = -\sum_{i=1}^{N_\alpha} p_k \ln p_k \tag{3.38}$$

Anschließend kann eine Abschätzung der Anzahl der unabhängigen Rührerstellungen N_β erfolgen.

$$N_\beta \approx \exp(H_\mathrm{R}) \tag{3.39}$$

3.1.3.7 Frequenzintervallansatz

Einen alternativen Ansatz stellt auch die Erweiterung des Standardverfahrens dar, bei dem zusätzlich eine Variation der Anregefrequenz erfolgt. Analog zum Standardverfahren wird der Frequenzbereich durch N_f Frequenzpunkte und eine volle Rührerdrehung durch N_α gleichmäßig verteilte Rührerstellungen diskretisiert und nur ein Ortspunkt im Prüfvolumen betrachtet. In Erweiterung zum Standardverfahren wird jeder Frequenz f_i jedoch ein Frequenzintervall $f_i \pm 1/2 \cdot \Delta f_i$ mit $\Delta f_i \ll f_i$ zugeordnet und das jeweilige Frequenzintervall in N_{fu} Unterfrequenzpunkte mit gleichmäßigem Abstand Δf_u der Unterfrequenzen f_u unterteilt. Diese Variation der Frequenz f_i wird auch als elektronisches Rühren bezeichnet, da es analog zum mechanischen Rühren die Feldverteilung in der MVK verändert. Mit der beschriebenen Erweiterung des Standardverfahrens liegt für jede Frequenz f_i ein Datensatz aus $N_\alpha \times N_{f\mathrm{u}}$ Messwerten vor, womit für jede Kombination zweier Rührerstellungen (α_i, α_j) der Korrelationskoeffizient nach Pearson $r(\alpha_i, \alpha_j) = r_{ij}$ berechnet werden kann. Der im Weiteren als Frequenzintervallansatz bezeichnete alternative Ansatz hat den Vorteil, dass dieser neben der Anzahl der unabhängigen Rührerstellungen auch Informationen zu deren Verteilung liefert. Dabei wird jedoch angenommen, dass die Auswertung der räumlichen Korrelation durch die Auswertung der Frequenzkorrelation ersetzt werden kann.

Beim Allgemeinen Verfahren, bei dem das Prüfvolumen durch N_o Ortspunkte abgebildet wird und die gemessenen räumlichen Feldverteilungen mit Hilfe des Pearson-Korrelationskoeffizienten auf lineare Korrelation untersucht werden, ist darauf zu achten, dass die gewählten Ortspunkte einen Mindestabstand zu den jeweils benachbarten Ortspunkten und den Begrenzungsflächen der MVK einhalten. Dieses Kriterium muss erfüllt sein, damit die Ortspunkte räumlich unkorreliert sind. Ein entsprechendes Kriterium für die Frequenzkorrelation muss auch für die gewählten Frequenzunterpunkte eingehalten werden.

Zur Abschätzung des Mindestabstandes benachbarter Frequenzunterpunkte kann die von Krauthäuser in [8] abgeleitete Gleichung für die Frequenzkorrelation $r(f_1, f_2)$ herangezogen werden.

$$r(f_1, f_2) = \frac{1}{1 + \left(Q \cdot \frac{f_1 - f_2}{\frac{f_1 + f_2}{2}}\right)^2} \tag{3.40}$$

Unter Verwendung von

$$\Delta f_\mathrm{u} = f_1 - f_2 \tag{3.41a}$$

$$f_i \approx \frac{f_1 + f_2}{2} \tag{3.41b}$$

kann Gleichung 3.40 anschließend zu Gleichung 3.42 umgeformt werden und somit der Korrelationskoeffizient r_u benachbarter Unterfrequenzen beim Frequenzintervallansatz abgeschätzt werden.

$$r_\mathrm{u}(f_i, \Delta f_\mathrm{u}) \approx \frac{1}{1 + \left(Q \cdot \frac{\Delta f_\mathrm{u}}{f_i}\right)^2} \tag{3.42}$$

Ist für eine Modenverwirbelungskammer der Verlauf der Güte Q über der Frequenz bekannt, dann kann für einen geforderten Korrelationswert r_u der notwendige Abstand der Unterfrequenzen Δf_u berechnet werden. Dazu wird Gleichung 3.42 entsprechend umgestellt.

$$\Delta f_\mathrm{u}(f_i, r_\mathrm{u}) = \frac{f_i}{Q} \cdot \sqrt{\frac{1}{r_\mathrm{u}} - 1} \tag{3.43}$$

Anschließend kann die Breite des Frequenzintervalls Δf_i berechnet werden.

$$\Delta f_i = (N_{f\mathrm{u}} - 1) \cdot \Delta f_\mathrm{u} \tag{3.44}$$

3.1.4 Zusammenfassung

Neben dem beschriebenen Allgemeinen Verfahren zur Bestimmung der unabhängigen Rührerstellungen und dem aktuellen Standardverfahren nach DIN EN 61000-4-21 existieren verschiedene alternative Ansätze. Mit dem Allgemeinen Verfahren ist es möglich die Anzahl und die Verteilung der unabhängigen Rührerstellungen für ausgewählte Frequenzen zu bestimmen. Das Standardverfahren liefert hingegen nur eine Abschätzung für die Anzahl der unabhängigen Rührerstellungen und nimmt an, dass diese äquidistant über eine volle Rührerdrehung verteilt sind. Auch bei den alternativen Ansätzen kann zwischen Verfahren unterschieden werden, die sowohl eine Aussage zur Anzahl als auch zur Verteilung der unabhängigen Rührerstellungen treffen und Verfahren, die nur eine Abschätzung der Anzahl liefern. Da, soweit dem Autor bekannt, bisher kein aussagekräftiger Vergleich der verschiedenen Verfahren statt fand, soll dies ein Ziel der weiterführenden Untersuchungen sein.

Für die Bewertung und den Vergleich der Verfahren werden geeignete Bewertungskriterien benötigt. Im ersten Schritt können dazu die Anzahl und die Verteilung der unabhängigen Rührerstellungen verwendet werden. Für die Störfestigkeitsmessung in der MVK wurde der Frequenzbereich durch N_f Frequenzpunkte diskretisiert und als allgemeines Ziel definiert, dass im Prüfvolumen der MVK für jeden Frequenzpunkt ein möglichst homogenes Prüffeld unter Verwendung einer möglichst geringen Anzahl von Rührerstellungen erzeugt werden kann. Das heißt, im zweiten Schritt sollte eine Bewertung bzw. ein Vergleich basierend auf der Homogenität des Feldes erfolgen.

3.2 Allgemeines Verfahren

Eine ausführliche Vorbetrachtung zur Bestimmung der unabhängigen Rührerstellungen in Modenverwirbelungskammern fand bereits in Abschnitt 3.1 statt. Neben dem neu vorgestellten Allgemeinen Verfahren und dem aktuellen Standardverfahren nach DIN EN 61000-4-21 wurde dabei auch auf verschiedene alternative Ansätze eingegangen. Basierend auf den theoretischen Ausführungen aus Abschnitt 3.1.1 soll im folgenden Abschnitt zunächst näher auf das Allgemeine Verfahren eingegangen werden. Dazu wurden in der Dresdener MVK verschiedene Messungen durchgeführt und ausgewertet.

3.2.1 Definition des Prüfvolumens und Messung im Frequenzbereich bis 1 GHz

Zur Untersuchung des Allgemeinen Verfahrens wurde zunächst das in Abbildung 3.5 dargestellte würfelförmige Prüfvolumen mit einer Seitenlänge von 1 m und $N_o = 27$ $(3 \times 3 \times 3)$ gleichmäßig verteilten Messpunkten definiert, wobei der Abstand benachbarter Messpunkte in den Koordinatenrichtungen jeweils 0.5 m beträgt und ein Mindestabstand von 0.5 m zu den Wänden, den Antennen und dem Modenrührer eingehalten wird. Der Mittelpunkt des Prüfvolumens befindet sich im Punkt $P(2.3\,\text{m}, 2.0\,\text{m}, 1.5\,\text{m})$ der MVK mit den Abmessungen 5.3 m, 3.7 m und 3.0 m. Mit Hilfe des definierten Prüfvolumens kann die räumliche Feldverteilung $X(x_0, x_1, x_2, \ldots, x_{26})$ an den $N_o = 27$ Ortspunkten bestimmt werden.

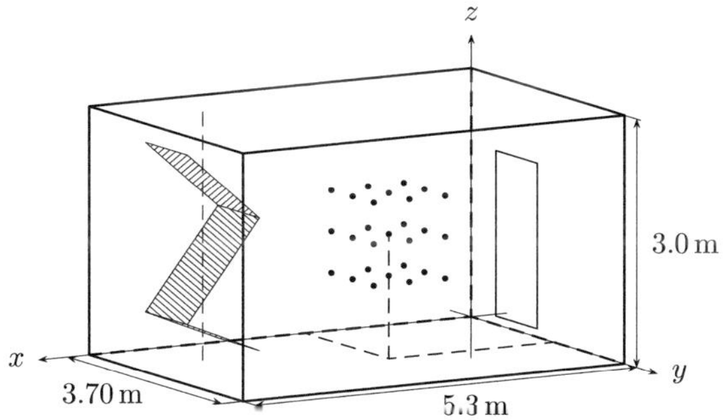

Abbildung 3.5: Modenverwirbelungskammer mit dem Modenrührer und einem würfelförmigen Prüfvolumen der Seitenlänge 1 m und 27 $(3 \times 3 \times 3)$ Messpunkten

Bei der anschließenden Messung im Frequenzbereich von 150 MHz bis 1 GHz, abgebildet durch $N_f = 10$ diskrete Frequenzen (150 MHz, 175 MHz, 200 MHz, 225 MHz, 250 MHz, 300 MHz, 400 MHz, 500 MHz, 700 MHz, 1000 MHz), wurden für jeden der $N_o = 27$ Ortspunkte des Prüfvolumens die orthogonalen Komponenten der elektrischen Feldstärke in Abhängigkeit von $N_\alpha = 360$ äquidistanten Rührerstellungen aufgenommen. Für die Auswertung wurde aus den orthogonalen Komponenten der Betrag der Gesamtfeldstärke berechnet. Der damit zur Verfügung stehende Datensatz, der für jede Frequenz und jede Rührerstellung α_i die Feldverteilung $X(\alpha_i) = X_i$ enthält, soll zur Bestimmung der Anzahl und der Verteilung der unabhängigen Rührerstellungen mit Hilfe des Allgemeinen Verfahrens verwendet werden und damit den Einstieg in die weiteren Untersuchungen bilden.

Allgemein ist zu beachten, dass die Korrelation von Messwerten nicht vernachlässigt werden kann, wenn der Abstand benachbarter Messpunkte kleiner als die halbe Wellenlänge ist. Für das definierte Prüfvolumen mit einem Abstand von 0.5 m zwischen benachbarten Messpunkten entspricht dies einer unteren Grenzfrequenz von 300 MHz. Um diesen Übergangsbereich besser charakterisieren zu können, wurde der Frequenzbereich entsprechend nach unten erweitert.

3.2.2 Berechnung der Korrelationskoeffizienten

Im Rahmen der Vorbetrachtungen zum Allgemeinen Verfahren erfolgte eine Unterteilung der Auswertung in drei Schritte, wobei im ersten Schritt die Korrelationskoeffizienten r_{ij} für alle Kombinationen zweier Rührerstellung (α_i, α_j) nach Pearson mit Hilfe der Gleichung 3.1 zu berechnen sind, das heißt die entsprechenden Feldverteilungen $X(\alpha_i) = X_i$ und $X(\alpha_i) = X_i$ auf lineare Korrelation untersucht werden. Somit ergibt sich für jede Frequenz eine quadratische Korrelationsmatrix mit $N_\alpha \times N_\alpha$ Elementen.

Die Korrelationskoeffizienten für 300 MHz und $N_\alpha = 360$ Rührerstellungen sind in Abbildung 3.6 dargestellt. Typisch für jede Korrelationsmatrix sind die mit dem Korrelationskoeffizienten 1 besetzte Hauptdiagonale sowie die in der Darstellung erkennbare Symmetrie zur Hauptdiagonale und die hohen Korrelationswerte entlang der Diagonale. Dies ist jedoch nachvollziehbar, wenn man berücksichtigt, dass für nah beieinander liegende Rührerstellungen eine hohe Korrelation der Feldverteilungen zu erwarten ist, da in diesem Fall die räumlichen Randbedingungen durch die Drehung des Rührers noch nicht stark genug verändert wurden. Mit fortschreitender Drehung des Rührers sollten sich die Randbedingungen jedoch stärker ändern, was zu stärker unkorrelierten Feldverteilungen führt. Wie erwartet sind anhand des Diagramms auch Bereiche zu erkennen, in denen die Korrelation wieder ansteigt. Ein Grund dafür können zum Beispiel Symmetrien in der Rührergeometrie sein. Entscheidend für die weiteren Untersuchungen ist, dass die Korrelationsmatrizen wertvolle Informationen enthalten, um daraus Gruppen unabhängiger Rührerstellungen zu ermitteln, die bei minimaler Anzahl von Rührerstellungen ein möglichst homogenes Feld im Prüfvolumen erzeugen. Das heißt, im zweiten und dritten Schritt können die Rührerstellungen auf Unabhängigkeit geprüft und mit Hilfe geeigneter Algorithmen Gruppen unabhängiger

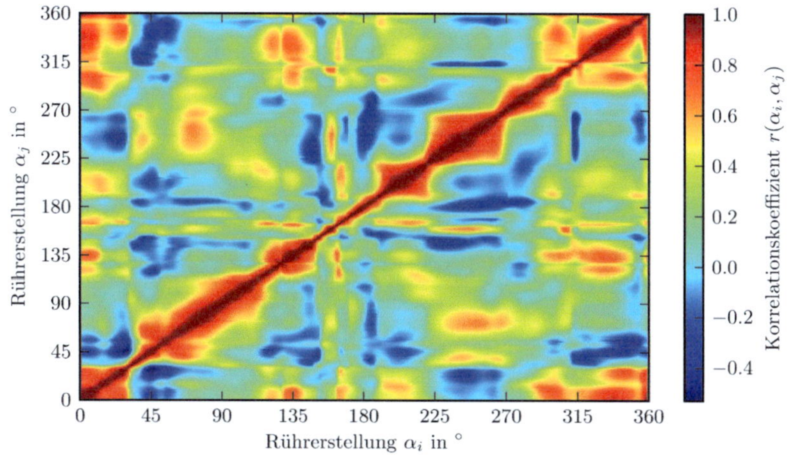

Abbildung 3.6: Pearson-Korrelationskoeffizienten für 300 MHz bei Verwendung von $N_\alpha = 360$ Rührerstellungen

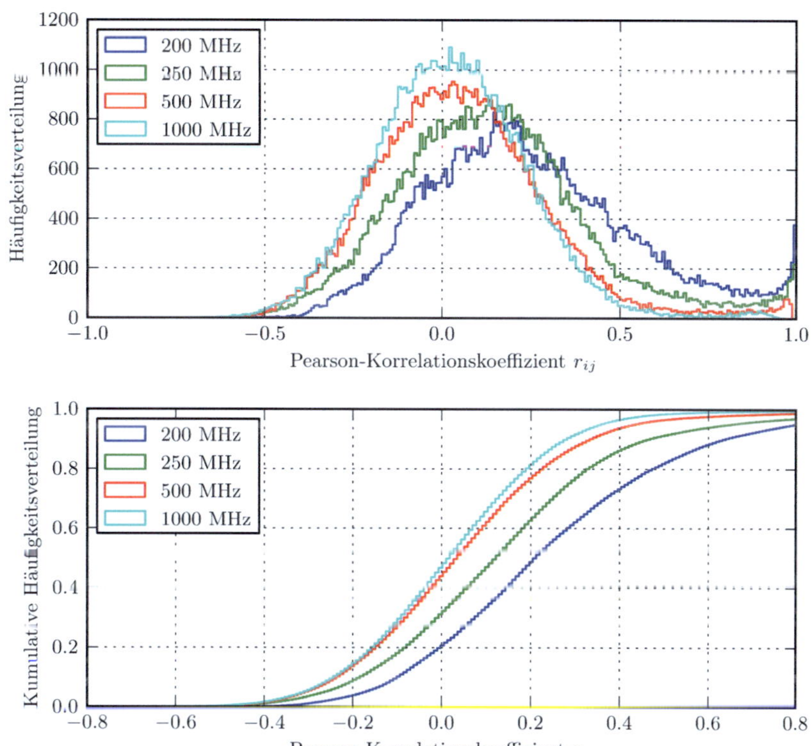

Abbildung 3.7: Häufigkeitsverteilung des Pearson-Korrelationskoeffizienten für verschiedene Frequenzen bei $N_\alpha = 360$

Rührerstellungen bestimmt werden. Eine alternative Darstellung der berechneten Pearson-Korrelationskoeffizienten (PCC) zeigt Abbildung 3.7, in der die Häufigkeitsverteilung und die kumulative Häufigkeitsverteilung des PCC für ausgewählte Frequenzen aufgetragen ist.

3.2.3 Kriterium für die Unabhängigkeit der Rührerstellungen

Als Kriterium für die Unabhängigkeit zweier Rührerstellungen α_i und α_j soll der Korrelationskoeffizient r_{ij} der zugehörigen Feldverteilungen X_i und X_j kleiner als der Korrelationsschwellenwert r_s sein, das heißt $-1 \leq r_{ij} < r_\mathrm{s}$ gelten. Das bedeutet, zwei Rührerstellungen werden auch als unabhängig betrachtet, wenn deren Feldverteilungen einen Korrelationskoeffizienten $-1 \leq r_{ij} < -r_\mathrm{s}$ liefern. In diesem Fall können die Feldverteilungen entsprechend der allgemeinen Statistik zwar als linear korreliert betrachtet werden, dies ist für den hier vorliegenden Anwendungsfall jedoch nicht sinnvoll. Wie in Abbildung 3.2 auf Seite 82 zu erkennen, liegen zum Beispiel im Fall $r_{ij} = -1$ perfekt negativ linear korrelierte Feldverteilungen vor. Genau dieser Fall würde aber auch dazu beitragen, dass innerhalb des definierten Prüfvolumens der MVK in Überlagerung der Verteilungen und Betrachtung des Maximums der elektrischen Feldstärke ein homogeneres Feld entstehen würde.

In diesem Zusammenhang sei an dieser Stelle bereits erwähnt, dass die Messungen in der Dresdener Modenverwirbelungskammer zeigen, dass die in Abbildung 3.7 dargestellten Häufigkeitsverteilungen des Pearson-Korrelationskoeffizienten von der Frequenz abhängig sind, unabhängig von der Frequenz aber Korrelationskoeffizienten $-1.0 \leq r_{ij} < -0.5$ praktisch sehr selten vorkommen. Im Gegensatz dazu sind Korrelationskoeffizienten $0.5 < r_{ij} \leq 1.0$ deutlich wahrscheinlicher und z. B. für benachbarte Rührerstellungen oder auch aufgrund von Rührersymmetrien zu erwarten und damit nachvollziehbar.

3.2.4 Algorithmen

Basierend auf den berechneten Korrelationskoeffizienten können die Rührerstellungen auf Unabhängigkeit geprüft und die Anzahl und die Verteilung der unabhängigen Rührerstellungen bestimmt werden. Um Gruppen unabhängiger Rührerstellungen bzw. die Gruppe mit der größten Anzahl unabhängiger Rührerstellungen zu ermitteln, sind geeignete Algorithmen notwendig. Eine Möglichkeit, die bereits in Abschnitt 3.1.1 beschrieben wurde, ist die Verwendung sogenannter Maximum-Clique-Algorithmen aus der Graphentheorie.

Zur weiteren Auswertung der Messdaten wurden zwei verschiedene Algorithmen implementiert, für die jedoch der gleiche Korrelationsschwellenwert zur Bewertung der Unabhängigkeit verwendet und damit die Basis für einen Vergleich der Ergebnisse gelegt wird.

Algorithmus 1 ist ein sehr einfacher Algorithmus und geht von einer vollständigen Liste aller Rührerstellungen $(\alpha_0, \alpha_1, \alpha_2, \ldots, \alpha_{N_\alpha - 1})$ aus. Für einen gegebenen Korrelationsschwellenwert r_s werden zunächst alle Rührerstellungen α_j $(j > 0)$ auf Unabhängigkeit zur Nullstellung α_0 geprüft und alle abhängigen Rührerstellungen aus der vollständigen Liste der Rührerstellungen gelöscht. Aus der Liste der verbleibenden Rührerstellungen wird anschließend die erste Rührerstellung nach der Nullstellung α_0 gewählt und alle folgenden Rührerstellungen auf Unabhängigkeit geprüft. Die abhängigen Rührerstellungen werden erneut aus der Liste entfernt. Dieser Algorithmus wird wiederholt, bis die letzte Rührerstellung der reduzierten Liste erreicht ist. Prinzipiell kann jede Rührerstellung als Nullstellung verwendet und damit der Algorithmus variiert werden. Für die Auswertung der Daten wurde an dieser Stelle die Rührerstellung $\alpha_0 = 0°$ gewählt.

Algorithmus 2 ist ein Maximum-Clique-Algorithmus der im NetworkX 1.6 Softwarepaket [29] implementiert ist. Mit dieser auf Python basierenden Software können Graphen generiert und analysiert werden. Unter Verwendung der entsprechenden Befehle kann ein Graph erzeugt werden, bei dem jeder Rührerstellung ein Knoten zugewiesen wird und die Knoten unabhängiger Rührerstellungen durch Kanten verbunden werden. Der zur Verfügung stehende *find-cliques(G)*-Algorithmus, der alle maximalen Cliquen des Graphen G sucht, basiert auf einem Algorithmus von Bron und Kerbosch [30] und ermöglicht es, die größte maximale Clique zu finden.

3.2.5 Anzahl und Verteilung der unabhängigen Rührerstellungen

Mit Hilfe der berechneten Korrelationskoeffizienten und der beschriebenen Algorithmen 1 und 2 erfolgte unter Verwendung des Korrelationsschwellenwertes $r_s = 0.37$ die Bestimmung der Gruppen (maximalen Cliquen) unabhängiger Rührerstellungen. Dabei zeigte sich, dass Algorithmus 2 bei Verwendung von 360 Rührerstellungen und eines entsprechend komplexen Graphen die größte maximale Clique des Graphen nicht in akzeptabler Zeit bestimmen kann. Deshalb wurde die Rechenzeit für Algorithmus 2 auf 48 h pro Frequenz beschränkt. Das bedeutet jedoch, dass die innerhalb der Zeitbegrenzung gefundene maximale Clique kleiner als die größte maximale Clique sein kann und Algorithmus 2 somit nur eine Näherung für die tatsächliche Anzahl der unabhängigen Rührerstellungen liefert.

Die Ergebnisse für die Anzahl und die Verteilung der unabhängigen Rührerstellungen, die die Algorithmen 1 und 2 liefern, sind in Abbildung 3.8 dargestellt. Wie erwartet, steigt die Anzahl der unabhängigen Rührerstellungen mit der Frequenz an, wobei der Anstieg im Frequenzbereich von 250 MHz bis 1000 MHz näherungsweise linear ist.

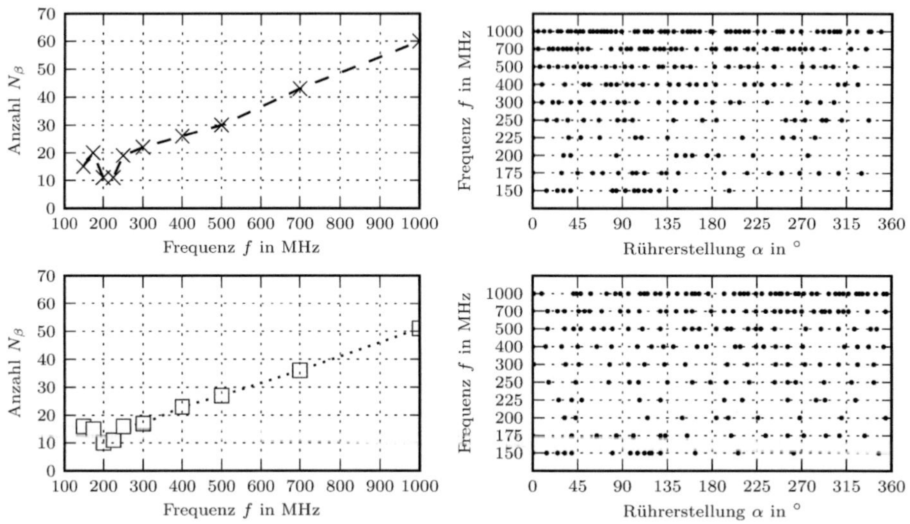

Abbildung 3.8: Anzahl und Verteilung der unabhängigen Rührerstellungen N_β, oben: Algorithmus 1 und unten: Algorithmus 2 (zeitbegrenzt, 48 h pro Frequenz)

Ein direkter Vergleich für die Anzahl der unabhängigen Rührerstellungen ist in Tabelle 3.1 gegeben. Für Algorithmus 2 ergab sich im Vergleich zu Algorithmus 1 für fast alle Frequenzen eine geringere Anzahl von unabhängigen Rührerstellungen. Das bedeutet, dass Algorithmus 2 innerhalb der beschränkten Rechenzeit in der Regel nicht die größte maximale Clique fand. Anhand des Diagramms ist außerdem zu erkennen, dass die Rührerstellungen nicht gleichmäßig über eine volle Drehung des Rührers verteilt sind. Dies gilt vor allem für den unteren Frequenzbereich.

f in MHz	150	175	200	225	250	300	400	500	700	1000
N_β (Algorithmus 1)	15	20	11	11	19	22	26	30	43	60
N_β (Algorithmus 2)	16	15	10	11	16	17	23	27	36	51

Tabelle 3.1: Anzahl der unabhängigen Rührerstellungen N_β für Algorithmus 1 und Algorithmus 2 (zeitbegrenzt, 48 h pro Frequenz)

Im Rahmen der Vorbetrachtungen in Abschnitt 3.1.1 wurde bereits diskutiert, dass aufgrund des gewählten Abstandes von 0.5 m zwischen benachbarten Messpunkten des Prüfvolumens und der damit verbundenen Korrelation der Messwerte im unteren Frequenzbereich für die Störfestigkeitsmessung eine untere Grenzfrequenz im Bereich von 300 MHz zu erwarten ist. Da beide Kurven ein näherungsweise lineares Verhalten im Frequenzbereich von 250 MHz bis 1000 MHz zeigen, wird die Korrelation der Messwerte als Grund für die Abweichungen unterhalb von 250 MHz angenommen.

In Abbildung 3.7 wurden bereits die Häufigkeitsverteilungen der Korrelationskoeffizienten aller Rührerstellungen dargestellt. In Analogie zeigt Abbildung 3.9 die Häufigkeitsverteilung der Korrelationskoeffizienten der mit Algorithmus 1 bestimmten unabhängigen Rührerstellungen.

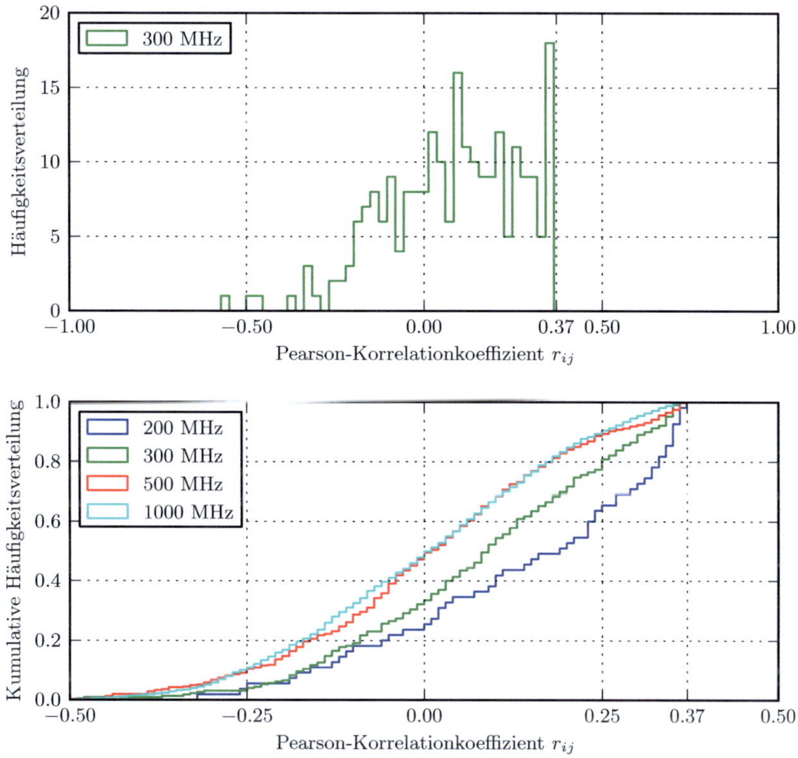

Abbildung 3.9: Häufigkeitsverteilung der Korrelationskoeffizienten der mit Algorithmus 1 bestimmten unabhängigen Rührerstellungen

3.2.6 Bewertung der Algorithmen

Allgemein wurde Algorithmus 2 dafür entwickelt, die größte maximale Clique zu finden. Dieser wird bei Verwendung von $N_\alpha = 360$ Rührerstellungen aber sehr zeitintensiv sein. Im Gegensatz dazu ist der einfache Algorithmus 1 wesentlich schneller, aber nicht dafür ausgelegt, die größte maximale Clique zu finden. Im Vergleich ist die Anzahl der unabhängigen Rührerstellungen, die Algorithmus 1 in sehr kurzer Zeit liefert, größer als die Anzahl des auf 48 h pro Frequenz begrenzten Algorithmus 2, was dafür spricht, Algorithmus 1 zu bevorzugen.

In diesem Fall stellt sich die Frage, welche Abweichungen von der tatsächlichen Anzahl der unabhängigen Rührerstellungen zu erwarten sind. Eine erste Abschätzung liefert ein Vergleich von Algorithmus 1 und dem nicht zeitbeschränkten Algorithmus 2 für $N_\alpha = 61$ und $N_\alpha = 91$. Die Ergebnisse in Tabelle 3.2 zeigen, dass die von Algorithmus 1 gefundenen maximalen Cliquen eine bis zu 15 % geringere Anzahl von unabhängigen Rührerstellungen liefert, was jedoch als ein akzeptabler Kompromiss bewertet wird.

$N_\alpha = 61$ $(0° \leq \alpha \leq 60°)$							
f in MHz	200	250	300	400	500	700	1000
N_β (Algorithmus 1)	3	5	6	5	8	11	13
N_β (Algorithmus 2)	3	5	6	6	8	11	15
$N_\alpha = 91$ $(0° \leq \alpha \leq 90°)$							
f in MHz	200	250	300	400	500	700	1000
N_β (Algorithmus 1)	4	7	9	8	11	13	18
N_β (Algorithmus 2)	5	7	9	9	12	15	20

Tabelle 3.2: Anzahl der unabhängigen Rührerstellungen für Algorithmus 1 und Algorithmus 2 (nicht zeitbeschränkt) und $N_\alpha = 61$ $(0° \leq \alpha \leq 60°)$ bzw. $N_\alpha = 91$ $(0° \leq \alpha \leq 90°)$ Rührerstellungen

Eine weiterführende Bewertung von Algorithmus 1 hinsichtlich der möglichen Variation der Rührernullstellung folgt in Abschnitt 3.2.10.

3.2.7 Homogenität des Prüffeldes

Das allgemeine Ziel der Untersuchungen ist es, innerhalb des definierten Prüfvolumens in der MVK ein möglichst homogenes Prüffeld zu erzeugen. Um dies mit einer möglichst geringen Anzahl von Rührerstellungen zu erreichen, werden die unabhängigen Rührerstellungen bestimmt, da vermutet wird, dass aus der Überlagerung der unkorrelierten Feldverteilungen der unabhängigen Rührerstellungen bei minimaler Anzahl von Rührerstellungen ein sehr homogenes Prüffeld resultiert. Zu diesem Zweck wurde für die Komponenten der elektrischen Feldstärke und deren Betrag zunächst das Maximum der überlagerten Feldverteilungen $\lceil X \rceil(\lceil x_0 \rceil, \lceil x_1 \rceil, \lceil x_2 \rceil, \ldots, \lceil x_{N_\mathrm{o}-1} \rceil)$ bestimmt. Die Ergebnisse für den Betrag der elektrischen Feldstärke bei 200 MHz und 1000 MHz zeigt Abbildung 3.10.

Aus der jeweiligen Verteilung der maximalen Feldstärken wurde anschließend für jede Frequenz die Standardabweichung für die $N_\mathrm{o} = 27$ Messpunkte des Prüfvolumens berechnet und in Abbildung 3.11 zusammen mit dem Grenzwert aus DIN EN 61000-4-21 dargestellt. Wie erwartet verbessert sich die Feldhomogenität mit steigender Frequenz. Außerdem ist zu erkennen, dass die gegebene Grenzwertlinie für die gewählten Frequenzen auch im unteren Frequenzbereich nicht überschritten wird.

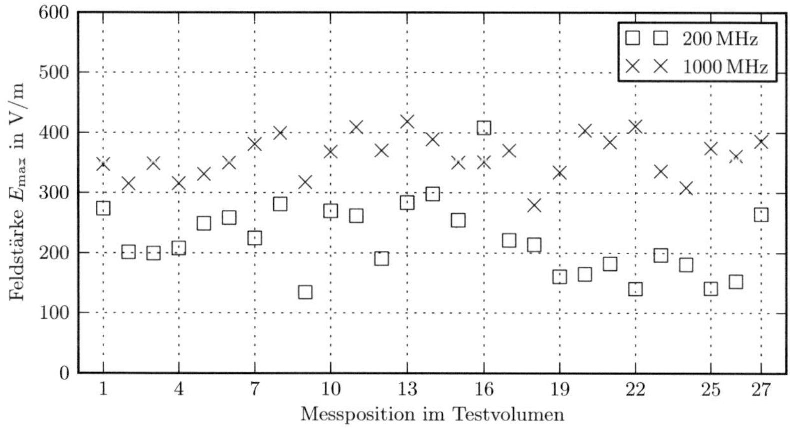

Abbildung 3.10: Verteilung der maximalen Feldstärken für 200 MHz und 1000 MHz bei Verwendung von $N_\alpha = 360$ Rührerstellungen

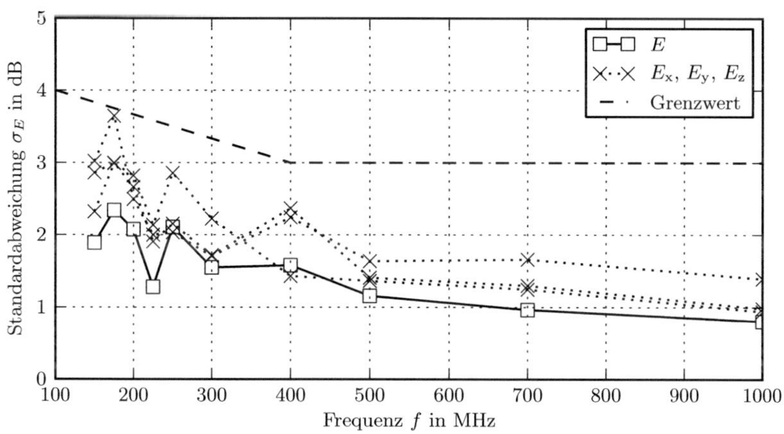

Abbildung 3.11: Feldhomogenität der Komponenten und des Betrages der elektrischen Feldstärke bei Verwendung von $N_\alpha = 360$ Rührerstellungen

Im nächsten Schritt wurden die maximalen Feldverteilungen und die daraus resultierenden Standardabweichungen bei Verwendung der mit Hilfe von Algorithmus 1 ermittelten unabhängigen Rührerstellungen berechnet und die Standardabweichungen für den Betrag der Gesamtfeldstärke in Abbildung 3.12 dargestellt. Für einen direkten Vergleich wurden dem Diagramm die entsprechenden Werte bei Verwendung der N_α Rührerstellungen hinzugefügt.

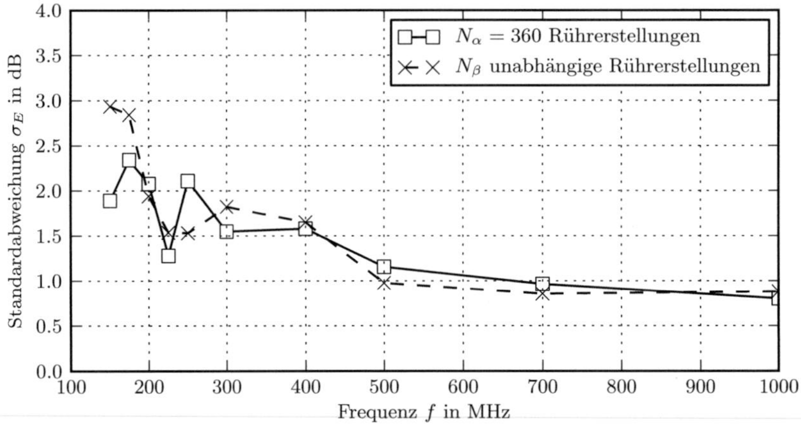

Abbildung 3.12: Feldhomogenität des Betrages der elektrischen Feldstärke bei Verwendung der unabhängigen Rührerstellungen N_β von Algorithmus 1

Der Vergleich der Ergebnisse zeigt, dass im Frequenzbereich von 200 MHz bis 1000 MHz der Verlauf der Standardabweichung abgesehen von kleinen Abweichungen im unteren Frequenzbereich näherungsweise gleich ist. Dies unterstützt die Vermutung, dass bereits bei Verwendung der unabhängigen Rührerstellungen ein sehr homogenes Prüffeld erzeugt wird und durch Hinzufügen weiterer abhängiger Rührerstellungen die Feldhomogenität nicht signifikant verbessert werden kann.

3.2.8 Feldhomogenität bei beliebiger Verteilung der Rührerstellungen

Mit Hilfe des Allgemeinen Verfahrens kann die Anzahl und die Verteilung der unabhängigen Rührerstellungen bestimmt werden, wobei dies für jede Frequenz separat erfolgt. Das bedeutet, dass sowohl die Anzahl und speziell die Verteilung der Rührerstellungen stark variieren wird. Für die praktische Anwendung, das heißt für die Durchführung der Störfestigkeitsmessung wäre es jedoch wünschenswert, einen bestimmten Satz von Rührerstellungen über den gesamten Frequenzbereich zu verwenden, um somit den Zeitaufwand für die Messung zu minimieren.

An dieser Stelle soll deshalb zunächst die Fragestellung betrachtet werden, welchen Einfluss die Verteilung der unabhängigen Rührerstellungen hat bzw. wie stark sich die Feldhomogenität ändert, wenn die Anzahl der verwendeten Rührerstellungen beibehalten, aber deren Verteilung verändert wird. Um den Einfluss der Verteilung zu untersuchen wurden 2 Fälle betrachtet. Für den ersten Fall wurde die berechnete Verteilung durch eine äquidistante

Verteilung der Rührerstellungen über eine volle Rührerdrehung ersetzt. Im Gegensatz dazu betrachtet Fall 2 eine zufällige Auswahl der Rührerstellungen, wobei für 10 000 Versuche der Mittelwert sowie das Minimum und das Maximum der Standardabweichung berechnet wurden.

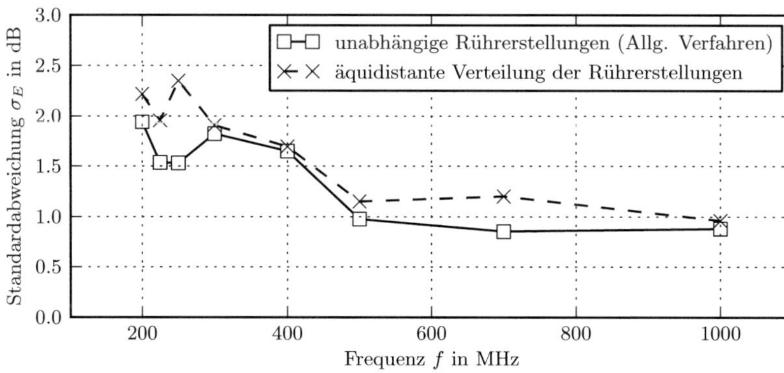

Abbildung 3.13: Feldhomogenität bei äquidistanter Verteilung der Rührerstellungen

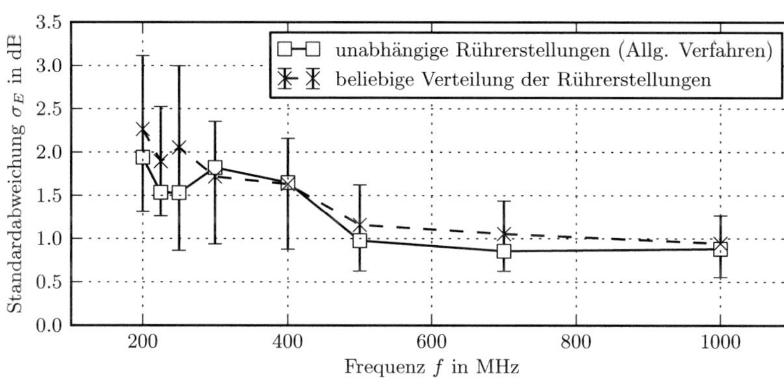

Abbildung 3.14: Minimum, Mittelwert und Maximum der Feldhomogenität bei beliebiger (zufälliger) Wahl der Rührerstellungen und 10 000 Versuchen

Wie Diagramm 3.13 zeigt, ergeben sich bei äquidistanter Verteilung der Rührerstellungen größere Werte für die Standardabweichung, was einer schlechteren Feldhomogenität entspricht. Diese Abweichungen sind im Frequenzbereich oberhalb von 300 MHz jedoch verhältnismäßig gering. Die Ergebnisse für den Fall der zufällig verteilten Rührerstellungen zeigt Abbildung 3.14. Diese bestätigen die Erwartung, dass die Variation der Rührerstellungen auch zu einer deutlichen Variation der Standardabweichung führt. Entgegen den Erwartungen können bei geeigneter Wahl der Rührerstellungen auch Werte erreicht werden, die einer signifikanten Verbesserung der Feldhomogenität gegenüber den als unabhängig bestimmten Rührerstellungen entsprechen.

3.2.9 Erweiterung des Frequenzbereiches bis 5 GHz

Die erste Messung beschränkte sich auf den Frequenzbereich bis 1 GHz und zeigt einen näherungsweise linearen Anstieg für die Anzahl der unabhängigen Rührerstellungen über der Frequenz. Um auch das Verhalten oberhalb von 1 GHz charakterisieren zu können, wurde eine zweite Messung mit einem erweiterten Frequenzbereich von 300 MHz bis 5 GHz und 16 diskreten Frequenzpunkten durchgeführt. Zur Auswertung der Messdaten und Bestimmung der unabhängigen Rührerstellungen wurde Algorithmus 1 und der Korrelationsschwellenwert $r_s = 0.37$ verwendet. Die Ergebnisse in Abbildung 3.15 zeigen, dass die Kurve für die Anzahl der unabhängigen Rührerstellungen nach dem näherungsweise linearen Anstieg im unteren Frequenzbereich oberhalb von 1 GHz abknickt und ein Maximum bzw. einen oberen Grenzwert von $N_\beta \approx 75$ erreicht.

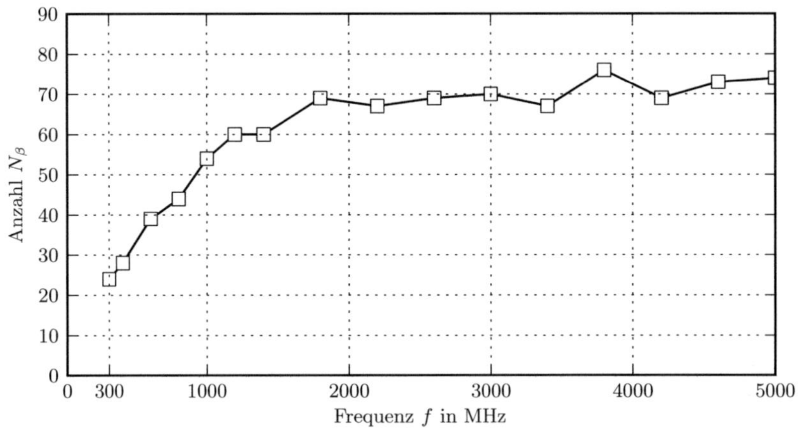

Abbildung 3.15: Anzahl der unabhängigen Rührerstellungen N_β bei Verwendung von Algorithmus 1

3.2.10 Abhängigkeit von der Wahl der Rührernullstellung

Zur Bestimmung der unabhängigen Rührerstellungen aus den Korrelationsmatrizen wurden die in Abschnitt 3.2.4 beschriebenen zwei Algorithmen getestet. Bei Algorithmus 1 wird zunächst eine Rührernullstellung definiert. Basierend auf einer vollständigen Liste aller Rührerstellungen und der gewählten Rührernullstellung α_0 werden anschließend alle Rührerstellungen auf Unabhängigkeit zur Rührernullstellung geprüft und alle abhängigen Rührerstellungen aus der vollständigen Liste der Rührerstellungen gelöscht. Aus der Liste der verbleibenden Rührerstellungen wird anschließend die erste Rührerstellung nach der Nullstellung gewählt und alle folgenden Rührerstellungen auf Unabhängigkeit geprüft. Die abhängigen Rührerstellungen werden erneut aus der Liste entfernt. Dieser Algorithmus wird wiederholt, bis die letzte Rührerstellung der reduzierten Liste erreicht ist. Prinzipiell kann jede Rührerstellung als Nullstellung verwendet und damit der Algorithmus variiert werden. Für die Auswertung der Daten wurde bisher die Rührernullstellung $\alpha_0 = 0°$ verwendet.

Eine Bewertung von Algorithmus 1 erfolgte bereits in Abschnitt 3.2.6. Im Rahmen dieser ersten Bewertung wurde jedoch noch nicht auf die Abhängigkeit der Ergebnisse von der Wahl der Rührernullstellung eingegangen. Das soll an dieser Stelle anhand der Messdaten des erweiterten Frequenzbereiches nachgeholt werden. Zur Untersuchung wurde die Anzahl der unabhängigen Rührerstellungen für jede der 360 möglichen Rührernullstellungen berechnet und anschließend der Mittelwert $\langle N_\beta \rangle$, das Minimum $\lfloor N_\beta \rfloor$ und das Maximum $\lceil N_\beta \rceil$ bestimmt. Die Ergebnisse sind in Abbildung 3.16 dargestellt.

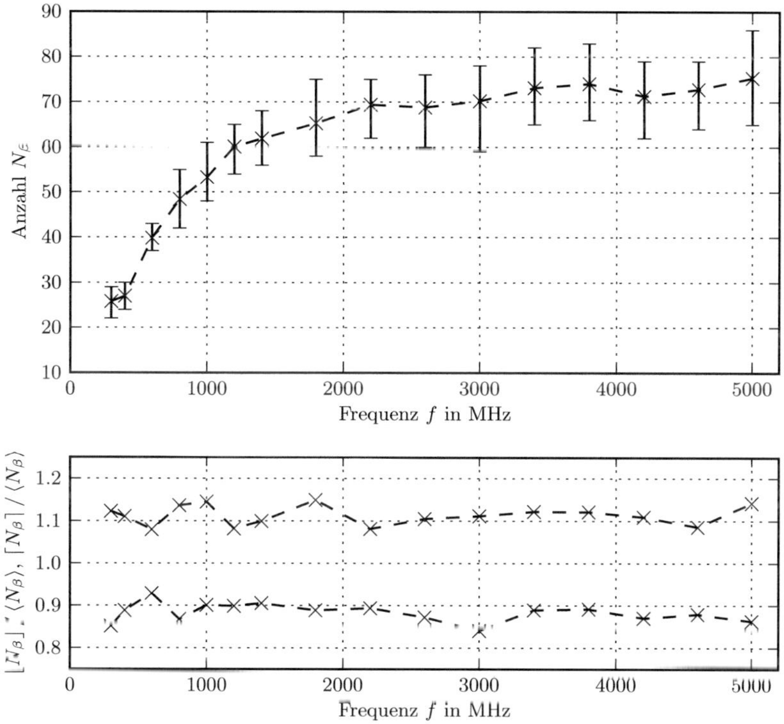

Abbildung 3.16: Anzahl der unabhängigen Rührerstellungen N_β bei Variation der Rührernullstellung von Algorithmus 1, Mittelwert, Minimum und Maximum und das auf den Mittelwert normierte Minimum und Maximum

In Tabelle 3.3 sind weiterhin die Mittelwerte und die Ergebnisse bei Verwendung der Rührernullstellung $\alpha_0 = 0°$ aus Abbildung 3.15 gegenübergestellt.

f in MHz	300	400	600	800	1000	1200	1400	1800
$N_\beta(\alpha_0 = 0°)$	24	28	39	44	54	60	60	69
$\langle N_\beta \rangle_{360}$	25.8	27.0	39.8	48.8	53.3	60.1	61.9	65.3
f in MHz	2200	2600	3000	3400	3800	4200	4600	5000
$N_\beta(\alpha_0 = 0°)$	67	69	70	67	76	69	73	74
$\langle N_\beta \rangle_{360}$	69.4	68.8	70.2	73.1	74.0	71.2	72.8	75.3

Tabelle 3.3: Anzahl der unabhängigen Rührerstellungen N_β bei Verwendung von Algorithmus 1 und Variation der Rührernullstellung

Die Ergebnisse zeigen, dass bei Variation der Rührernullstellung eine entsprechende Variation der Anzahl der unabhängigen Rührerstellungen zu beobachten ist, sich der prinzipielle Verlauf über der Frequenz aber nicht ändert. Anhand der in Abbildung 3.16 dargestellten und auf den jeweiligen Mittelwert bezogenen Minimal- und Maximalwerte kann für deren Schwankung ein Wert von ungefähr ±15% bezogen auf den Mittelwert angeben werden. Berücksichtigt man den geringen Zeitaufwand von Algorithmus 1 bei der Auswertung der Messdaten, werden diese Schwankungen als akzeptabel eingestuft.

3.2.11 Abhängigkeit von der Anzahl der Messpunkte im Prüfvolumen

Die in Abschnitt 3.2 bisher vorgestellten Ergebnisse basieren auf zwei Messungen mit dem in Abschnitt 3.2.1 definierten Prüfvolumen mit $N_o = 27$ Messpunkten und dem bei der Auswertung der Messdaten verwendeten Korrelationsschwellenwert $r_s = 0.37$.

Zur Untersuchung der Abhängigkeit der Anzahl der unabhängigen Rührerstellungen von der Anzahl der Messpunkte wurde ein erweitertes Prüfvolumen mit $N_o = 63$ (21×3) Messpunkten definiert, wobei das ursprüngliche Prüfvolumen entsprechend Abbildung 3.17 erweitert wurde. Der Abstand der Messpunkte beträgt in den Koordinatenrichtungen jeweils 0.5 m. Bei der Erweiterung wurde außerdem darauf geachtet, dass ein Mindestabstand von 0.5 m zu den Wänden, den Antennen und dem Modenrührer eingehalten wird. Die MVK mit dem erweiterten Prüfvolumen und dem Modenrührer zeigt Abbildung 3.17 in der Draufsicht. Die Messpunkte befinden sich in einer Höhe von 1.0 m, 1.5 m und 2.0 m über dem Boden der MVK. Die Positionen der einzelnen Messpunkte sind in Anhang A.5 gegeben.

Da der Zeitaufwand mit der Anzahl der verwendeten Messpunkte steigt, erfolgte die Messung mit dem erweiterten Prüfvolumen im Frequenzbereich von 400 MHz bis 5000 MHz nur mit den in Tabelle 3.4 enthaltenen 8 diskreten Frequenzpunkten.

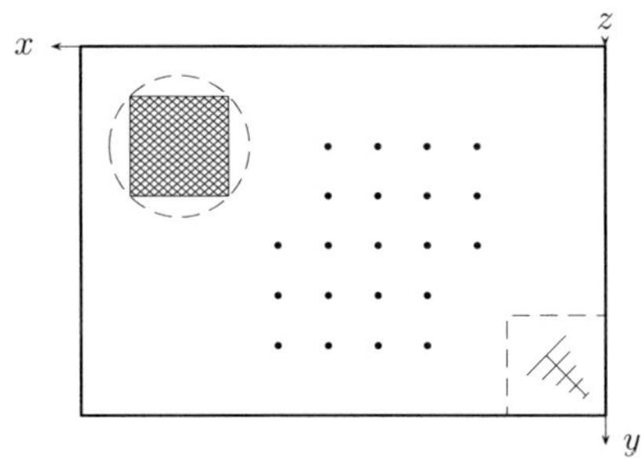

Abbildung 3.17: Modenverwirbelungskammer (mit Modenrührer und Sendeantenne) und dem erweiterten Prüfvolumen mit $N_o = 21 \cdot 3 = 63$ Messpunkten in der Draufsicht

Zur ersten Auswertung wurde Algorithmus 1 und der Korrelationsschwellenwert $r_s = 0.37$ verwendet. Die Ergebnisse der Messungen im erweiterten Prüfvolumen mit $N_o = 63$ Messpunkten und dem Prüfvolumen mit $N_o = 27$ Messpunkten sind zusammen in Tabelle 3.4 und Abbildung 3.18 dargestellt.

f in MHz	400	800	1200	1800	2600	3400	4200	5000
$N_\beta\|_{N_o=27,\,r_s=0.37}$	28	44	60	69	69	67	69	74
$N_\beta\|_{N_o=63,\,r_s=0.37}$	32	77	103	152	153	179	191	190

Tabelle 3.4: Anzahl der unabhängigen Rührerstellungen N_β bei Erweiterung des Prüfvolumens auf $N_o = 63$ Messpunkte und Verwendung von Algorithmus 1

Die Ergebnisse zeigen, dass bei Verwendung des erweiterten Prüfvolumens die Anzahl der als unabhängig bestimmten Rührerstellungen signifikant größer ist, wobei die Abweichung zum Prüfvolumen mit $N_o = 27$ Messpunkten mit der Frequenz zunimmt. Da die Auswertung der Messdaten in beiden Fällen mit dem Korrelationsschwellenwert $r_s = 0.37$ erfolgte, stellte sich die Frage, ob eine Anpassung des Korrelationsschwellenwertes an die Anzahl der verwendeten Messpunkte ähnlich der Anpassung des Korrelationsschwellenwertes an die Anzahl der Rührerstellungen beim Standardverfahren notwendig ist.

3.2.12 Anpassung des Korrelationsschwellenwertes

Bei der Abschätzung der Anzahl der unabhängigen Rührerstellungen mit Hilfe des Standardverfahrens nach DIN EN 61000-4-21 erfolgt eine Anpassung des Korrelationsschwellenwertes r_s an die Anzahl der verwendeten Rührerstellungen N_α. Dies wurde in Abschnitt 3.1.2 sowie Abschnitt 3.1.3.1 bereits beschrieben.

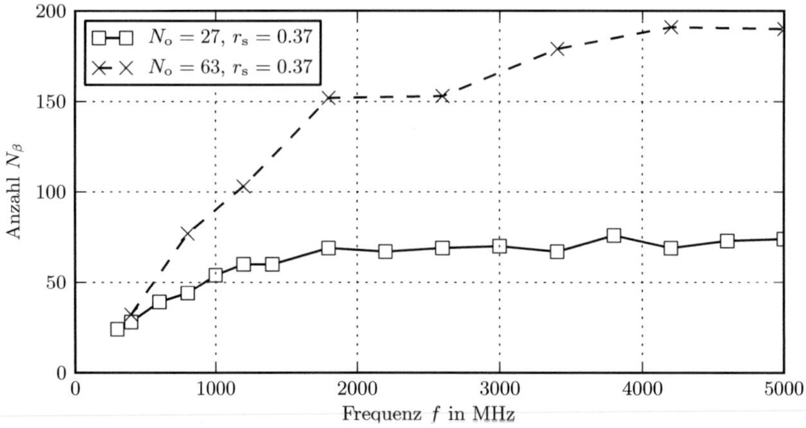

Abbildung 3.18: Anzahl der unabhängigen Rührerstellungen N_β bei Erweiterung des Prüfvolumen auf $N_o = 63$ Messpunkte und Verwendung von Algorithmus 1

Die zur Anpassung des Korrelationsschwellenwertes abgeleitete Gleichung 3.4 auf Seite 85 basiert auf dem Autokorrelationskoeffizienten, ist für eine Anzahl von Rührerstellungen größer gleich 100 gültig und liefert einen mit der Anzahl der Rührerstellungen steigenden Korrelationsschwellenwert.

Das Allgemeine Verfahren verwendet hingegen den Pearson-Korrelationskoeffizienten und erfordert einen mit der Anzahl der verwendeten Messpunkte fallenden Korrelationsschwellenwert, was bereits zeigt, dass die für das Standardverfahren verwendete Anpassung des Korrelationsschwellenwertes nicht für das Allgemeine Verfahren übernommen werden kann. Die Ergebnisse in Abbildung 3.19 für die Korrelationsschwellenwerte $r_s(N_\alpha \approx N_o = 27) \approx 0.05$ und $r_s(N_\alpha \approx N_o = 63) \approx 0.18$ bestätigen dies.

Zur weiterführenden Untersuchung wurde der Korrelationsschwellenwert zur Auswertung der Messung mit $N_o = 63$ Messpunkten so angepasst, dass die Ergebnisse eine gute Übereinstimmung zum Prüfvolumen mit $N_o = 27$ Messpunkten und dem für die Auswertung verwendeten Korrelationsschwellenwert $r_s(N_o = 27) = 0.37$ zeigten. Wie die Ergebnisse in Abbildung 3.20 und Tabelle 3.5 zeigen, ergibt sich für den Korrelationsschwellenwert $r_s(N_o = 63) \approx 0.27$ diese gute Übereinstimmung für die Anzahl der unabhängigen Rührerstellungen.

Allgemein kann in der Statistik die Signifikanz eines Korrelationskoeffizienten geprüft werden, indem der Korrelationskoeffizient mit einem kritischen Wert r_{krit}, der von der Anzahl der Freiheitsgrade N_{df} und der Irrtumswahrscheinlichkeit α abhängig ist, verglichen wird [31, 32]. Ist der Betrag des Korrelationskoeffizienten kleiner als oder gleich dem kritischen Wert, dann wird dieser als nicht signifikant verschieden von Null betrachtet.

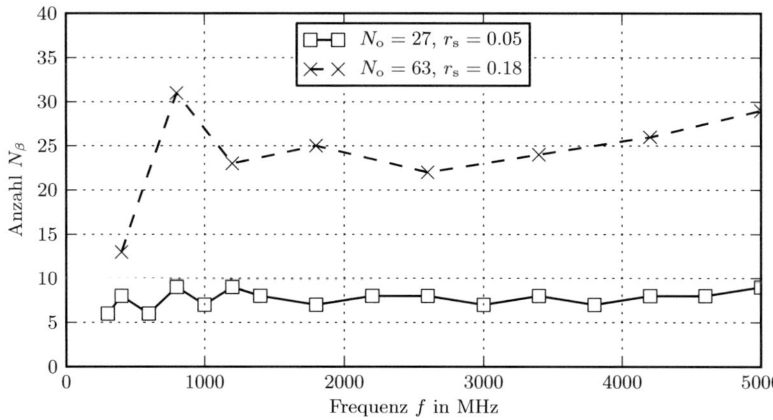

Abbildung 3.19: Anzahl der unabhängigen Rührerstellungen N_β für die Prüfvolumen mit $N_o = 27$ und $N_o = 63$ Messpunkten und Anpassung des Korrelationsschwellenwertes in Anlehnung an das Standardverfahren

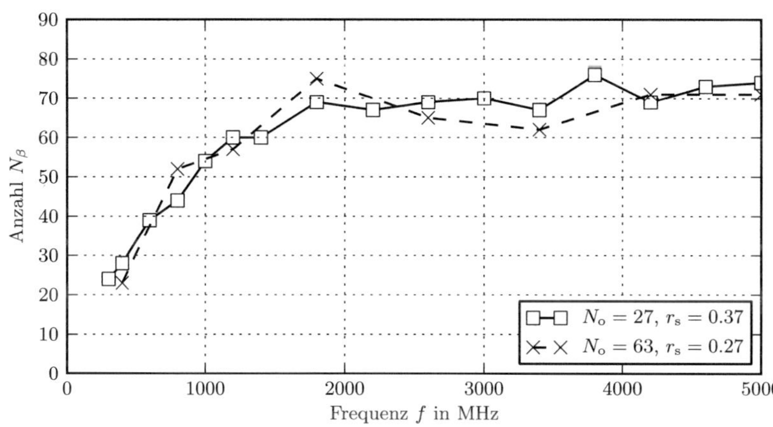

Abbildung 3.20: Anzahl der unabhängigen Rührerstellungen N_β bei Anpassung des Korrelationsschwellenwertes

f in MHz	400	800	1200	1800	2600	3400	4200	5000
$N_\beta\|_{N_o=27,\, r_s=0.37}$	28	44	60	69	69	67	69	74
$N_\beta\|_{N_o=63,\, r_s=0.27}$	23	52	57	75	65	62	71	71

Tabelle 3.5: Anzahl der unabhängigen Rührerstellungen N_β bei Anpassung des Korrelationsschwellenwertes

Entsprechend wird ein Korrelationskoeffizient, dessen Betrag größer als der kritische Wert ist, als signifikant verschieden von Null betrachtet. In diesem Fall gelten die zugrunde liegenden Verteilungen als korreliert. Die kritischen Werte sind in Tabellenform zum Beispiel in [31, 32, 33] enthalten. Ein Auszug der hier verwendeten Werte ist in Tabelle 3.6 gegeben.

N_{df}	20	25	30	40	60	80	100	120
$r_{\mathrm{krit}}\ (\alpha = 5\,\%)$	0.42	0.38	0.35	0.30	0.25	0.22	0.19	0.18
$r_{\mathrm{krit}}\ (\alpha = 1\,\%)$	0.53	0.49	0.45	0.39	0.33	0.28	0.25	0.23

Tabelle 3.6: Prüfung von Korrelationskoeffizienten auf Signifikanz, kritische Werte für die Irrtumswahrscheinlichkeiten $\alpha = 5\,\%$ und $\alpha = 1\,\%$ und verschiedene Freiheitsgrade N_{df}

Dieser allgemeine Ansatz aus der Statistik wird für das Allgemeine Verfahren übernommen. Im Unterschied zur Theorie und analog zur bisherigen Verwendung von Algorithmus 1 werden die Feldverteilungen zweier Rührerstellungen als unkorreliert und damit die Rührerstellungen als unabhängig betrachtet, wenn deren Korrelationskoeffizient r_{ij} kleiner als der verwendete Korrelationsschwellenwert $r_{\mathrm{s}} = r_{\mathrm{krit}}(N_{\mathrm{df}}, \alpha)$ ist, d. h. $-1 \leq r_{ij} < r_{\mathrm{s}}$ gilt. Das bedeutet, zwei Rührerstellungen werden auch als unabhängig betrachtet, wenn deren Feldverteilungen einen Korrelationsschwellenwert $-1 \leq r_{ij} < -r_{\mathrm{s}}$ liefern. Dieser Ansatz wurde bereits in Abschnitt 3.2.3 erläutert. In diesem Zusammenhang sei zusätzlich auf die in Abbildung 3.7 bereits dargestellten Häufigkeitsverteilungen des Korrelationskoeffizienten verwiesen, die zeigen, dass die praktisch vorkommende Häufigkeit von Korrelationskoeffizienten $-1 \leq r_{ij} < -r_{\mathrm{s}}$ sehr gering ist.

Basierend auf dem hier vorgestellten Ansatz zur Anpassung des Korrelationsschwellenwertes können die für Abbildung 3.20 verwendeten Korrelationsschwellenwerte mit den kritischen Werten aus Tabelle 3.6 verglichen werden. Für eine Irrtumswahrscheinlichkeit $\alpha = 5\,\%$ und die Freiheitsgrade $N_{\mathrm{df}} = N_{\mathrm{o}} - 2$ können der Tabelle die Werte $r_{\mathrm{krit}}(N_{\mathrm{df}} = 25) = 0.38$ und $r_{\mathrm{krit}}(N_{\mathrm{df}} = 61) \approx 0.25$ entnommen werden. Diese Werte zeigen eine gute Übereinstimmung mit den für Abbildung 3.20 verwendeten Schwellenwerten $r_{\mathrm{s}}(N_{\mathrm{o}} = 27) = 0.37$ und $r_{\mathrm{s}}(N_{\mathrm{o}} = 63) \approx 0.27$.

Die bisherigen Untersuchungen zeigen, dass die beschriebene Anpassung des Korrelationsschwellenwertes mit Hilfe des kritischen Wertes für das Allgemeine Verfahren sinnvoll erscheint. Die Ergebnisse in Abbildung 3.21 für die Irrtumswahrscheinlichkeit $\alpha = 1\,\%$ unterstützen diesen Ansatz, auch wenn sich die beste Übereinstimmung für die Anzahl der unabhängigen Rührerstellungen für $r_{\mathrm{s}} \approx 0.37$ statt für $r_{\mathrm{s}}(N_{\mathrm{o}} = 63, \alpha = 1\,\%) \approx 0.33$ ergab.

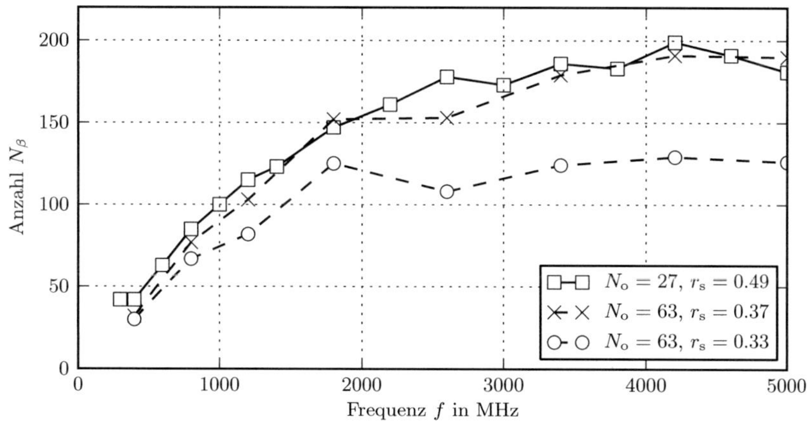

Abbildung 3.21: Anzahl der unabhängigen Rührerstellungen N_β bei Anpassung des Korrelationsschwellenwertes, Vergleich der Ergebnisse für die Irrtumswahrscheinlichkeit $\alpha = 1\,\%$

Ein großer Vorteil des vorgestellten Ansatzes zur Anpassung der Korrelationsschwellenwertes an die Anzahl der verwendeten Messpunkte ist, dass die kritischen Werte bekannt sind und für die benötigte Irrtumswahrscheinlichkeit einfach zur Verfügung gestellt werden können.

3.2.13 Zusammenfassung

Das vorgestellte Allgemeine Verfahren ist ein neues Verfahren zur Bestimmung der Anzahl und der Verteilung der unabhängigen Rührerstellungen. Zur Anwendung des Verfahrens wird zunächst ein Prüfvolumen mit N_o Ortspunkten definiert und anschließend im definierten Frequenzbereich mit N_f diskreten Frequenzen die räumliche Feldverteilung in Abhängigkeit der Rührerstellung aufgenommen. Dabei wird der Modenrührer im Schrittbetrieb verwendet und eine volle Drehung des Rührers durch N_α gleichmäßig verteilte Rührerstellungen abgebildet. Basierend auf den aufgenommenen Messdaten werden mit Hilfe des Pearson-Korrelationskoeffizienten für jede Frequenz die Feldverteilungen der Rührerstellungen auf lineare Korrelation geprüft und die berechneten Korrelationskoeffizienten in entsprechenden Korrelationsmatrizen gespeichert. Paare von Rührerstellungen, deren Feldverteilungen einen Korrelationskoeffizient kleiner als der gewählte Korrelationsschwellenwert liefern, werden als Paare unabhängiger Rührerstellungen bezeichnet. Aus den Korrelationsmatrizen können mit Hilfe geeigneter Algorithmen anschließend für jede Frequenz Gruppen bzw. sogenannte Cliquen unabhängiger Rührerstellungen bestimmt werden. Damit liefert das Allgemeine Verfahren eine Aussage zur Anzahl und der Verteilung der unabhängigen Rührerstellungen.

Wie bereits diskutiert hat das Allgemeine Verfahren den Vorteil, dass neben der Anzahl der unabhängigen Rührerstellungen auch deren Verteilung bestimmt wird. Ein bisher noch nicht diskutierter, jedoch praxisrelevanter Punkt ist, dass die Verteilung der unabhängigen Rührerstellungen bei jeder Frequenz unterschiedlich ist. Für die Anwendung, das heißt für die Erzeugung eines möglichst homogenen Prüffeldes im Prüfvolumen der MVK, wäre es jedoch von Vorteil, einen bestimmten Satz von Rührerstellungen verwenden zu können, der für höhere Frequenzen nur reduziert wird. Die durchgeführten Untersuchungen zur Homogenität des Prüffeldes weisen jedoch darauf hin, dass bei äquidistanter Verteilung der als unabhängig bestimmten Anzahl von Rührerstellungen die Feldhomogenität nur unwesentlich schlechter ist. Das heißt, für die Praxis könnte ausgehend von den Ergebnissen des Allgemeinen Verfahrens ein entsprechend angepasster Satz von Rührerstellungen abgeleitet und verwendet werden.

3.3 Standardverfahren nach DIN EN 61000-4-21

DIN EN 61000-4-21 [1] beschreibt ein Verfahren zur Abschätzung der Anzahl der unabhängigen Rührerstellungen. Eine Einführung zum Standardverfahren sowie einen ersten allgemeinen Vergleich zum Allgemeinen Verfahren gab Abschnitt 3.1.2.

3.3.1 Anzahl der unabhängigen Rührerstellungen

Um einen direkten Vergleich der Verfahren zu ermöglichen, wurde das Standardverfahren auf die Messdaten des Allgemeinen Verfahrens angewendet, d. h. für jeden der $N_\mathrm{o} = 27$ Messpunkte wurde der Autokorrelationskoeffizient für die Rührernullstellung $\alpha_0 = 0°$ berechnet und die Anzahl der unabhängigen Rührerstellungen für einen Korrelationsschwellenwert von $r_\mathrm{s} = 0.37$ abgeschätzt.

Das Diagramm in Abbildung 3.22 zeigt die Ergebnisse für den Mittelpunkt des Prüfvolumens sowie das Minimum, den Mittelwert und das Maximum für die verwendeten 27 Messpunkte. Allgemein zeigen die Ergebnisse eine starke Abhängigkeit vom Ortspunkt im Prüfvolumen. Für den Mittelwert ergibt sich im Frequenzbereich von 200 MHz bis 1000 MHz jedoch ein näherungsweise linearer Anstieg für die Anzahl der unabhängigen Rührerstellungen über der Frequenz.

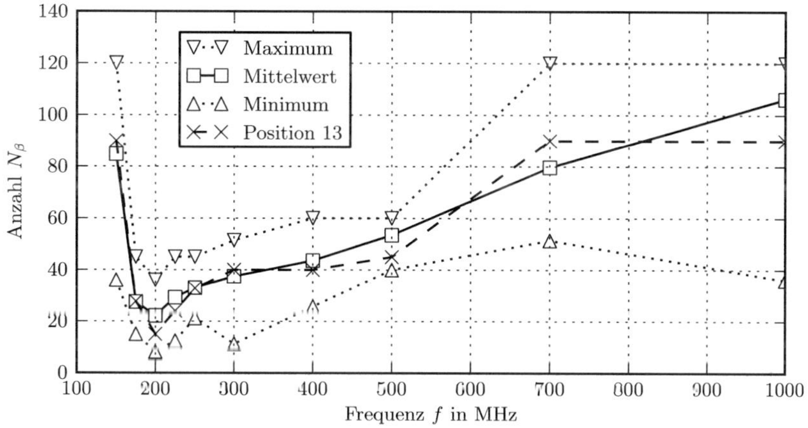

Abbildung 3.22: Anzahl der unabhängigen Rührerstellungen für das Standardverfahren; Minimum, Mittelwert und Maximum für $N_\mathrm{o} = 27$ (150 MHz bis 1000 MHz)

Für einen direkten Vergleich ist die mittlere Anzahl von unabhängigen Rührerstellungen in Abbildung 3.23 zusammen mit den Ergebnissen des Allgemeinen Verfahrens dargestellt.

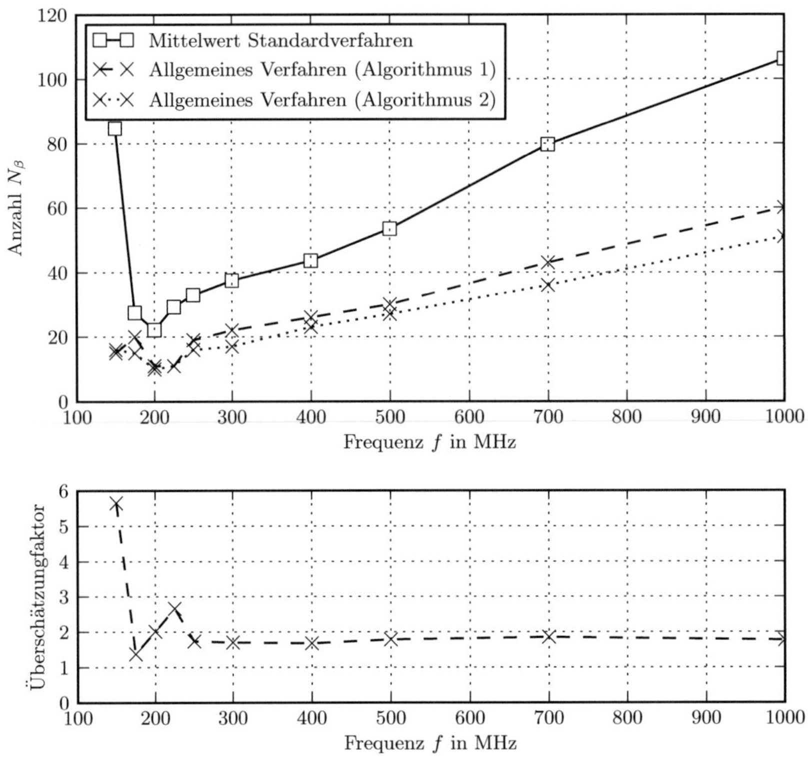

Abbildung 3.23: Anzahl der unabhängigen Rührerstellungen, Vergleich der Ergebnisse des Allgemeinen Verfahrens und des Standardverfahrens (150 MHz bis 1000 MHz), Überschätzungsfaktor bezogen auf das Allgemeine Verfahren (Algorithmus 1)

Der Vergleich zeigt, dass das Standardverfahren im Mittel zu einer signifikant höheren Anzahl von unabhängigen Rührerstellungen, das heißt einer Überschätzung führt. Für den Mittelwert über 27 Messpunkte kann für den Frequenzbereich von 250 MHz bis 1000 MHz ein Überschätzungsfaktor von ungefähr 1.8 angegeben werden.

Abgesehen von der Überschätzung zeigen beide Verfahren einen näherungsweise linearen Anstieg im Frequenzbereich von 250 MHz bis 1000 MHz. Eine deutliche Abweichung ist jedoch für tiefe Frequenzen zu erkennen, wo das Standardverfahren bei 150 MHz eine unerwartet hohe Anzahl von unabhängigen Rührerstellungen liefert.

Zur Untersuchung dieses Verhaltens wurde in Abbildung 3.24 für jeden der $N_\text{o} = 27$ Messpunkte die gemessene Feldstärke E in Abhängigkeit der Rührerstellungen α dargestellt. Für 150 MHz zeigen die Kurven eine ähnliche Abhängigkeit von der Rührerstellung. Das bedeutet, dass die Feldverteilungen eine hohe Korrelation aufweisen und die Anzahl der unabhängigen Rührerstellungen entsprechend gering sein sollte. Aufgrund der schmalen Bereiche, in denen höhere Feldstärkewerte erreicht werden, ergeben sich bei Verwendung des Autokorrelationskoeffizienten jedoch deutlich geringere Korrelationskoeffizienten, die dann zu falschen Ergebnissen bei der Abschätzung der unabhängigen Rührerstellungen führen.

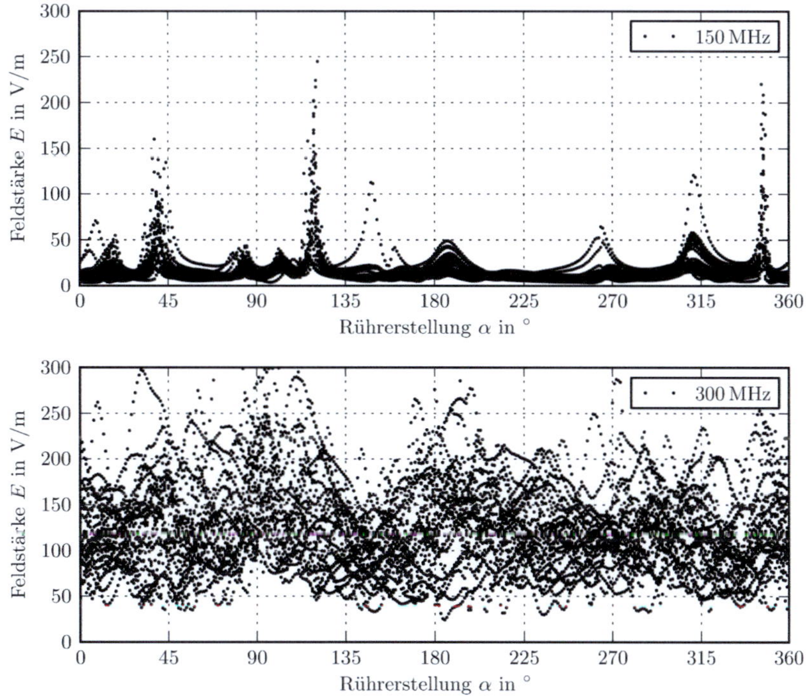

Abbildung 3.24: Verlauf der elektrischen Feldstärke in Abhängigkeit der Rührerstellungen für alle $N_o = 27$ Messpunkte

Ein entsprechender Überschätzungsfaktor für die Anzahl der unabhängigen Rührerstellungen bei Verwendung des Standardverfahrens wurde bereits von Magdowski und Vick in [34] dokumentiert, wo sie eine Methode zur Simulation korrelierter Randbedingungen und deren Analyse bezüglich der Autokorrelationsfunktion in einer Modenverwirbelungskammer vorstellen. Die Ergebnisse der Simulationen zeigen, dass die mit Hilfe des Standardverfahrens abgeschätzte Anzahl der unabhängigen Rührerstellungen ungefähr zweieinhalbmal höher ist als die Anzahl, die als Startparameter für die Simulation verwendet wurde.

Für die Messung im erweiterten Frequenzbereich von 300 MHz bis 5000 MHz mit $N_o = 27$ Ortspunkten und einem Korrelationsschwellenwert $r_s = 0{,}37$ ergaben sich für das Standardverfahren die in Abbildung 3.25 dargestellten Werte für die Anzahl der unabhängigen Rührerstellungen. Der Vergleich mit den Ergebnissen des Allgemeinen Verfahrens zeigt, dass die Anzahl der unabhängigen Rührerstellungen mit der Frequenz ansteigt bis die Anzahl der verwendeten Rührerstellungen $N_\beta = N_\alpha = 360$ erreicht wird, während beim Allgemeinen

Verfahren die Kurve oberhalb von 1 GHz abknickt und sich ein oberer Grenzwert von ungefähr $N_\beta \approx 75$ ergibt. Damit liefert das Standardverfahren oberhalb von 1 GHz bezogen auf das Allgemeine Verfahren eine mit der Frequenz steigende Überschätzung für die Anzahl der unabhängigen Rührerstellungen.

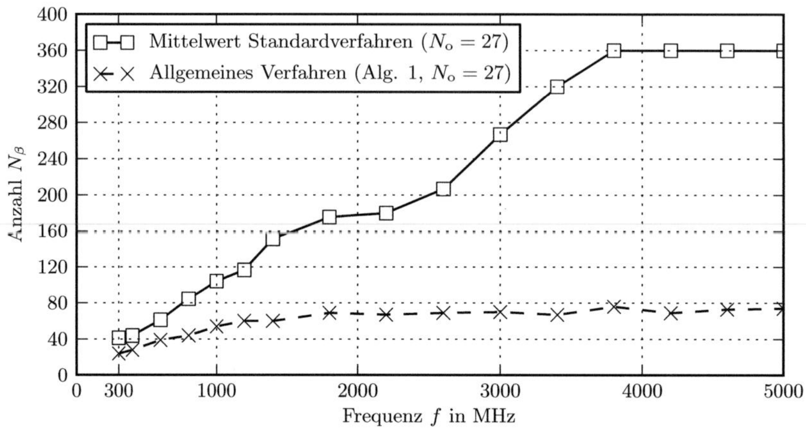

Abbildung 3.25: Anzahl der unabhängigen Rührerstellungen, Vergleich der Ergebnisse des Allgemeinen Verfahrens und des Standardverfahrens bei Verwendung des Prüfvolumens mit $N_o = 27$ Ortspunkten (300 MHz bis 5000 MHz)

In Abbildung 3.26 sind zusätzlich die Ergebnisse des Standardverfahrens und des Allgemeinen Verfahrens für das erweiterte Prüfvolumen mit $N_o = 63$ Ortspunkten und dem Frequenzbereich von 400 MHz bis 5000 MHz dargestellt. Eine Übersicht zu den Ergebnissen des Standardverfahrens und des Allgemeinen Verfahrens bei Verwendung der Prüfvolumen mit $N_o = 27$ und $N_o = 63$ Ortspunkten ist in Tabelle 3.7 gegeben.

Wie erwartet ist beim Standardverfahren die mittlere Anzahl von unabhängigen Rührerstellungen bei Verwendung von $N_o = 27$ und $N_o = 63$ Ortspunkten näherungsweise gleich groß. Ein Vergleich der Ergebnisse für das erweiterte Prüfvolumen mit $N_o = 63$ Ortspunkten zeigt, dass die Anzahl der unabhängigen Rührerstellungen bis ungefähr 2 GHz noch annähernd gleich ist und es bezogen auf die Ergebnisse des Allgemeinen Verfahrens erst im Frequenzbereich oberhalb von 2 GHz zu einer deutlichen Überschätzung durch das Standardverfahren kommt. Daraus leitet sich die Fragestellung ab, ob sich die Ergebnisse des Allgemeinen Verfahrens bei Vergrößerung der Anzahl der Ortspunkte weiter an den Mittelwert der aus dem Standardverfahren gewonnen Anzahl unabhängiger Rührerstellungen annähern würde. Eine weiterführende Untersuchung wäre wünschenswert, wurde im Rahmen der vorliegenden Arbeit jedoch nicht durchgeführt.

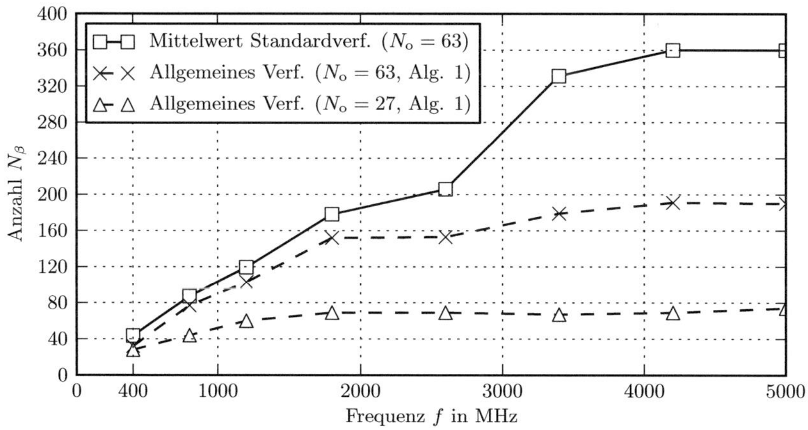

Abbildung 3.26: Anzahl der unabhängigen Rührerstellungen N_β, Vergleich der Ergebnisse des Allgemeinen Verfahrens und des Standardverfahrens bei Verwendung des erweiterten Prüfvolumens mit $N_o = 63$ Ortspunkten (400 MHz bis 5000 MHz)

Standardverfahren								
f in MHz	400	800	1200	1800	2600	3400	4200	5000
$\langle N_\beta \rangle_{N_o=27, r_s=0.37}$	43.9	84.7	116.7	175.6	206.7	320.0	360	360
$\langle N_\beta \rangle_{N_o=63, r_s=0.37}$	43.5	87.1	119.5	178.1	205.7	331.4	360	360
Allgemeines Verfahren								
f in MHz	400	800	1200	1800	2600	3400	4200	5000
$N_\beta\|_{N_o=27, r_s=0.37}$	28	44	60	69	69	67	69	74
$N_\beta\|_{N_o=63, r_s=0.37}$	32	77	103	152	153	179	191	190

Tabelle 3.7: Anzahl der unabhängigen Rührerstellungen N_β, Vergleich der Ergebnisse des Allgemeinen Verfahrens und des Standardverfahrens bei Verwendung der Prüfvolumen mit $N_o = 27$ und $N_o = 63$ Ortspunkten (400 MHz bis 5000 MHz)

Bei der Auswertung der Ergebnisse ergab sich weiterhin die Fragestellung, ob die Anwendung des Standardverfahrens im hohen Frequenzbereich überhaupt sinnvoll ist. Bei Auflösung einer vollen Rührerstellung durch $N_\alpha = 360$ äquidistante Rührerstellungen beträgt die Schrittweite 1°. Fällt bei hohen Frequenzen der Autokorrelationskoeffizient (ACC) sehr schnell unter den Korrelationsschwellenwert von 0.37, z. B. bereits bei $\Delta\alpha = 6°, 5°, 4°, 3°, 2°, 1°$, dann ergibt sich für die daraus resultierende Anzahl der unabhängigen Rührerstellungen entsprechend $N_\beta = 60, 72, 90, 120, 180, 360$. Das heißt, da die Auflösung des Rührers begrenzt ist, ergeben sich bei entsprechendem Abfall des ACC nur diese speziellen diskreten Werte, Zwischenwerte sind nicht bzw. wären nur mit einer Erweiterung des Verfahrens möglich.

Außerdem stellt sich die Frage, wie gut die Ergebnisse des Standardverfahrens im hohen Frequenzbereich die Realität abbilden, d. h. ob die erhaltenen Werte eine ausreichend gute Abschätzung für die tatsächliche Anzahl der unabhängigen Rührerstellungen liefern oder ob sich aufgrund der Art der Abschätzung eine signifikante Überschätzung ergibt. Es ist zu erkennen, dass weiterführende Untersuchungen zur Beantwortung dieser Fragen notwendig sind. Die in den nächsten Abschnitten folgenden Untersuchungen konzentrieren sich zunächst auf den unteren Frequenzbereich bis 1 GHz.

3.3.2 Verteilung der unabhängigen Rührerstellungen

Wie bereits erläutert liefert das Standardverfahren eine Abschätzung für die Anzahl der unabhängigen Rührerstellungen und nimmt an, dass diese äquidistant über eine volle Rührerdrehung verteilt sind. Mit Hilfe des Datensatzes des Allgemeinen Verfahrens konnte das Standardverfahren für jeden der 27 Messpunkte angewendet werden und somit für jede Frequenz der in Tabelle 3.8 enthaltene Mittelwert $\langle N_\beta \rangle_{N_o=27}$ für die geschätzte Anzahl der unabhängigen Rührerstellungen angegeben werden.

f in MHz	150	175	200	225	250	300	400	500	700	1000
$\langle N_\beta \rangle_{N_o=27}$	84.8	27.5	22.1	29.3	33.0	37.5	43.6	53.5	79.7	106.2
$\Delta\alpha$ in °	–	–	16	12	11	10	8	7	5	4
N_β	–	–	22	30	33	36	45	52	72	90

Tabelle 3.8: Anzahl und Verteilung der unabhängigen Rührerstellungen N_β aus dem Standardverfahren

Aus dem Mittelwert $\langle N_\beta \rangle_{N_o=27}$ wurde anschließend die Verteilung der Rührerstellungen durch die entsprechende Wahl des Abstandes benachbarter Rührerstellungen $\Delta\alpha$ festgelegt, wobei auf ganzzahlige Werte gerundet wurde. Damit ergab sich die Anzahl von äquidistanten Rührerstellungen N_β, die für die weiteren Untersuchung verwendet wurde.

Das Standardverfahren geht davon aus, dass die äquidistanten Rührerstellungen näherungsweise als unabhängige Rührerstellungen betrachtet werden können. Zur ersten Bewertung dieser Annahme wurden die äquidistanten Rührerstellungen für ausgewählte Frequenzen mit Hilfe des in Abschnitt 3.2.4 beschriebenen Maximum-Clique-Algorithmus auf tatsächlich unabhängige Rührerstellungen untersucht. Die Größe der erhaltenen maximalen Cliquen N_β^{mca} zeigt Tabelle 3.9.

f in MHz	200	250	300	400	500	700
N_β	22	33	36	45	52	72
N_β^{mca}	8	15	16	18	27	37

Tabelle 3.9: Anwendung des Maximum-Clique-Algorithmus auf die äquidistanten Rührerstellungen N_β des Standardverfahrens

Es ist zu erkennen, dass die Größe der maximalen Cliquen deutlich geringer als die Anzahl der äquidistanten Rührerstellungen ist. Zur weiteren Bewertung wurden für den nächsten Abschnitt deshalb deren Korrelationskoeffizienten berechnet.

3.3.3 Korrelationskoeffizienten der unabhängigen Rührerstellungen

Die Feldverteilungen der äquidistanten Rührerstellungen können unter Verwendung des Datensatzes des Allgemeinen Verfahrens und des Pearson-Korrelationskoeffizienten auf lineare Korrelation untersucht werden. Damit kann für jede Frequenz die Häufigkeitsverteilung der Korrelationskoeffizienten angegeben werden. Abbildung 3.27 zeigt dies am Beispiel ausgewählter Frequenzen. Anhand der Diagramme ist zu erkennen, dass die zugehörigen Feldverteilungen der äquidistanten Rührerstellungen nicht für jedes Paar zweier Rührerstellungen einen Korrelationskoeffizienten $r_{ij} < 0.37$ liefern und die Bedingung für deren Unabhängigkeit somit nicht immer erfüllt ist. Der Anteil der abhängigen Rührerstellungen sinkt jedoch mit steigender Frequenz und liegt bei 300 MHz bereits bei ungefähr 10 % bis 15 %.

Die Unabhängigkeit der Rührerstellungen, das heißt die Untersuchung der entsprechenden Feldverteilungen auf lineare Korrelation, dient jedoch nur als erster Schritt zur Bewertung der Rührerstellungen. Entscheidend für die Störfestigkeitsmessung in der Modenverwirbelungskammer ist die Homogenität des Prüffeldes, die sich aus den Feldverteilungen der als unabhängig bestimmten Rührerstellungen ergibt. Im nächsten Schritt soll deshalb die Feldhomogenität betrachtet werden.

3.3.4 Homogenität des Prüffeldes

Zur Bewertung der Feldhomogenität der mit dem Standardverfahren bestimmten äquidistanten und als unabhängig angenommenen Rührerstellungen wurde die Standardabweichung für die Maxima der elektrischen Feldstärke an den $N_\text{o} = 27$ Ortspunkten und den diskreten Frequenzpunkten im Bereich von 200 MHz bis 1000 MHz berechnet und in Abbildung 3.28 zusammen mit den Ergebnissen des Allgemeinen Verfahrens dargestellt.

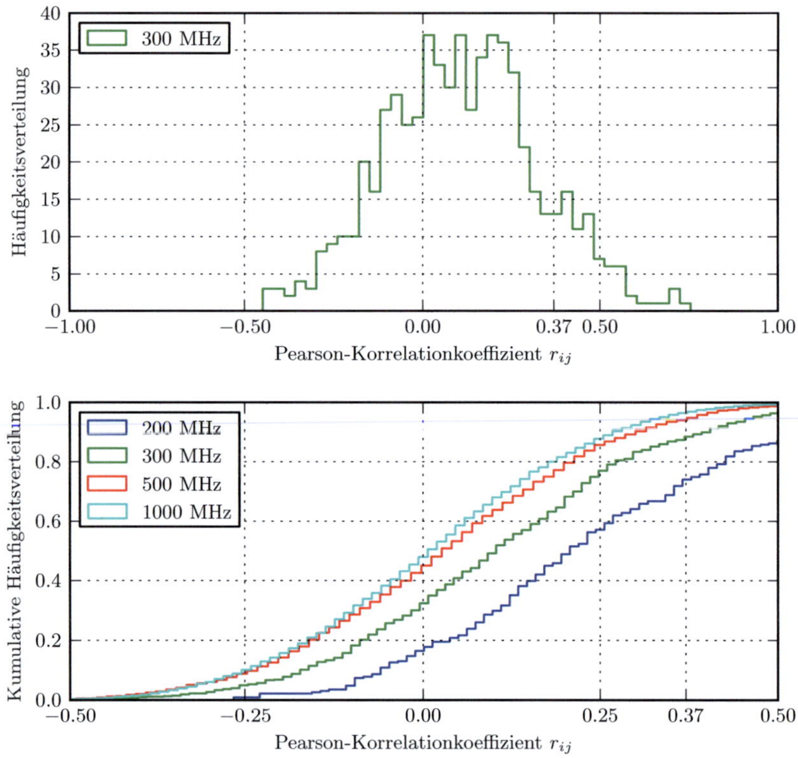

Abbildung 3.27: Häufigkeitsverteilung der Korrelationskoeffizienten der äquidistanten Rührerstellungen des Standardverfahrens

Ein Vergleich der Ergebnisse zeigt, dass die resultierenden Feldhomogenitäten der unabhängigen Rührerstellungen des Allgemeinen Verfahrens und der äquidistanten Rührerstellungen des Standardverfahrens einen gleichen Verlauf zeigen und abgesehen von kleinen Abweichungen näherungsweise gleich groß sind. Dabei ist jedoch zu berücksichtigen, dass die zugrunde liegende Anzahl von Rührerstellungen beim Standardverfahren im betrachteten Frequenzbereich ungefähr doppelt so groß ist wie beim Allgemeinen Verfahren. Das heißt, bei Verwendung des Standardverfahrens ergibt sich bei gleicher Feldhomogenität ein entsprechender Mehraufwand für die Messung.

Weiterhin wurde untersucht, welche Feldhomogenitäten sich bei beliebiger Verteilung aber gleicher Anzahl der Rührerstellungen ergeben. In Abbildung 3.29 sind dafür das Maximum, der Mittelwert und das Minimum der Standardabweichung der elektrischen Feldstärke bei zufälliger Verteilung der Rührerstellungen und für 10 000 Versuche aufgetragen. Aus den Ergebnissen kann gefolgert werden, dass im Vergleich zu den äquidistanten Rührerstellungen des Standardverfahrens die Feldhomogenität noch signifikant verbessert werden kann, wenn

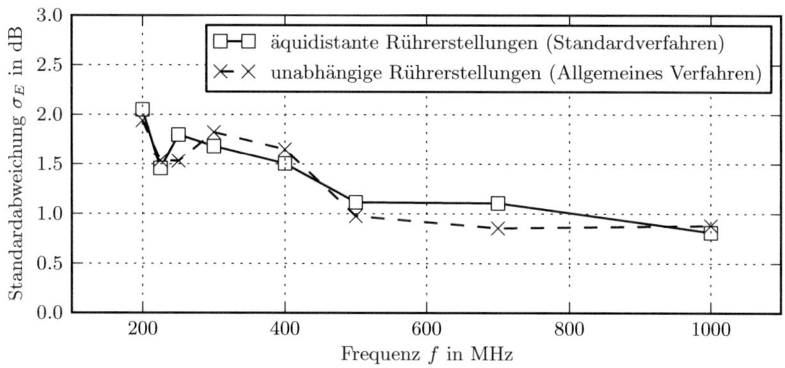

Abbildung 3.28: Feldhomogenität, Vergleich Allgemeines Verfahren und Standardverfahren

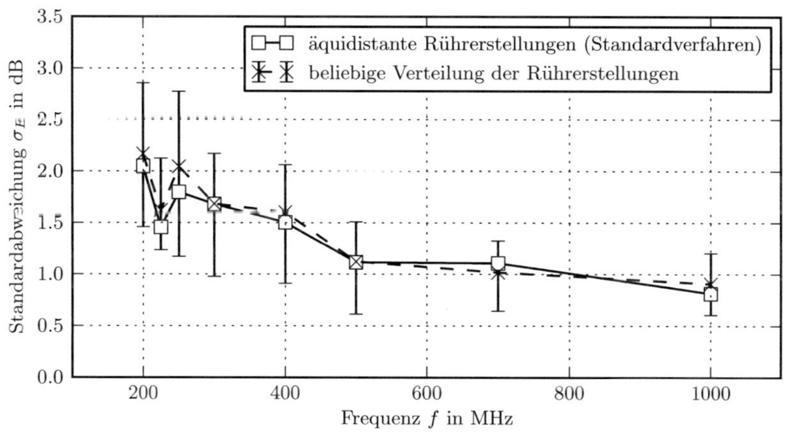

Abbildung 3.29: Minimum, Mittelwert und Maximum der Feldhomogenität bei beliebiger (zufälliger) Verteilung aber gleicher Anzahl der Rührerstellungen und insgesamt 10 000 Versuchen

bei gleicher Anzahl der Rührerstellungen deren Verteilungen entsprechend verändert wird. Eine weiterführende Untersuchung zu diesen Verteilungen fand im Rahmen dieser Arbeit jedoch nicht statt.

3.3.5 Zusammenfassung

In DIN EN 61000-4-21 [1] wird ein Verfahren zur Bestimmung der Anzahl der unabhängigen Rührerstellungen beschrieben. Dieses Standardverfahren verwendet einen einzigen Ortspunkt und liefert unter Verwendung des Autokorrelationskoeffizienten eine Abschätzung für die Anzahl der unabhängigen Rührerstellungen jedoch keine Informationen zur Verteilung der

Rührerstellungen. Das Verfahren nimmt deshalb an, dass die Rührerstellungen äquidistant (gleichmäßig) über eine volle Drehung des Rührers verteilt sind.

Die Untersuchungen zeigen, dass die Anzahl der als unabhängig bestimmten Rührerstellungen in Abhängigkeit vom gewählten Ortspunkt stark variiert und im Frequenzbereich von 250 GHz bis 1000 GHz der Mittelwert über 27 Ortspunkte gegenüber dem Allgemeinen Verfahren eine um den Faktor 1.8 höhere Anzahl liefert. Diese Überschätzung gegenüber dem Allgemeinen Verfahren wird mit steigender Frequenz noch größer.

Weiterhin konnte festgestellt werden, dass das Standardverfahren im unteren Frequenzbereich, in dem die Feldverteilungen in der MVK eine hohe Korrelation aufweisen, eine unerwartet hohe Anzahl unabhängiger Rührerstellungen liefern kann, welche jedoch der Methodik (Verwendung des Autokorrelationskoeffizienten) geschuldet und real nicht vorhanden ist.

Die Untersuchungen zur Homogenität des Feldes im Prüfvolumen der MVK zeigen, dass die äquidistanten Rührerstellungen des Standardverfahrens und die unabhängigen Rührerstellungen des Allgemeinen Verfahrens eine ähnlich gute Feldhomogenität liefern, wobei die zugrunde liegende Anzahl von Rührerstellungen beim Standardverfahren ungefähr doppelt so groß ist wie beim Allgemeinen Verfahren. Das heißt, bei Verwendung der Rührerstellungen des Standardverfahrens ergibt sich bei annähernd gleicher Feldhomogenität ein entsprechender Mehraufwand für die Messung.

Wie bereits beim Allgemeinen Verfahren konnte weiterhin festgestellt werden, dass bei gleicher Anzahl aber zufälliger Auswahl der Rührerstellungen die Feldhomogenität im Mittel nur gering von den Werten der äquidistanten Rührerstellungen des Standardverfahrens abweicht, aber bei entsprechender Wahl der Rührerstellungen die Feldhomogenität noch signifikant verbessert werden kann. Dies stellt einen sehr interessanten Anknüpfungspunkt für weiterführende Untersuchungen dar.

Weiterhin könnte untersucht werden, ob der Korrelationskoeffizient beim Standardverfahren so angepasst werden kann, das sich eine gute Übereinstimmung zum Allgemeinen Verfahren und der dort beschrieben Anpassung des Korrelationsschwellenwertes an die Anzahl der verwendeten Ortspunkte ergibt.

3.4 Frequenzintervallverfahren

Neben dem Standardverfahren und dem vorgestellten Allgemeinen Verfahren werden in der Literatur verschiedene alternative Ansätze zur Bestimmung der unabhängigen Rührerstellungen beschrieben. Im Rahmen der Vorbetrachtungen in Abschnitt 3.1.3 wurde bereits ein erster Überblick zu diesen alternativen Ansätzen gegeben. Im Folgenden soll zunächst der Frequenzintervallansatz näher untersucht werden.

Analog zum Standardverfahren wird beim Frequenzintervallverfahren nur ein Ortspunkt im Prüfvolumen betrachtet und der Frequenzbereich durch N_f Frequenzpunkte und eine volle Rührerdrehung durch N_α gleichmäßig verteilte Rührerstellungen diskretisiert. In Erweiterung zum Standardverfahren wird jeder Frequenz f_i das Frequenzintervall $f_i \pm 1/2 \cdot \Delta f_i$ mit $\Delta f_i \ll f_i$ zugeordnet und jedes dieser Frequenzintervalle in $N_{f\mathrm{u}}$ Frequenzunterpunkte mit gleichem Abstand unterteilt.

Das Verfahren nimmt an, dass die Auswertung der Korrelation der räumlichen Feldverteilungen an N_o Ortspunkten durch die Auswertung der entsprechenden Verteilungen der $N_{f\mathrm{u}}$ Unterfrequenzen ersetzt werden kann. Da in der Praxis die Anzahl der verfügbaren Feldsonden in der Regel beschränkt ist, kann die Messung an N_o Ortspunkten im Prüfvolumen sehr zeitintensiv sein. Auch wenn beim Frequenzintervallverfahren nur an einem Ortspunkt im Prüfvolumen gemessen und somit nur eine Feldsonde benötigt wird, ist auch diese Messung sehr zeitintensiv, da die Messung an den Frequenzunterpunkten sequenziell erfolgt.

Ein wichtiger Punkt bei der Umsetzung des Frequenzintervallansatzes zur Bestimmung der unabhängigen Rührerstellungen ist die geeignete Wahl des Frequenzintervalls und dessen Unterteilung. Mit der Breite des Intervalls Δf_i und der Anzahl der Frequenzunterpunkte $N_{f\mathrm{u}}$ liegen zwei Parameter vor, deren Wahl einen entscheidenden Einfluss auf die Anwendbarkeit des Verfahrens haben wird. Dies wird im nächsten Abschnitt näher untersucht.

3.4.1 Wahl der Parameter des Frequenzintervallverfahrens

Zur ersten Untersuchung des Frequenzintervallansatzes erfolgte eine Messung im Frequenzbereich von 150 MHz bis 1000 MHz mit 13 diskreten Frequenzen. Aufgrund fehlender Erfahrungswerte wurde dabei für alle Frequenzen zunächst ein konstantes Frequenzintervall der Breite $\Delta f_i = 3\,\mathrm{MHz}$ gewählt und dieses in $N_{f\mathrm{u}} = 31$ Frequenzunterpunkte mit gleichem Abstand $\Delta f_u = 0.1\,\mathrm{MHz}$ unterteilt. Für die schrittweise Drehung des Rührers wurden 360 Rührerstellungen verwendet, was einer Schrittweite von 1° entspricht. Die Feldsonde zur

Messung der elektrischen Feldstärke befand sich im Raumpunkt $P(2.3\,\mathrm{m}, 2.0\,\mathrm{m}, 1.5\,\mathrm{m})$ innerhalb des Prüfvolumens. Die Leistung am Fußpunkt der Sendeantenne betrug 20 W. Während der Messung wurden für jede Frequenz f_i die Komponenten der elektrischen Feldstärke in Abhängigkeit der 31 Frequenzunterpunkte und der 360 Rührerstellungen aufgenommen, der Betrag der Gesamtfeldstärke berechnet und die gesamten Daten gespeichert. Die anschließende Auswertung des Datensatzes erfolgt analog zum Allgemeinen Verfahren mit Hilfe des Pearson-Korrelationskoeffizienten und des in Abschnitt 3.2.4 beschrieben Algorithmus 1.

Für einen Korrelationsschwellenwert $r_\mathrm{s} = 0.37$ ergaben sich die in Abbildung 3.30 dargestellten Ergebnisse, die mit steigender Frequenz eine deutlich geringere Anzahl von unabhängigen Rührerstellungen im Vergleich zum Allgemeinen Verfahren liefert.

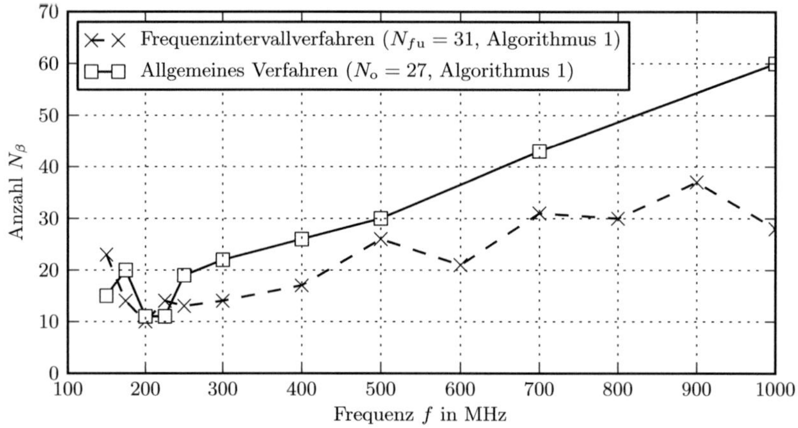

Abbildung 3.30: Anzahl der unabhängigen Rührerstellungen, Vergleich des Frequenzintervallverfahrens mit $N_{f\mathrm{u}} = 31$ Frequenzunterpunkten und des Allgemeinen Verfahrens mit $N_\mathrm{o} = 27$ Ortspunkten

Um den Einfluss der verwendeten Breite des Frequenzintervalls und dessen Unterteilung zu untersuchen, wurde die Frequenzkorrelation benachbarter Frequenzunterpunkte entsprechend Gleichung 3.40 auf Seite 95 berücksichtigt.

Für die erste Messung wurde ein Frequenzintervall von 3 MHz mit 31 Frequenzunterpunkten gewählt, das heißt der Abstand benachbarter Unterfrequenzen beträgt $\Delta f_\mathrm{u} = 0.1\,\mathrm{MHz}$. Für vier ausgewählte Frequenzen und den zugehörigen Gütewerten der Kammer wurden die in Tabelle 3.10 gegebenen Korrelationskoeffizienten berechnet. Für $\Delta f_\mathrm{u} = 0.1\,\mathrm{MHz}$ ergibt sich ein näherungsweise konstanter Korrelationskoeffizient von $r_\mathrm{u}(f_i, \Delta f_\mathrm{u}) \approx 0.6$. Setzt man voraus, dass ein Korrelationskoeffizient von 0.37 nicht überschritten werden soll, wurde in diesem Fall der Abstand benachbarter Frequenzunterpunkte zu klein gewählt.

Im nächsten Schritt wurde deshalb der benötigte Mindestabstand benachbarter Frequenzpunkte für einen gegebenen Korrelationsschwellenwert von $r_\mathrm{u} = 0.37$ bzw. $r_\mathrm{u} = 0.1$ mit Hilfe der abgeleiteten Gleichung 3.43 berechnet. Die Ergebnisse zeigt Tabelle 3.11.

f_i in MHz	$Q(f_i)$	Δf_u in MHz	$r_\mathrm{u}(f_i, \Delta f_\mathrm{u})$
300	2350	0.1	0.62
500	4100	0.1	0.60
800	5800	0.1	0.66
1000	8300	0.1	0.60

Tabelle 3.10: Korrelation benachbarter Frequenzunterpunkte für $\Delta f_\mathrm{u} = 0.1\,\mathrm{MHz}$

f_i in MHz	$Q(f_i)$	$\Delta f_\mathrm{u}(r_\mathrm{u} = 0.37)$ in MHz	$\Delta f_\mathrm{u}(r_\mathrm{u} = 0.10)$ in MHz
300	2350	0.17	0.38
500	4100	0.16	0.36
800	5800	0.16	0.36
1000	8300	0.16	0.36
2000	15800	0.17	0.38
3000	22500	0.17	0.39
5000	33300	0.19	0.44
$\Delta f_i(f_i, r_\mathrm{u}, N_{f\mathrm{u}} = 31)$		$\Delta f_i \approx 5.1\,\mathrm{MHz}$	$\Delta f_i \approx 12\,\mathrm{MHz}$

Tabelle 3.11: Benötigter Abstand benachbarter Unterfrequenzen für einen geforderten Korrelationskoeffizienten von $r_\mathrm{u} = 0.37$ bzw. $r_\mathrm{u} = 0.1$

3.4.2 Anzahl der unabhängigen Rührerstellungen

Zur Bestimmung der Anzahl der unabhängigen Rührerstellungen wurde die Messung für den Frequenzbereich von 150 MHz bis 1000 MHz mit 13 diskreten Frequenzen und 31 Frequenzunterpunkten wiederholt. Im Unterschied zur ersten Messung wurde das Frequenzintervall auf 5.1 MHz bzw. 12 MHz vergrößert, um die entsprechenden Korrelationskoeffizienten benachbarter Frequenzen einzuhalten.

Die Ergebnisse in Abbildung 3.31 zeigen, dass die erhaltenen Werte für die Anzahl der unabhängigen Rührerstellungen nun deutlich besser mit den Ergebnissen des Allgemeinen Verfahrens übereinstimmen. Um auch das Verhalten im Frequenzbereich oberhalb von 1 GHz bewerten zu können, erfolgte eine zusätzliche Messung im erweiterten Frequenzbereich von 300 MHz bis 5000 MHz mit 16 diskreten Frequenzen, 31 Frequenzunterpunkten und einem konstanten Frequenzintervall von 5.1 MHz.

Die Ergebnisse für den erweiterten Frequenzbereich bis 5 GHz sind in Abbildung 3.32 dargestellt und zeigen eine sehr gute Übereinstimmung zum Allgemeinen Verfahren. Damit unterstützen die Ergebnisse die Annahme, dass die Auswertung der räumlichen Feldverteilungen, wie sie beim Allgemeinen Verfahren verwendet wird, durch eine entsprechende Auswertung der Frequenzvariation ersetzt werden kann, falls beim Frequenzintervallverfahren die Korrelation der Unterfrequenzen berücksichtigt wird.

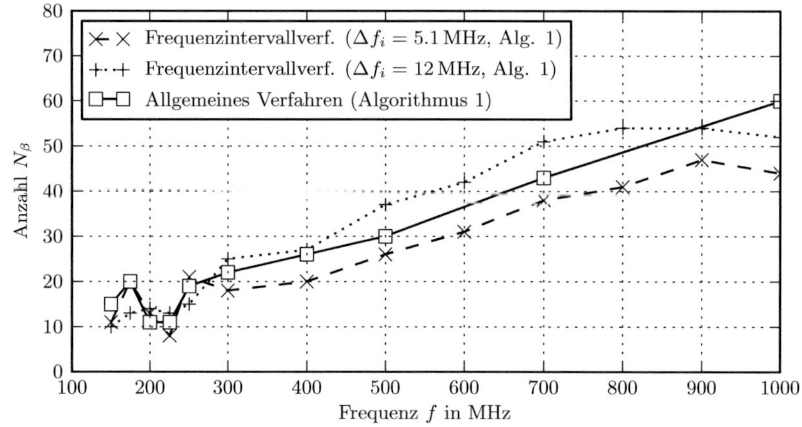

Abbildung 3.31: Anzahl von unabhängigen Rührerstellungen, Frequenzintervallverfahren mit $N_{f\mathrm{u}} = 31$ Frequenzunterpunkten und einem Frequenzintervall von 5.1 MHz bzw. 12 MHz

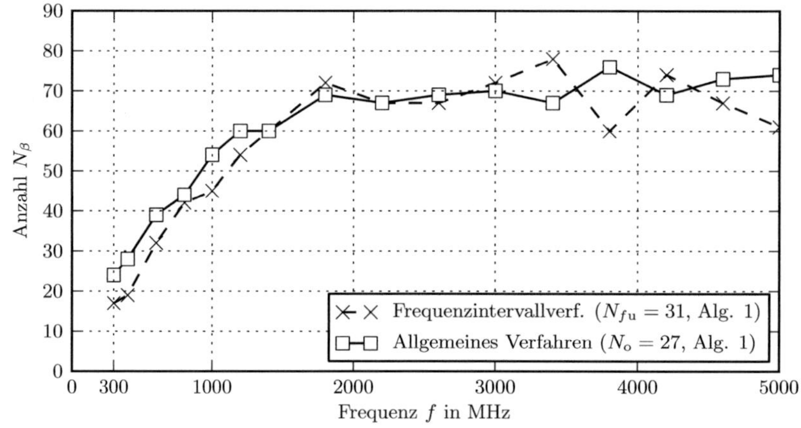

Abbildung 3.32: Anzahl der unabhängigen Rührerstellungen, Frequenzintervallverfahren mit $N_{f\mathrm{u}} = 31$ Frequenzunterpunkten und einem Frequenzintervall von 5.1 MHz

Wie die Untersuchungen zeigen, stellt das Frequenzintervallverfahren eine interessante Alternative dar. Weiterführende Untersuchungen fanden jedoch nicht statt, da der Schwerpunkt der Untersuchungen auf das Allgemeine Verfahren gelegt wurde.

3.5 Güte-Volumen-Verfahren

Einen Ansatz zur Bestimmung der unabhängigen Rührerstellungen aus der Güte der MVK stellten Madsen und Hallbjörner in [20, 21] vor. Wie in Abschnitt 3.1.3.3 bereits gezeigt wurde, leiten Madsen und Hallbjörner (MH) die Gleichung 3.15

$$N_\beta \approx C_\mathrm{R} \cdot \frac{Q}{V} \begin{cases} V_\mathrm{R} & \text{für} \quad d_\mathrm{R} \geq 2 \ldots 3\lambda \quad \text{und} \quad C_\mathrm{R} = 0.5 \\ \lambda\, V_\mathrm{R}^{\frac{2}{3}} & \text{für} \quad d_\mathrm{R} \leq 2 \ldots 3\lambda \quad \text{und} \quad C_\mathrm{R} = 2 \end{cases}$$

zur Abschätzung der Anzahl der unabhängigen Rührerstellungen aus der Güte der Kammer Q, des Kammervolumens V und des Rührervolumens V_R ab. Als Rührervolumen wird dabei der kleinste Zylinder mit dem Durchmesser d_R verwendet, der den Rührer vollständig umschließt. Bei der Herleitung von Gleichung 3.15 wurde dabei zwischen elektrisch kleinen und großen Rührern unterschieden und der Übergangsbereich bezüglich der Wellenlänge λ mit $d_\mathrm{R} \approx (2 \ldots 3)\lambda$ definiert. Die Konstante C_R wurde bei der Herleitung als noch unbekannte Proportionalitätskonstante eingeführt und später mit Hilfe von Messungen in verschiedenen MVK'n und unter Verwendung unterschiedlicher Rührer empirisch bestimmt.

Die Bestimmung der Güte der Dresdener MVK erfolge bereits während der ersten Charakterisierung der MVK und ist in Abschnitt 2.4.2 dokumentiert. Zur weiteren Verwendung wurden die in Abbildung 2.12 dargestellten Messwerte sowie die zugehörigen theoretischen Vergleichswerte übernommen. Zur Anpassung des theoretischen Verlaufs der Güte an die gemessenen Werte wurde die effektive Wandleitfähigkeit $\sigma_\mathrm{w} = 2 \cdot 10^4\,\mathrm{S/m}$ verwendet. Die Messwerte und den theoretischen Verlauf für den Frequenzbereich von 100 MHz bis 10 GHz zeigt Abbildung 3.33, wobei für die Messwerte zusätzlich eine angepasste Ausgleichsfunktion berechnet und dem Diagramm hinzugefügt wurde.

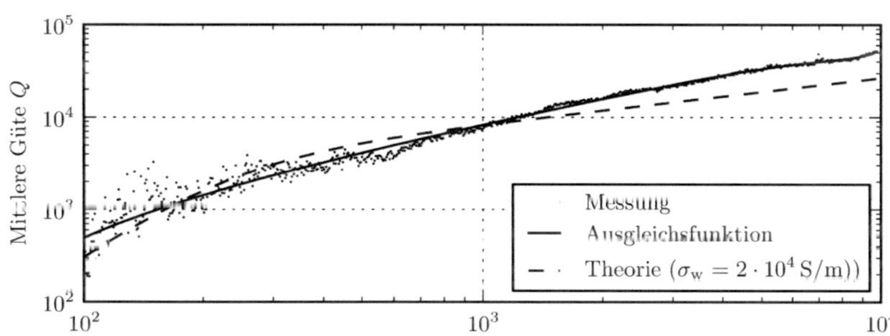

Abbildung 3.33: Mittlere Güte der Modenverwirbelungskammer

Für den theoretischen Verlauf wurde zunächst die Anzahl der unabhängigen Rührerstellungen für den Fall des elektrisch kleinen und elektrisch großen Rührers nach Gleichung 3.15

berechnet. Die Ergebnisse sind in Abbildung 3.34 dargestellt und zeigen keine gute Übereinstimmung zu den Ergebnissen des Allgemeinen Verfahrens.

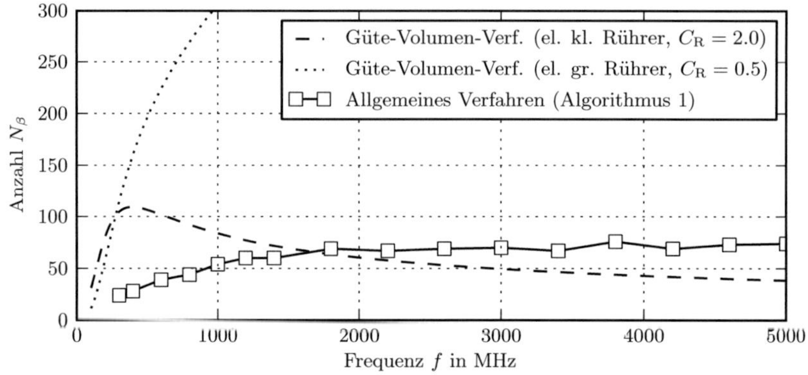

Abbildung 3.34: Anzahl der unabhängigen Rührerstellungen, Ergebnisse des Güte-Volumen-Verfahrens basierend auf dem theoretischen Verlauf der Güte

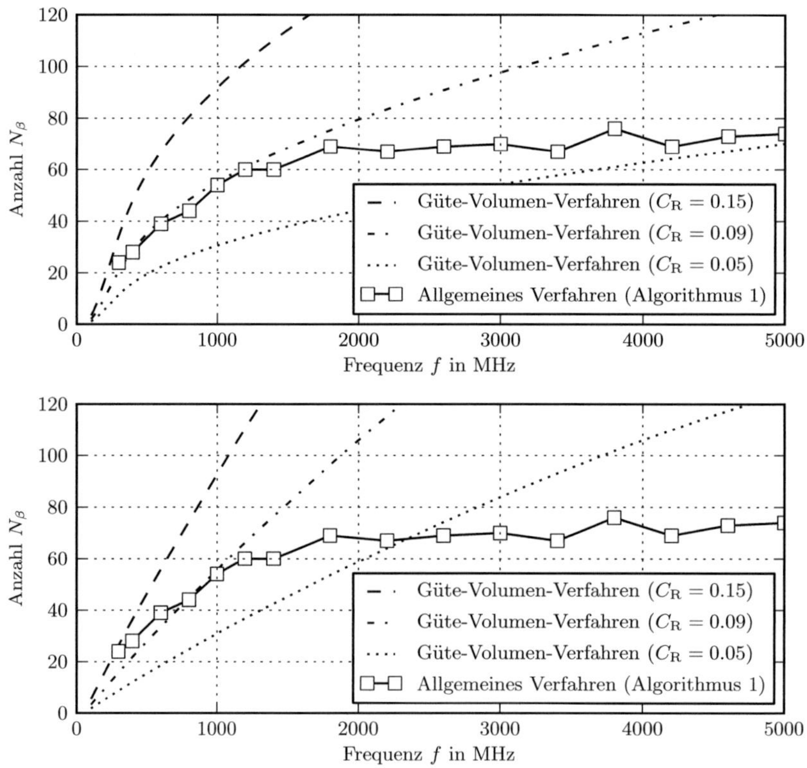

Abbildung 3.35: Anzahl der unabhängigen Rührerstellungen, Ergebnisse des Güte-Volumen-Verfahrens basierend auf dem theoretischen Verlauf der Güte (oben) und der Ausgleichsfunktion der Gütemesswerte (unten)

Den Übergangsbereich zwischen einem elektrisch kleinen und elektrisch großen Rührer definierten Madsen und Hallbjörner für den Fall, dass der Durchmesser d_R des Rührervolumens V_R im Bereich der zwei- bis dreifachen Wellenlänge liegt. Das heißt, für den elektrischen großen Rührer gilt damit die Bedingung, dass der Durchmesser d_R des Rührervolumens V_R größer als die zwei- bis dreifache Wellenlänge sein muss. Für die Dresdener MVK mit einem Rührerdurchmesser von $d_\mathrm{R} \approx 1.37\,\mathrm{m}$ würde sich damit der Frequenzbereich von 440 MHz bis 660 MHz ergeben. Als elektrisch groß kann der Rührer somit für Frequenzen oberhalb von 440 MHz bis 660 MHz betrachtet werden.

Im nächsten Schritt wurde deshalb für den theoretischen Verlauf der Güte und die angepasste Ausgleichsfunktion der Messwerte die Anzahl der unabhängigen Rührerstellungen nach Gleichung 3.15 für den Fall eines elektrisch großen Rührers berechnet. Dabei wurde die Proportionalitätskonstante C_R so gewählt, dass sich die aus der Güte berechneten Verläufe möglichst gut den Ergebnissen des Allgemeinen Verfahrens anpassen.

Die beste Anpassung ergibt sich für $C_\mathrm{R} = 0.09$ und einen begrenzten Frequenzbereich bis ungefähr 1 GHz. Es ist jedoch zu erkennen, dass die Verläufe deutlich von den Ergebnissen des Allgemeinen Verfahrens abweichen und sich die angepassten Werte der Proportionalitätskonstanten C_R ebenfalls signifikant vom empirisch bestimmten Wert $C_\mathrm{R} = 0{,}5$ unterscheiden. Damit konnte der von Madsen und Hallbjörner vorgestellte Ansatz zur Abschätzung der Anzahl der unabhängigen Rührerstellungen basierend auf der Güte der Kammer Q, dem Kammervolumen V und dem Rührervolumen V_R durch die Messungen in der Dresdener MVK nicht bestätigt werden.

3.6 Leistungsabfall-Verfahren

In [23] stellen Magdowski und Vick einen alternativen Ansatz vor, bei dem die MVK über die Sendeantenne mit einem pulsmodulierten Sinussignal angeregt und anschließend der zeitliche Verlauf der Leistung an der Empfangsantenne gemessen wird. Die Messung der Hüllkurve des pulsmodulierten Sinussignals erfolgt dabei mit einem Spektrumanalysator im sogenannten Zero-Span-Modus.

Nach der Anregung der MVK wird für jede Rührerstellung der Abfall der Leistung nach der abfallenden Pulsflanke aufgezeichnet. Die Pulsbreite und Periodendauer werden dabei so gewählt, dass der Ein- und Ausschwingvorgang der MVK jeweils abgeklungen ist, das heißt vor der nächsten Pulsflanke jeweils ein stationärer Zustand erreicht wird.

Gehen wir zunächst davon aus, dass die MVK nur auf der Anregefrequenz ausschwingt, dann stellt sich für den zeitlichen Verlauf der Leistung P_{Rx} an der Empfangsantenne ein exponentieller Abfall mit der Zeitkonstante τ der MVK ein. Bei logarithmischer Darstellung der Leistung ergibt sich entsprechend ein linearer Abfall des Leistungspegels L_P. In der Regel wird die in der MVK gespeicherte Energie sich nach Abschalten der Anregung jedoch auf mehrere Eigenmoden im Bereich der Anregefrequenz verteilen und entsprechend auf mehreren Frequenzen ausschwingen. Die Anzahl der angeregten Eigenmoden ist dabei von der Modendichte abhängig. Da gleichzeitig mehrere dicht nebeneinander liegende Eigenmoden angeregt werden, entstehen Schwebungseffekte, die dem linearen Abfall des Leistungspegels überlagert sind.

Durch die Drehung des Rührers werden die Randbedingungen für die elektromagnetischen Feldgrößen verändert, wodurch sich die Eigenfrequenzen der MVK verschieben. Das heißt, mit der Drehung des Rührers wird sich auch der zeitliche Verlauf der Leistung ändern. Das von Magdowski und Vick vorgeschlagene Verfahren setzt an dieser Stelle an und untersucht die zeitlichen Leistungsverläufe der verwendeten Rührerstellungen auf lineare Korrelation. Anhand der gemessenen Leistungsverläufe wird dazu zunächst der mittlere Verlauf der Leistung $\langle P_{\mathrm{Rx}} \rangle$ über alle Rührerstellungen berechnet und anschließend jeder Leistungsverlauf auf den mittleren Verlauf bezogen. Für die normierten Leistungsverläufe werden zur weiteren Auswertung die Korrelationskoeffizienten nach Pearson berechnet.

Die Idee des neuen Verfahrens ist es, die gemessenen Leistungsverläufe der verwendeten Rührerstellungen auf Korrelation zu prüfen und damit eine Aussage zur Anzahl der unabhängigen Rührerstellungen treffen zu können. Zur Untersuchung des von Magdowski und Vick vorgeschlagenen Verfahrens wurde zunächst eine Messung im Frequenzbereich von 150 MHz bis 1000 MHz mit 13 diskreten Frequenzen durchgeführt und dabei die Sendeantenne mit einem pulsmodulierten Sinussignal (ohne Verstärker) direkt vom Signalgenerator gespeist. Die Ausgangsleistung am Signalgenerator betrug 10 dBm. Für die Pulsmodulation wurde eine Pulsbreite von 20 µs und einer Periodendauer von 200 µs gewählt. Die Messung der Hüllkurve des pulsmodulierten Signals erfolgte mit dem Spektrumanalysator im Zero-Span-Mode und Triggerung über ein externes Signal vom Signalgenerator. Somit konnte die Triggeroffset-Funktion des Spektrumanalysators verwendet werden. In Abbildung 3.36 ist der zeitliche Verlauf der Leistung an der Empfangsantenne für die Frequenz 200 MHz und zwei verschiedene Rührerstellungen exemplarisch dargestellt (Triggeroffset −5 µs, Zeitfenster 50 µs). Die Pulsbreite und die Periodendauer wurden so gewählt, dass der Ein- und Ausschwingvorgang jeweils in den stationären Zustand übergehen.

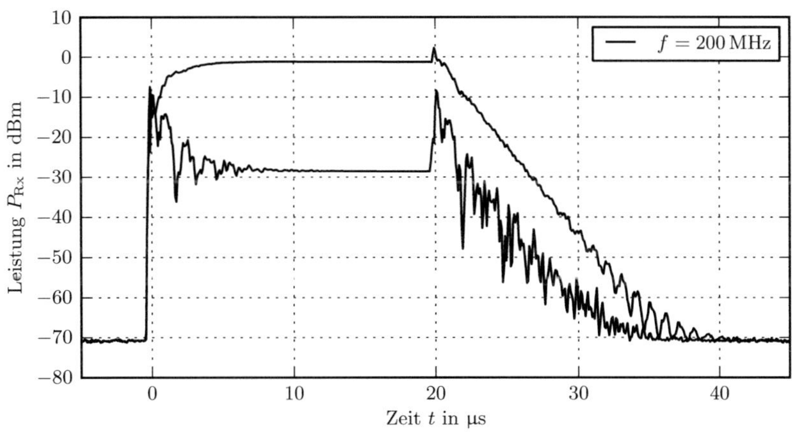

Abbildung 3.36: Zeitlicher Verlauf der Leistung an der Empfangsantenne nach Anregung der MVK mit einem pulsmodulierten Sinussignal der Frequenz 200 MHz und für 2 ausgewählte Rührerstellungen

Für die Messung wurde am Spektrumanalysator ein Triggeroffset von 18 µs und ein Zeitfenster von 20 µs mit einer Auflösung von 625 Messwerten verwendet und der zeitliche Abfall der Leistung für 360 Rührerstellungen aufgenommen. Anschließend erfolgte die Berechnung des mittleren Verlaufs der Leistung über alle Rührerstellungen und die Normierung der einzelnen Verläufe auf den mittleren Verlauf. In Abbildung 3.37 ist der Abfall der Leistung für eine ausgewählte Rührerstellung zusammen mit dem mittleren und dem normierten Verlauf als Leistungspegel dargestellt.

Für die normierten Verläufe der Leistung wurden anschließend die Korrelationskoeffizienten nach Pearson berechnet, d. h. die Messreihen auf lineare Korrelation geprüft. Bei der Berechnung wurden die Leistungen in W und nicht die in Abbildung 3.37 verwendeten Leistungspegel verwendet. Unter Verwendung des in Abschnitt 3.2.4 beschriebenen Algorithmus 1 und einem Korrelationsschwellenwert von $r_s = 0.37$ wurden anschließend die unabhängigen Rührerstellungen bestimmt. Die Anzahl der unabhängigen Rührerstellungen für die gewählten Frequenzen ist in Abbildung 3.38 zusammen mit den Ergebnissen des Allgemeinen Verfahrens dargestellt.

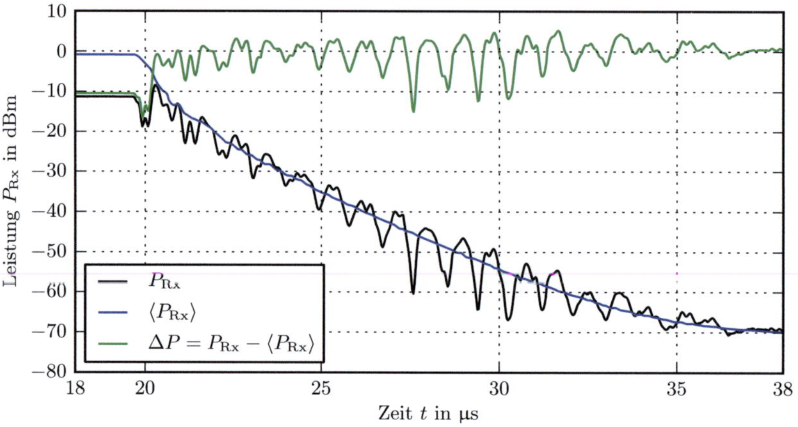

Abbildung 3.37: Zeitlicher Verlauf der Leistung an der Empfangsantenne nach Anregung der MVK mit einem pulsmodulierten Sinussignal, Beispiel für die Normierung eines einzelnen Verlaufes auf den mittleren Leistungsabfall über alle Rührerstellungen

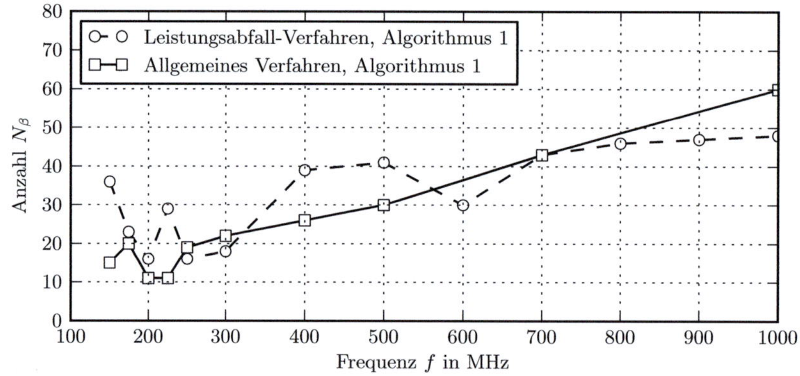

Abbildung 3.38: Anzahl der unabhängigen Rührerstellungen, Ergebnisse des Leistungsabfall-Verfahrens (150 MHz bis 1000 MHz) und Vergleich zum Allgemeinen Verfahren

Es ist zu erkennen, dass sich in erster Näherung ein vergleichbarer Verlauf, das heißt ein Anstieg für die Anzahl der unabhängigen Rührerstellungen über der Frequenz ergibt. Da die Ergebnisse jedoch auch eine gewisse Schwankung der Werte und ähnlich wie beim Standardverfahren einen verhältnismäßig hohen Wert für 150 MHz zeigen, erfolgten weitere Messungen, wobei zunächst die Abhängigkeit von der Breite des Zeitfensters untersucht wurde.

In Abbildung 3.39 sind dazu die Ergebnisse für eine Verkleinerung des Zeitintervalls dargestellt. Um eine bessere Auflösung zu erhalten erfolgte anschließend eine Messung im Frequenzbereich von 200 MHz bis 1000 MHz mit insgesamt 161 diskreten Frequenzpunkten. Die Ergebnisse sind zusammen mit einer Ausgleichsfunktion erster bzw. zweiter Ordnung in Abbildung 3.40 dargestellt.

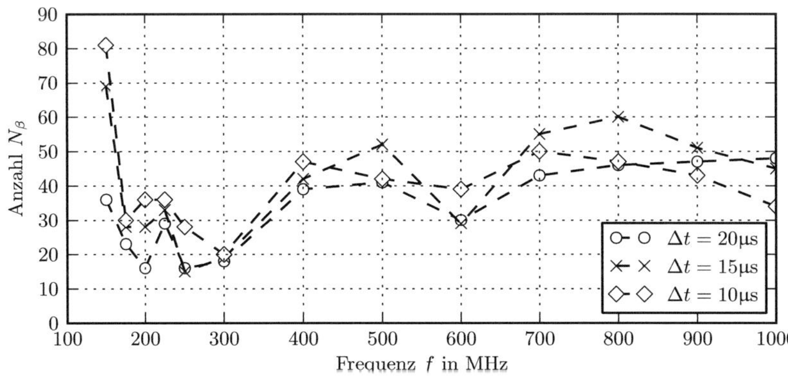

Abbildung 3.39: Anzahl der unabhängigen Rührerstellungen, Ergebnisse des Leistungsabfall-Verfahrens bei Variation des Zeitfensters (150 MHz bis 1000 MHz)

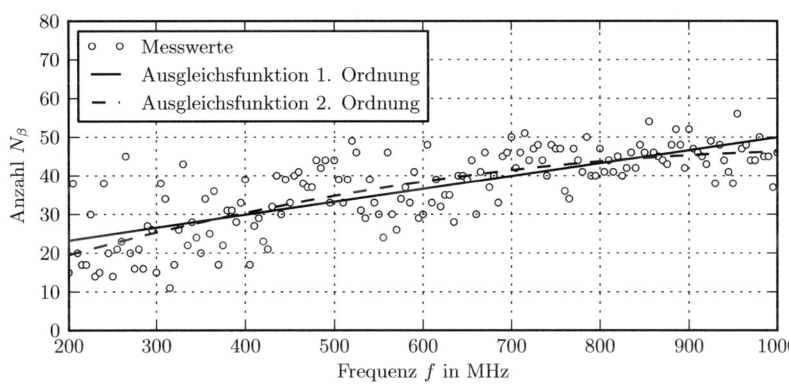

Abbildung 3.40: Anzahl der unabhängigen Rührerstellungen, Ergebnisse des Leistungsabfall-Verfahrens bei Messung mit einer Auflösung von 161 Frequenzpunkten (200 MHz bis 1000 MHz)

Eine Untersuchung im erweitertem Frequenzbereich bis 5 GHz fand nicht statt. Generell stellt sich beim Leistungsabfall-Verfahren die Frage, wie das Zeitfenster zu wählen ist. Da mit steigender Frequenz auch die Güte der Kammer größer wird, verändert sich entsprechend auch der zeitliche Abfall der Leistung. Weiterführend wäre zu untersuchen, ob das Zeitfenster an die Frequenz angepasst werden muss. Da im unteren Frequenzbereich bis 1 GHz bereits hohe Schwankungen auftraten, wurde der Ansatz jedoch nicht weiter verfolgt.

3.7 Entropieansatz

Einen weiteren alternativen Ansatz zur Abschätzung der Anzahl der unabhängigen Rührerstellungen ist durch den in Abschnitt 3.1.3.6 beschriebenen Entropieansatz gegeben. Die Shannon- und Rényi-Entropie wurden bereits in [24, 28] zur Auswertung von Messungen in Modenverwirbelungskammern verwendet. Einen Ansatz zur Abschätzung der Anzahl der unabhängigen Rührerstellungen beschreiben Gradoni, Primiani und Moglie in [24]. Den Ausgangspunkt bildet dabei die Korrelationsmatrix, wie sie beim Allgemeinen Verfahren verwendet wird. Zur Berechnung der Entropie werden zunächst die Eigenwerte der Korrelationsmatrix berechnet und normiert. Aus den normierten Eigenwerten p_k der jeweiligen Korrelationsmatrix kann mit Hilfe der Gleichung 3.37 die Rényi-Entropie der Ordnung q und mit Gleichung 3.38 die Shannon-Entropie berechnet werden. Das anschließende Einsetzen der berechneten Entropiewerte in Gleichung 3.39 liefert eine Abschätzung für die Anzahl der unabhängigen Rührerstellungen N_β.

Zur Anwendung des Entropieansatzes wurden für die Datensätze des Allgemeinen Verfahrens die Eigenwerte der Korrelationsmatrizen berechnet und entsprechend normiert. Aus den normierten Eigenwerten konnten anschließend für das Prüfvolumen mit $N_\text{o} = 27$ Ortspunkten die in Abbildung 3.41 und für das Prüfvolumen mit $N_\text{o} = 63$ Ortspunkten die in Abbildung 3.42 dargestellten Entropiewerte bestimmt werden.

3.7.1 Anzahl der unabhängigen Rührerstellungen

Für die Rényi-Entropie erster Ordnung, das heißt den Übergang zur Shannon-Entropie, ergibt sich für das Prüfvolumen mit $N_\text{o} = 27$ Ortspunkten der in Abbildung 3.43 enthaltene frequenzabhängige Verlauf für die Anzahl der unabhängigen Rührerstellungen. Im Vergleich zum Allgemeinen Verfahren liefert der Entropieansatz in diesem Fall eine deutlich geringere Anzahl von unabhängigen Rührerstellungen. Allgemein liefert die Shannon-Entropie bei einer endlichen Anzahl von Stichproben aus statistischer Sicht eine gute Schätzung, wenn der Umfang der Stichprobe sehr viel größer als die Anzahl der möglichen Zustände ist. Ist diese Bedingung jedoch nicht erfüllt, führt dies zu einer systematischen Unterschätzung der Entropie.

Da zur Auswertung des Entropieansatzes zunächst der Datensatz des Allgemeinen Verfahrens verwendet wurde, der die Feldverteilungen für $N_\text{o} = 27$ Ortspunkte enthält, wurde vermutet, dass die signifikante Unterschätzung der Anzahl der unabhängigen Rührerstellungen im Zusammenhang mit der geringen Anzahl von Messpunkten im Prüfvolumen steht.

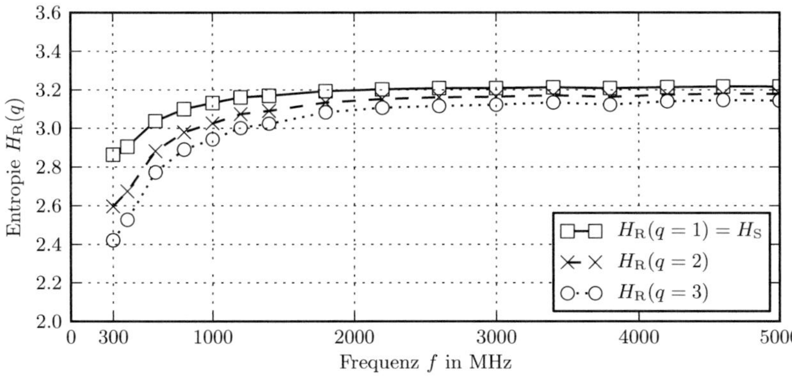

Abbildung 3.41: Entropie der Korrelationsmatrizen, Datensatz des Allgemeinen Verfahrens mit 27 Ortspunkten und dem Frequenzbereich von 300 MHz bis 5000 MHz

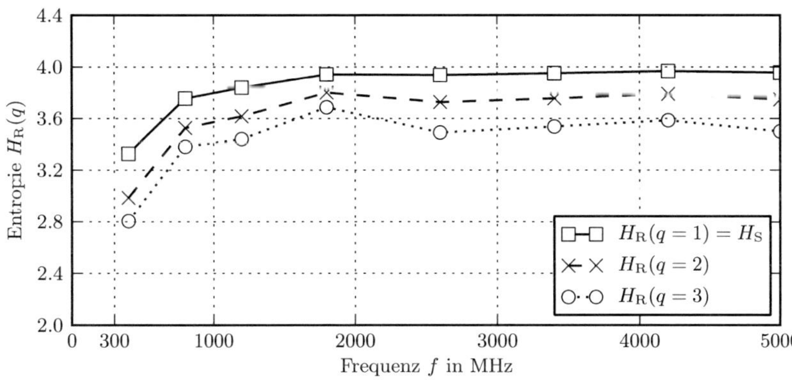

Abbildung 3.42: Entropie der Korrelationsmatrizen, Datensatz des Allgemeinen Verfahrens mit 63 Ortspunkten und dem Frequenzbereich von 300 MHz bis 5000 MHz

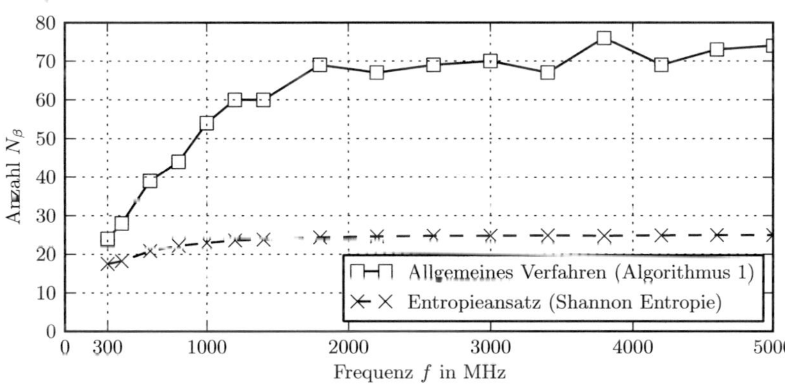

Abbildung 3.43: Anzahl der unabhängigen Rührerstellungen, Ergebnisse des Entropieansatzes für das Prüfvolumen mit 27 Ortspunkten und Vergleich zum Allgemeinen Verfahren (300 MHz bis 5000 MHz)

Zur weiteren Untersuchung erfolgte deshalb eine Simulation, bei der die Anzahl der unabhängigen Rührerstellungen des Allgemeinen Verfahrens als die tatsächliche Anzahl angenommen und die Feldverteilungen für $N_o = 30, 50, 100, 1000$ Ortspunkte im Prüfvolumen simuliert wurden. Das dafür erstellte Python-Skript ist in Anhang A.4 gegeben. Für die aus der Simulation resultierenden Datensätze wurde anschließend der Entropieansatz zur Auswertung angewendet und die Ergebnisse in Abbildung 3.44 dargestellt.

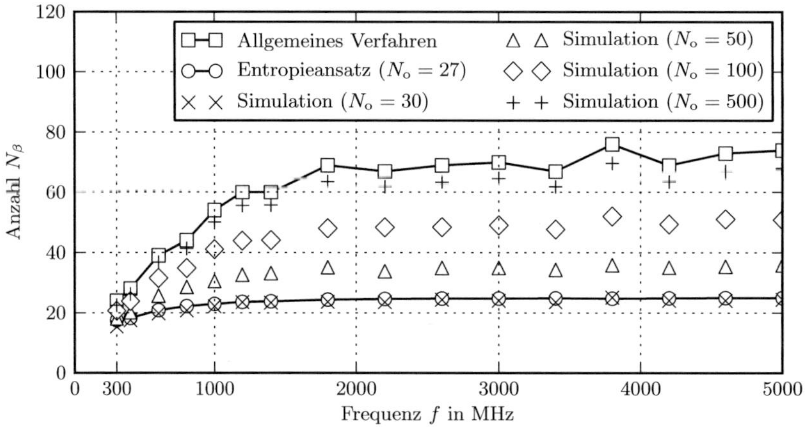

Abbildung 3.44: Anzahl der unabhängigen Rührerstellungen, systematische Unterschätzung beim Entropieansatz bei Verwendung einer geringen Anzahl von Messpunkten

Die Ergebnisse der Simulation zeigen, dass die Unterschätzung beim Entropieansatz mit steigender Anzahl von Messpunkten signifikant abnimmt. Die Verwendung einer entsprechend großen Anzahl von Messpunkten ist praktisch jedoch nicht realisierbar. Außerdem würde sich neben dem massiven Zeitaufwand auch die Frage stellen, ob im Prüfvolumen überhaupt genügend unkorrelierte Ortspunkte existieren.

Die systematische Unterschätzung der Entropie bei Verwendung von kleinen Stichproben ist in der Praxis, wie auch das vorliegende Beispiel zeigt, von besonderem Interesse. Zu diesem Thema werden in der Literatur z. B. in [25, 26, 27] verschiedene Ansätze beschrieben, wie der systematische Fehler durch geeignete Korrekturterme verringert werden kann. Zwei dieser Korrekturterme, die von Miller und Grassberger abgeleitet wurden, sind durch die Gleichungen 3.32 und 3.33 auf Seite 93 gegeben. Bei Anwendung dieser Gleichungen ergeben sich die in Abbildung 3.45 dargestellten Änderungen für die Anzahl der unabhängigen Rührerstellungen.

Der Vergleich mit den Ergebnissen des Allgemeinen Verfahrens zeigt, dass die Unterschätzung der Entropie durch den Einsatz der betrachteten Korrekturterme im Fall des Prüfvolumens mit 27 Ortspunkten deutlich verringert werden kann. Speziell der Korrekturterm von Grassberger liefert vergleichbare Werte für die Anzahl der unabhängigen Rührerstellungen. Die Abweichungen unterhalb von 1 GHz wurden noch nicht näher untersucht und können zur Zeit nicht erklärt werden.

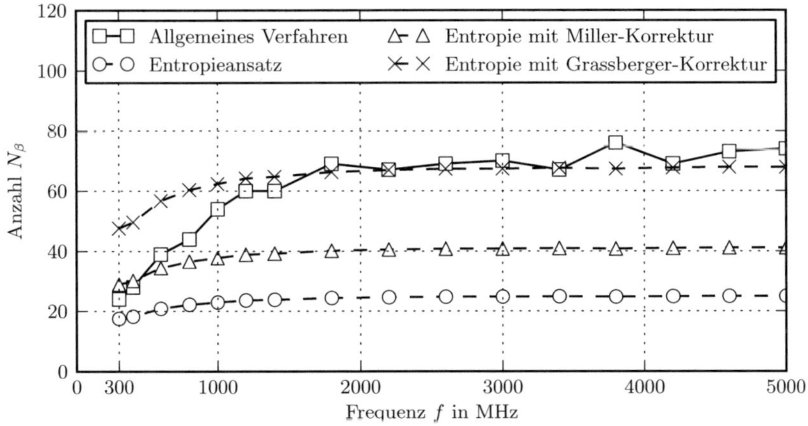

Abbildung 3.45: Anzahl der unabhängigen Rührerstellungen, Ergebnisse des Entropieansatzes für das Prüfvolumen mit $N_o = 27$ Ortspunkten und bei Verwendung der Korrekturterme von Miller und Grassberger

Allgemeines Verfahren								
f in MHz	400	800	1200	1800	2600	3400	4200	5000
$N_\beta\|_{N_o=27,\, r_s=0.37}$	28	44	60	69	69	67	69	74
$N_\beta\|_{N_o=63,\, r_s=0.27}$	23	52	57	75	65	62	71	71
Entropieansatz								
f in MHz	400	800	1200	1800	2600	3400	4200	5000
$N_\beta\|_{N_o=27,\text{ ohne Korrektur}}$	18.3	22.2	23.6	24.4	24.8	24.9	24.9	25.0
$N_\beta\|_{N_o=27,\text{ Grassb.-Korrektur}}$	49.6	60.4	64.2	66.2	67.3	67.6	67.9	67.9
$N_\beta\|_{N_o=63,\text{ ohne Korrektur}}$	27.9	42.7	46.5	51.5	51.3	52.0	52.9	52.3
$N_\beta\|_{N_o=63,\text{ Miller-Korrektur}}$	45.9	70.5	76.6	85.0	84.5	85.7	87.2	86.2
$N_\beta\|_{N_o=63,\text{ Grassb.-Korrektur}}$	75.7	116.2	126.7	140.1	139.4	141.3	143.8	142.1

Tabelle 3.12: Anzahl der unabhängigen Rührerstellungen N_β, Vergleich der Ergebnisse des Allgemeinen Verfahrens und des Entropieansatzes bei Verwendung der Prüfvolumen mit $N_o = 27$ und $N_o = 63$ Ortspunkten (400 MHz bis 5000 MHz)

Im nächsten Schritt erfolgte die Auswertung für den Datensatz des erweiterten Prüfvolumens mit $N_o = 63$ Ortspunkten. Die Ergebnisse für die Anzahl der unabhängigen Rührerstellungen unter Verwendung des Entropieansatzes zeigen die Abbildungen 3.46 und 3.47, wobei Abbildung 3.46 zum Vergleich die Ergebnisse des Allgemeinen Verfahrens mit $N_o = 27$ und $r_s = 0.37$ und des Entropieansatzes mit $N_o = 27$ enthält und in Abbildung 3.47 zusätzlich die Ergebnisse für die Verwendung der Korrekturterme dargestellt sind. Eine Zusammenfassung der Ergebnisse ist außerdem in Tabelle 3.12 gegeben.

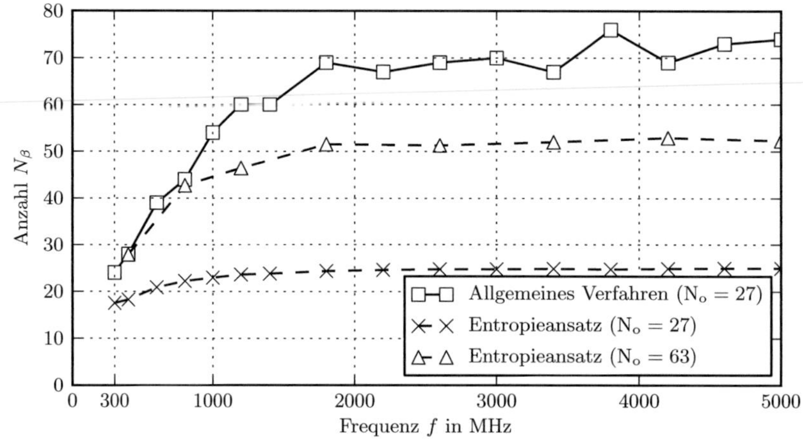

Abbildung 3.46: Anzahl der unabhängigen Rührerstellungen, Ergebnisse des Entropieansatzes für das Prüfvolumen mit 63 Ortspunkten und Vergleich zum Allgemeinen Verfahren (300 MHz bis 5000 MHz)

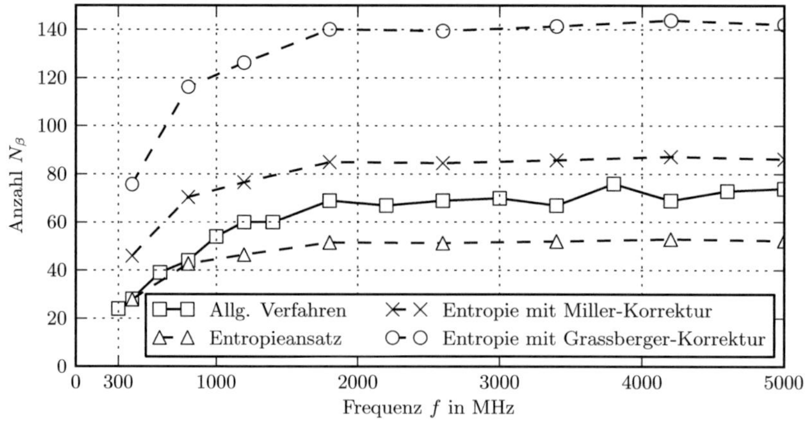

Abbildung 3.47: Anzahl der unabhängigen Rührerstellungen, Ergebnisse des Entropieansatzes für das Prüfvolumen mit 63 Ortspunkten bei und Verwendung der Korrekturterme von Miller und Grassberger

Die Ergebnisse des Entropieansatzes für das Prüfvolumen mit 63 Ortspunkten zeigen wie erwartet eine bessere Übereinstimmung zu den Ergebnisse des Allgemeinen Verfahrens als die Ergebnisse des Entropieansatzes für das Prüfvolumen mit 27 Ortspunkten. Das heißt, durch die größere Anzahl von Ortspunkten kommt es zu einer geringeren Unterschätzung für die Anzahl der unabhängigen Rührerstellungen durch den Entropieansatz. Die Ergebnisse bei Verwendung der Korrekturfaktoren von Miller und Grassberger sind jedoch unerwartet hoch. Das heißt, für den Fall des erweiterten Prüfvolumens mit 63 Ortspunkten kommt es im Vergleich zum Allgemeinen Verfahren zu einer deutlichen Überschätzung für die Anzahl der unabhängigen Rührerstellungen, speziell bei Verwendung des Korrekturtermes von Grassberger.

Der Entropieansatz baut auf dem Datensatz des Allgemeinen Verfahrens, bei dem die Feldverteilung an N_o Ortspunkten im Prüfvolumen in Abhängigkeit der Rührerstellung und der Frequenz aufgenommen wird, auf und stellt eine interessante Alternative zu dem in Abschnitt 3.2 untersuchten einfachen Algorithmus 1 und dem Maximum-Clique-Algorithmus (Algorithmus 2) zur Bestimmung der Anzahl der unabhängigen Rührerstellungen dar. Ein entscheidender Nachteil des Entopieansatzes ist dessen systematische Unterschätzung bei Verwendung kleiner Stichproben. Es existieren jedoch verschiedene Korrekturterme, durch die der systematische Fehler verringert werden kann. Die Ergebnisse des Entropieansatzes für das Prüfvolumen mit 27 Ortspunkten und das erweiterte Prüfvolumen mit 63 Ortspunkten zeigen jedoch deutliche Unterschiede bei Verwendung der Korrekturterme von Miller und Grassberger und lassen keine eindeutige Bewertung des Ansatzes zu. Weiterführende Untersuchen sind deshalb sehr zu empfehlen, wurden im Rahmen dieser Arbeit jedoch nicht durchgeführt.

3.8 Streudiagrammansatz

Im Rahmen der ersten Charakterisierung der Modenverwirbelungskammer in Kapitel 2 erfolgte die Messung der Streuparameter (S-Parameter) S_{11} und S_{21} an der Durchführungsplatte der leeren (unbeladenen) Modenverwirbelungskammer. Der Eingangsreflexionsfaktor S_{11} und der Vorwärtstransmissionsfaktor S_{21} wurden dabei im unteren Frequenzbereich bis 1 GHz mit Hilfe des Netzwerkanalysators ZVL von Rohde&Schwarz an den entsprechenden Anschlüssen der logarithmisch-periodischen Sende- und Empfangsantenne an der Durchführungsplatte gemessen.

Da diese Messung vergleichsweise schnell durchgeführt werden kann, stellte sich die Frage, ob die S-Parameter zur Bestimmung der unabhängigen Rührerstellungen verwendet werden können. Ein erster Ansatz, bei dem die Auswertung der Messungen mit Hilfe der Streudiagramme des Vorwärtstransmissionsfaktors S_{21} erfolgte, ist im folgenden Abschnitt dokumentiert. Dieser alternative Ansatz wird im Weiteren als Streudiagrammansatz bezeichnet.

3.8.1 Messung der Streudiagramme

Die folgenden Untersuchungen basieren auf einem Datensatz, bei dem für 6 unterschiedliche Positionen der Sende- und Empfangsantenne in der leeren MVK der Real- und Imaginär des Vorwärtstransmissionsfaktors in Abhängigkeit der Frequenz und der Rührerstellung aufgenommen wurde. Der gewählte Frequenzbereich von 50 MHz bis 1 GHz wurde dabei durch 951 gleichmäßig verteilte Frequenzpunkte diskretisiert, was einer Schrittweite von 1 MHz entspricht. Die Abhängigkeit von der Rührerstellung wurde mit 360 äquidistanten Rührerstellungen aufgenommen.

Zur ersten Veranschaulichung sind in Abbildung 3.49 die Streudiagramme für 6 Frequenzen der Antennenposition 1 (AP 1) sowie in Abbildung 3.48 die Streudiagramme für die Antennenpositionen AP 1 bis AP 6 bei 200 MHz exemplarisch dargestellt.

3.8.2 Ansatz zur Auswertung der Streudiagramme

Zur Auswertung der aufgenommenen Daten wurde für jedes Streudiagramm zunächst das Zentrum der Verteilung bestimmt, das heißt der Mittelwert des Realteils und Imaginärteils berechnet. Die anschließende Verschiebung des Zentrums der Verteilung in den Koordinatenursprung zeigt Abbildung 3.50 am Beispiel der Verteilung für 200 MHz und Antennenposition 1.

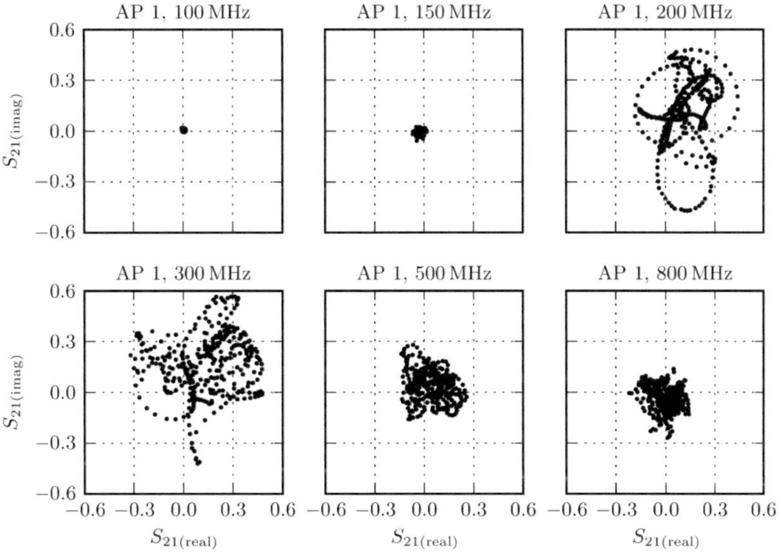

Abbildung 3.48: Streudiagrammansatz, Vorwärtstransmissionsfaktors S_{21} für 6 Frequenzen einer Position von Sende- und Empfangsantenne (AP 1)

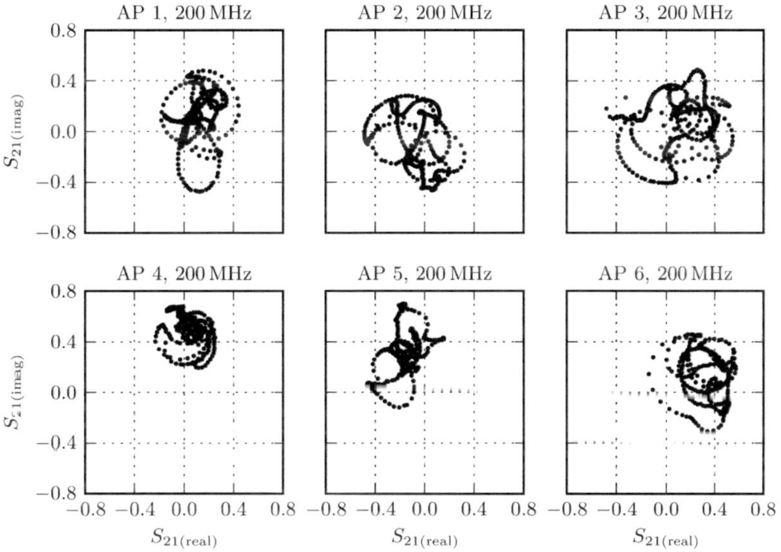

Abbildung 3.49: Streudiagrammansatz, Vorwärtstransmissionsfaktors S_{21} für eine Frequenz und 6 verschiedene Positionen von Sende- und Empfangsantenne

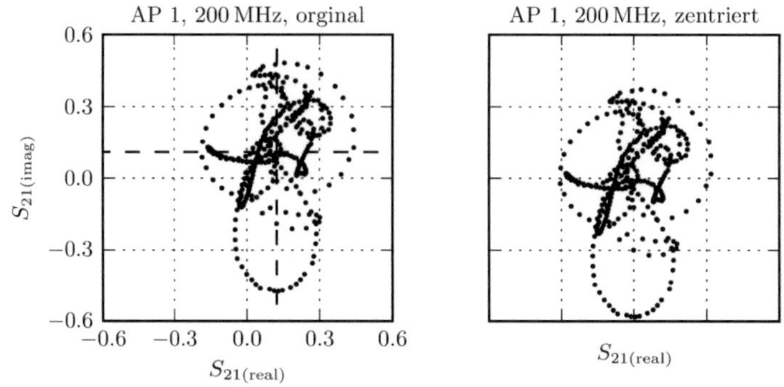

Abbildung 3.50: Streudiagrammansatz, Auswertung Schritt 1: Verschiebung des Zentrums der Verteilung

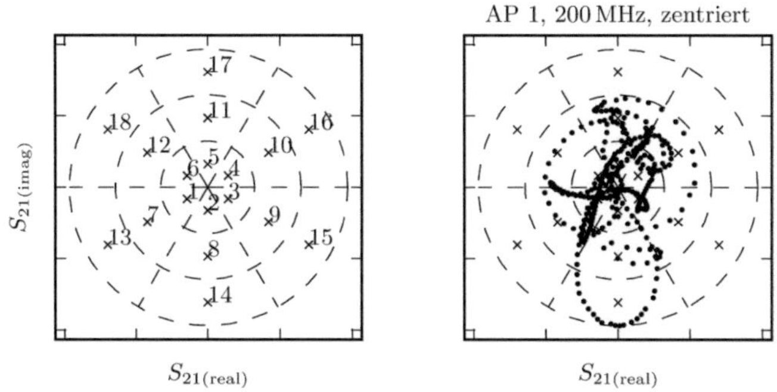

Abbildung 3.51: Streudiagrammansatz, Auswertung Schritt 2: Einteilung in Kreisringausschnitte

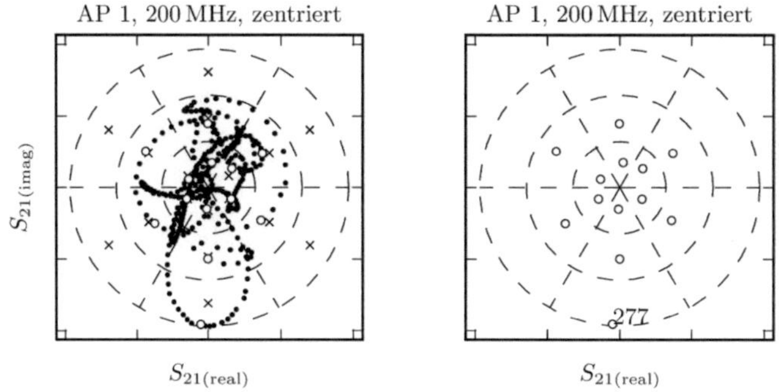

Abbildung 3.52: Streudiagrammansatz, Auswertung Schritt 3: Bestimmung der zugeordneten Rührerstellungen

Im zweiten Schritt erfolgte eine Einteilung des Streudiagramms in Kreisringausschnitte. Dazu wurde im Streudiagramm der maximale Abstand eines Datenpunktes zum Koordinatenursprung ermittelt und eine erste Unterteilung in m Kreisringe in radialer Richtung vorgenommen. Der Radius des größten Kreisringes entspricht dabei dem ermittelten maximalen Abstand zum Koordinatenursprung. Mit einer zweiten Unterteilung in n Kreissektoren ergeben sich insgesamt $(m \times n)$ Kreisringausschnitte. Am Beispiel von (3×6) Kreisringausschnitten ist die beschriebene Einteilung in Abbildung 3.51 dargestellt. Dabei wurde zunächst mit einer linearen Unterteilung in radialer Richtung gearbeitet. Alternativ könnte eine Unterteilung sinnvoll sein, bei der sich Kreisringausschnitte mit gleich großen Flächeninhalten ergeben.

Die Mittelpunkte der Ausschnitte wurden mit einem Kreuz markiert und zur weiteren Verwendung nummeriert. Für jeden Kreisringausschnitt kann anschließend die Rührerstellung bestimmt werden, die den geringsten Abstand zum Mittelpunkt besitzt. Damit ergibt sich eine Auswahl von bis zu $(m \times n)$ Rührerstellungen, die im Weiteren als die zugeordneten Rührerstellungen bezeichnet werden und in Abbildung 3.52 mit unausgefüllten Kreismarkierungen gekennzeichnet sind. Anhand des Diagramms ist zu erkennen, dass einige Ausschnitte keine Datenpunkte enthalten und diesen deshalb keine Rührerstellung zugeordnet werden, womit sich die Anzahl der insgesamt zugeordneten Rührerstellungen reduziert.

Für das gewählte erste Beispiel in Abbildung 3.52, d. h. für Antennenposition 1, eine Frequenz von 200 MHz und 3×6 Kreisringausschnitte ergaben sich 13 zugeordnete Rührerstellungen (18°, 39°, 99°, 128°, 144°, 152°, 158°, 165°, 182°, 190°, 277°, 337°, 355°). Um eine erste Aussage zur Unabhängigkeit der erhaltenen Rührerstellungen treffen zu können, wurden diese mit Hilfe des in Abschnitt 3.2.1 aufgenommen Datensatzes für das Allgemeine Verfahren geprüft. Dabei wurde für alle Kombinationen zweier Rührerstellungen der Korrelationskoeffizient nach Pearson bestimmt und mit dem Schwellenwert 0.37 verglichen. Von den damit möglichen 78 Kombinationen wurden 14 als abhängig bewertet, was einem Prozentsatz von ungefähr 18 % entspricht. Aus dem Allgemeinen Verfahren ergaben sich insgesamt 11 unabhängige Rührerstellungen für 200 MHz. Das heißt, mit der gewählten Anzahl von Kreisringausschnitten liegt die Anzahl der den Kreisringausschnitten zugeordneten Rührerstellungen im Bereich der unabhängigen Rührerstellungen. Eine ausführliche Bewertung dieses Ansatzes erfolgt im nächsten Abschnitt. Es ist aber bereits zu erkennen, dass die Anzahl der Kreisringausschnitte richtig gewählt werden muss, damit das Verfahren gute Ergebnisse liefern kann. Wird die Anzahl zu groß gewählt, ergeben sich auch zugeordnete Rührerstellungen, die voneinander abhängig sein werden.

Um ein besseres Gefühl für die Unabhängigkeit benachbarter Rührerstellungen zu bekommen, wurden die in Abbildung 3.53 dargestellten drei Bereiche von Rührerstellungen auf Unabhängigkeit geprüft. Für die Rührerstellungen $45° \leq \alpha \leq 65°$ und $310° \leq \alpha \leq 340°$ liegen die Datenpunkte im Streudiagramm nah beieinander und es wird vermutet, dass die Anzahl der unabhängigen Rührerstellungen jeweils gering ist. Im Gegensatz dazu liegen die Datenpunkte der Rührerstellungen $150° \leq \alpha \leq 160°$ im Streudiagramm verhältnismäßig weit auseinander, weshalb eine deutlich größere Anzahl von unabhängigen Rührerstellungen erwartet wird. Bei der Überprüfung mit dem Datensatz des Allgemeinen Verfahrens wurden für die 11 Rührerstellungen des Bereiches $65° \leq \alpha \leq 65°$ alle 210 möglichen Kombinationen als abhängig bewertet, ebenso die möglichen 465 Kombinationen der Rührerstellungen $310° \leq \alpha \leq 340°$. Im Gegensatz dazu wurden von 11 Rührerstellungen im Bereich $150° \leq \alpha \leq 160°$ und den damit möglichen 55 Kombination 41 als unabhängig bewertet, das heißt 75 %.

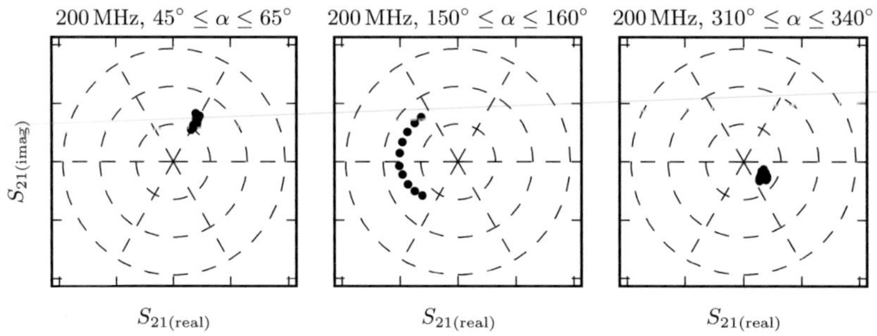

Abbildung 3.53: Streudiagrammansatz, Datenpunkte benachbarter Rührerstellungen ausgewählter Rührersektoren

3.8.3 Anzahl der unabhängigen Rührerstellungen

Zur Bewertung des beschriebenen Ansatzes wurde zunächst die Anzahl der unabhängigen Rührerstellungen, die mit Hilfe des Allgemeinen Verfahrens bestimmt wurde, für Frequenzen $f \geq 250$ MHz in die Spalte 2 der Tabelle 3.13 übernommen.

Allgemeines Verfahren		Streudiagrammansatz			äquidist. Rührerst.		
f in MHz	N_β	$n \times m$	N_{Streu}	$N_{\text{Streu}}^{\text{mca}}$	$\Delta\alpha$	$N_{\text{äqui}}$	$N_{\text{äqui}}^{\text{mca}}$
250	19	4 × 5 (20)	18	10	20	18	11
300	22	4 × 6 (24)	21	10	17	22	12
400	26	4 × 7 (28)	24	12	15	24	15
500	30	4 × 8 (32)	29	15	12	30	20
700	43	5 × 10 (50)	41	23	9	40	27
1000	60	6 × 11 (66)	58	30	6	60	37

Tabelle 3.13: Bewertung des Streudiagrammansatzes und Vergleich zum Standardverfahren

Anschließend wurde für den Streudiagrammansatz und jede der 6 Frequenzen die Anzahl der Kreisringausschnitte $n \times m$ (Spalte 3) so gewählt, dass die Anzahl der resultierenden zugeordneten Rührerstellungen N_{Streu} (Spalte 4) ungefähr so groß wie die Anzahl der unabhängigen Rührerstellungen N_β ist. Die sich ergebenden Rührerstellungen wurden mit Hilfe des in Abschnitt 3.1.1 beschriebenen Maximum-Clique-Algorithmus (mca) untersucht und die sich daraus ergebende Anzahl von unabhängigen Rührerstellungen $N_{\text{Streu}}^{\text{mca}}$in die Tabelle eingetragen. Für einen Vergleich wurde jeweils eine entsprechende Anzahl von äquidistanten Rührerstellungen ausgewählt, die ebenfalls mit dem Maximum-Clique-Algorithmus auf unabhängige Rührerstellungen untersucht wurde. Die Ergebnisse in Tabelle 3.13 zeigen, dass der verwendete Streudiagrammansatz im Vergleich zu äquidistanten Rührerstellungen bei gleicher Anzahl von Rührerstellungen eine geringere Anzahl von tatsächlich unabhängigen Rührerstellungen liefert.

Bei der Vorstellung des Streudiagrammansatzes und Auswahl der Kreisringausschnitte wurde bereits erwähnt, dass zunächst mit einer linearen Unterteilung in radialer Richtung, d. h. mit einer konstanten Breite der Kreisringe gearbeitet wurde, aber vielleicht auch eine Unterteilung in Kreisringausschnitte mit gleich großen Flächeninhalten zielführend sein könnte. Deshalb wurde im nächsten Schritt die Bewertung des Streudiagrammansatzes entsprechend Tabelle 3.13 für Kreisringausschnitte mit gleichen Flächeninhalten wiederholt und die Ergebnisse in Tabelle 3.14 dokumentiert. Diese zeigen jedoch keinen Vorteil gegenüber der Unterteilung mit einer konstanten Breite der Kreisringe. Zur weiteren Bewertung des Streudiagrammansatzes wurden deshalb die für die Unterteilung der Kreisringausschnitte mit konstanter Breite ermittelten zugehörigen Rührerstellungen verwendet.

Allgemeines Verfahren		Streudiagrammansatz					
		konstante Breite			konstanter Flächeninhalt		
f in MHz	N_β	$n \times m$	N_{Streu}	$N_{\text{Streu}}^{\text{mca}}$	$n \times m$	N_{Streu}	$N_{\text{Streu}}^{\text{mca}}$
250	19	2×9 (18)	18	9	3×9 (27)	18	10
300	22	3×9 (27)	23	10	3×10 (30)	22	10
400	26	3×10 (30)	26	14	3×11 (40)	25	12
500	30	3×11 (33)	31	14	3×12 (36)	29	14
700	43	4×12 (48)	41	24	5×13 (65)	42	20
1000	60	4×17 (66)	59	31	5×17 (85)	59	27

Tabelle 3.14: Bewertung des Streudiagrammansatzes für Kreisringausschnitte mit gleichen Flächeninhalten

3.8.4 Häufigkeitsverteilung der Korrelationskoeffizienten und Feldhomogenität

Zur weiterführenden Bewertung des Streudiagrammansatzes wurden die Häufigkeitsverteilungen der Korrelationskoeffizienten und die Feldhomogenität der ermittelten zugehörigen Rührerstellungen bestimmt. Die Häufigkeitsverteilungen der Korrelationskoeffizienten zeigt Abbildung 3.54.

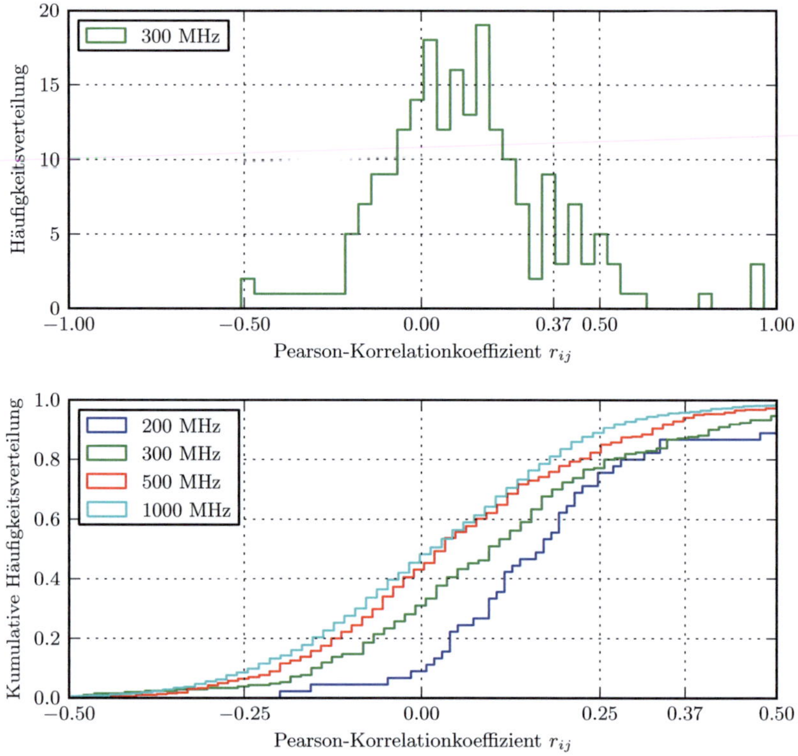

Abbildung 3.54: Häufigkeitsverteilung des Pearson-Korrelationskoeffizienten bei Verwendung des Streudiagrammansatzes

Im Vergleich zu den entsprechenden Ergebnissen der äquidistanten Rührerstellungen des Standardverfahrens in Abbildung 3.27 auf Seite 124 sind jedoch keine signifikanten Abweichungen zu erkennen. Deshalb wurde im nächsten Schritt die Feldhomogenität der zugehörigen Rührerstellungen berechnet und zusammen mit den entsprechenden Werten der in Tabelle 3.13 gegebenen unabhängigen Rührerstellungen des Allgemeinen Verfahrens und der Werte der entsprechenden Anzahl äquidistanter Rührerstellungen in Abbildung 3.55 dargestellt.

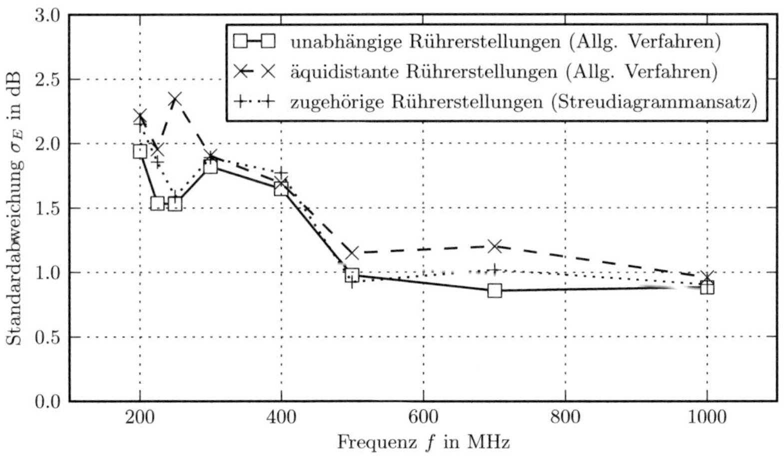

Abbildung 3.55: Feldhomogenität bei Verwendung des Streudiagrammansatzes und Vergleich zum Allgemeinen Verfahren

Die Ergebnisse zeigen, dass die aus den zugehörigen Rührerstellungen des Streudiagrammansatzes resultierende Feldhomogenität im untersuchten Frequenzbereich von 200 MHz bis 1000 MHz bei einer näherungsweise gleichen Anzahl von Rührerstellungen nur sehr geringe Abweichungen zur Feldhomogenität der unabhängigen Rührerstellungen des Allgemeinen Verfahrens zeigt. Aber auch die Feldhomogenität bei äquidistanter Verteilung der Anzahl der unabhängigen Rührerstellungen ist nur geringfügig schlechter. In allen drei Fällen wird der in DIN EN 61000-4-21 geforderte Grenzwert für die Homogenität des Feldes im Prüfvolumen eingehalten.

Das Ergebnis, dass die Feldhomogenität der zugehörigen Rührerstellungen des Streudiagrammansatzes und die Feldhomogenität der unabhängigen Rührerstellungen des Allgemeinen Verfahrens näherungsweise gleich groß sind, ist besonders interessant, da bei Bewertung mit dem Maximum-Clique-Algorithmus die maximalen Cliquen nur ungefähr halb so groß wie die Anzahl der zugehörigen Rührerstellungen waren.

Die ersten Untersuchungen zum Streudiagrammansatz lieferten hinsichtlich der Feldhomogenität Ergebnisse, die vergleichbar zum Allgemeinen Verfahren sind. Der Vorteil des Verfahrens liegt im geringeren Zeitaufwand für die Messung der Streuparameter. Allerdings hat der Streudiagrammansatz den Nachteil, dass die Einteilung der Streudiagramme vom Anwender vorgegeben werden muss, die Einteilung aber auch einen entscheidenden Einfluss auf die Ergebnisse hat.

3.9 Zusammenfassung und Schlussfolgerungen

Bei einer Modenverwirbelungskammer handelt es sich um eine Schirmkabine mit reflektierenden Wänden, in die ein mechanischer Rührer integriert wird. Der als Hohlraumresonator wirkenden Schirmkabine wird damit ein drehbarer Streukörper hinzugefügt. Durch die Drehung des Rührers werden die räumlichen Randbedingungen für die elektromagnetischen Feldgrößen verändert. Die damit verbundene Änderung der Feldverteilung in der Schirmkabine wird auch als Verwirbelung bezeichnet und ist von der Größe, der Position und der Geometrie des Rührers abhängig.

Aus der Überlagerung der sich in der MVK ausbreitenden Wellen und der damit verbundenen Auslöschung bzw. Verstärkung der Feldstärkeanteile resultiert für jede Stellung des Rührers ein inhomogenes Feld. Betrachtet man jedoch das Maximum der Feldverteilungen, das sich für eine gewählte Anzahl von Rührerstellungen ergibt, kann sich die Homogenität des Feldes in Abhängigkeit von der Anzahl und der Verteilung der Rührerstellungen signifikant verbessern.

Allgemein wird angenommen, dass sich eine maximale Feldhomogenität für den theoretischen Fall der Überlagerung unendlich vieler, inhomogener Feldverteilungen ergibt. Für die praktische Anwendung beschränkt man sich darauf, eine Mindestanforderung der Feldhomogenität zu erreichen. Diese ist durch die in DIN EN 61000-4-21 definierte Grenzwertkurve gegeben. Zur Optimierung der Zeit, die für die Störfestigkeitsmessung in der MVK benötigt wird, soll diese Anforderung an das Prüffeld mit einer möglichst geringen Anzahl von Rührerstellungen realisiert werden.

Der in diesem Zusammenhang eingeführte Begriff der „unabhängigen Rührerstellungen" bezeichnet Rührerstellungen, deren Feldverteilungen nicht positiv linear korreliert sind. Das Kriterium für die Unabhängigkeit von Rührerstellungen wurde in Abschnitt 3.2.3 ausführlich erläutert. Es wurde angenommen, dass die unabhängigen Rührerstellungen speziell dafür geeignet sind, um bei minimaler Anzahl der Rührerstellungen ein möglichst homogenes Prüffeld zu erzeugen.

Im Rahmen der vorliegenden Arbeit wurde ein neues Verfahren zur Bestimmung der unabhängigen Rührerstellungen in einer MVK vorgestellt, das als Allgemeines Verfahren bezeichnet wird. Neben diesem Allgemeinen Verfahren wurde das aktuelle Standardverfahren nach DIN EN 61000-4-21 sowie verschiedene alternative Verfahren, die in der Literatur beschrieben werden, untersucht.

Zur Anwendung des Allgemeinen Verfahrens wird zunächst ein Prüfvolumen mit N_o Ortspunkten definiert und anschließend im definierten Frequenzbereich mit N_f diskreten Frequenzen die räumliche Feldverteilung in Abhängigkeit der Rührerstellung aufgenommen. Dabei wird der Modenrührer im Schrittbetrieb verwendet und eine volle Drehung des Rührers durch N_α gleichmäßig verteilte Rührerstellungen abgebildet. Basierend auf den aufgenommenen Messdaten werden mit Hilfe des Pearson-Korrelationskoeffizienten für jede Frequenz die Feldverteilungen der Rührerstellungen auf lineare Korrelation geprüft und die berechneten Korrelationskoeffizienten in entsprechenden Korrelationsmatrizen gespeichert. Paare von Rührerstellungen, deren Feldverteilungen einen Korrelationskoeffizient kleiner als der gewählte Korrelationsschwellenwert liefern, werden als Paare unabhängiger Rührerstellungen bezeichnet. Aus den Korrelationsmatrizen können mit Hilfe geeigneter Algorithmen anschließend für jede Frequenz Gruppen bzw. sogenannte Cliquen unabhängiger Rührerstellungen bestimmt werden. Damit liefert das Allgemeine Verfahren eine Aussage zur Anzahl und der Verteilung der unabhängigen Rührerstellungen. Das Standardverfahren verwendet hingegen nur einen einzigen Ortspunkt und liefert unter Verwendung des Autokorrelationskoeffizienten nur eine Abschätzung für die Anzahl der unabhängigen Rührerstellungen, jedoch keine Information zur Verteilung der Rührerstellungen. Auch bei den alternativen Ansätzen kann zwischen Verfahren unterschieden werden, die sowohl eine Aussage zur Anzahl als auch zur Verteilung der unabhängigen Rührerstellungen treffen und Verfahren, die nur eine Abschätzung der Anzahl liefern.

Da bisher kein aussagekräftiger Vergleich der verschiedenen Verfahren statt fand, war dies ein Ziel der Untersuchungen. Da das Allgemeine Verfahren eine Aussage zur Anzahl und Verteilung der unabhängigen Rührerstellungen liefert, wurden die Ergebnisse des Allgemeinen Verfahrens als Grundlage für den Vergleich der Verfahren verwendet. Als Kriterien für die Bewertung und den Vergleich der Verfahren wurden dabei die Anzahl der unabhängigen Rührerstellungen sowie die Homogenität des Feldes im Prüfvolumen der MVK verwendet.

Bei den Untersuchungen zum Allgemeinen Verfahren wurden zwei Algorithmen getestet und bewertet, der einfache Algorithmus 1 und der auf der Graphentheorie beruhende Maximum-Clique Algorithmus (Algotithums 2). Die Untersuchungen zeigten, dass Algorithmus 1 wesentlich schneller als Algorithmus 2 ist, jedoch nicht dafür ausgelegt ist, die größte maximale Clique unabhängiger Rührerstellungen zu finden. Im Gegensatz dazu ist Algorithmus 2 darauf ausgelegt, die größte maximale Clique zu finden. Dieser ist bei Verwendung von $N_\alpha = 360$ Rührerstellungen aber sehr zeitintensiv. Im Vergleich ist die Anzahl der unabhängigen Rührerstellungen, die Algorithmus 1 in sehr kurzer Zeit liefert, größer als die Anzahl des auf 48 h pro Frequenz begrenzten Algorithmus 2. Die weiterführenden Untersuchungen erfolgten deshalb mit Algorithmus 1. Erste Ergebnisse zur Fragestellung, welche Abweichungen bei Verwendung von Algorithmus 1 von der tatsächlichen Anzahl der unabhängigen Rührerstellungen zu erwarten sind, wurden dokumentiert und weisen darauf hin, dass die von Algorithmus 1 gefunden maximalen Cliquen eine bis zu 15 % geringere Anzahl von unabhängigen Rührerstellungen liefert.

Die Ergebnisse des Allgemeinen Verfahrens zeigten, dass eine Anpassung des Korrelationsschwellenwertes an die Anzahl der Messpunkte sinnvoll ist. Es wurde ein Ansatz vorgestellt, bei dem als Korrelationsschwellenwert der kritische Wert r_{krit} verwendet wird. Dieser Wert ist aus der allgemeinen Statistik bekannt und wird zur Prüfung von Korrelationskoeffizienten auf Signifikanz verwendet. Die ersten Ergebnisse zu diesem Ansatz sind vielversprechend und bieten einen interessanten Anknüpfungspunkt für weiterführende Untersuchungen.

Wie bereits diskutiert hat das Allgemeine Verfahren den Vorteil, dass neben der Anzahl der unabhängigen Rührerstellungen auch deren Verteilung bestimmt wird. Ein wenig diskutierter, jedoch sehr praxisrelevanter Punkt ist, dass die Verteilung der unabhängigen Rührerstellungen bei jeder Frequenz unterschiedlich ist. Für die Anwendung, das heißt für die Erzeugung eines möglichst homogenen Prüffeldes im Prüfvolumen der MVK wäre es jedoch von Vorteil, einen bestimmten Satz von Rührerstellungen verwenden zu können, der für höhere Frequenzen nur reduziert wird. Die durchgeführten Untersuchungen zur Homogenität des Prüffeldes weisen jedoch darauf hin, dass bei äquidistanter Verteilung der als unabhängig bestimmten Anzahl von Rührerstellungen die Feldhomogenität nur unwesentlich schlechter ist. Das heißt, für die Praxis könnte ausgehend von den Ergebnissen des Allgemeinen Verfahrens ein entsprechend angepasster Satz von Rührerstellungen abgeleitet und verwendet werden.

Das Standardverfahren liefert nur eine Abschätzung für die Anzahl der unabhängigen Rührerstellungen, jedoch keine Information zur Verteilung der Rührerstellungen und nimmt deshalb an, dass die Rührerstellungen äquidistant über eine Drehung des Rührers verteilt sind. Die Untersuchungen zum Standardverfahren zeigten, dass die Anzahl der als unabhängig bestimmten Rührerstellungen in Abhängigkeit vom gewählten Ortspunkt stark variiert und im Frequenzbereich von 250 GHz bis 1000 GHz der Mittelwert über 27 Ortspunkte gegenüber dem Allgemeinen Verfahren eine um den Faktor 1.8 höhere Anzahl liefert. Diese Überschätzung gegenüber dem Allgemeinen Verfahren wird mit steigender Frequenz noch größer. Weiterhin konnte festgestellt werden, dass das Standardverfahren im unteren Frequenzbereich, in dem die Feldverteilungen in der MVK eine hohe Korrelation aufweisen, eine unerwartet hohe Anzahl unabhängiger Rührerstellungen liefern kann, welche jedoch der Methodik (Verwendung des Autokorrelationskoeffizienten) geschuldet und real nicht vorhanden ist.

Die Untersuchungen zur Homogenität des Feldes im Prüfvolumen der MVK zeigen, dass die äquidistanten Rührerstellungen des Standardverfahrens und die unabhängigen Rührerstellungen des Allgemeinen Verfahrens eine ähnlich gute Feldhomogenität liefern, wobei die zugrunde liegende Anzahl von Rührerstellungen beim Standardverfahren im betrachteten Frequenzbereich ungefähr doppelt so groß ist wie beim Allgemeinen Verfahren. Das heißt, bei Verwendung der Rührerstellungen des Standardverfahrens ergibt sich bei annähernd gleicher Feldhomogenität ein entsprechender Mehraufwand für die Messung.

Bei beiden Verfahren, d. h. beim Allgemeinen Verfahren und beim Standardverfahren konnte weiterhin festgestellt werden, dass bei gleicher Anzahl, aber zufälliger Auswahl der Rührerstellungen die Feldhomogenität im Mittel nur geringfügig schlechter bzw. näherungsweise gleich ist, bei entsprechender Wahl der Rührerstellungen die Feldhomogenität aber noch signifikant verbessert werden kann. Auch dies stellt einen sehr interessanten Anknüpfungspunkt für weiterführende Untersuchungen dar. Ausgehend von den Ergebnissen kann die Fragestellung abgeleitet werden, ob die Bestimmung der unabhängigen Rührerstellungen in Hinblick auf eine möglichst gute Homogenität des Prüffeldes überhaupt ein zielführender Ansatz ist. Speziell für den Anwender stellt sich die Frage, ob es in Hinblick auf die Validierung der MVK nicht sinnvoller ist, durch eine Variation der Anzahl der Rührerstellung bei äquidistanter Verteilung dieser Rührerstellungen eine Optimierung mit dem Ziel durchzuführen, bei minimaler Anzahl der Rührerstellungen ein möglichst homogenes Feld zu erzeugen.

Neben dem Allgemeinen Verfahren und dem Standardverfahren wurden ausgewählte alternative Verfahren untersucht. Dazu gehörten das Frequenzintervallverfahren, das Güte-Volumen-Verfahren, das Leistungsabfall-Verfahren, der Entropieansatz und ein neues alternatives Verfahren, der vorgestellte Streudiagrammansatz.

Die Ergebnisse des Frequenzintervallverfahrens, bei dem die Auswertung der räumlichen Feldverteilungen durch eine entsprechende Auswertung der Frequenzvariation ersetzt wird, zeigten eine gute Übereinstimmung zu den Ergebnissen des Allgemeinen Verfahrens. Dabei ist jedoch die Korrelation der verwendeten Unterfrequenzen zu beachten, d. h. der Abstand der benachbarten Unterfrequenzen muss an den verwendeten Korrelationsschwellenwert angepasst werden. Das Frequenzintervallverfahren stellt prinzipiell eine interessante Alternative dar, wurde im Rahmen der Arbeit jedoch nicht weiter verfolgt.

Das Güte-Volumen-Verfahren, d. h. die Abschätzung der Anzahl der unabhängigen Rührerstellungen basierend auf der Güte der Kammer, dem Kammervolumen und dem Rührervolumen konnte durch die Untersuchungen in der Modenverwirbelungskammer der TU Dresden nicht bestätigt werden.

Das Leistungsabfall-Verfahren, bei dem die MVK bei über die Sendeantenne mit einem pulsmodulierten Sinussignal angeregt und der zeitliche Verlauf der Leistung an der Empfangsantenne in Abhängigkeit der Rührerstellung aufgenommen wird, liefert eine Abschätzung für die Anzahl der unabhängigen Rührerstellungen. Da mit steigender Frequenz die Güte der Kammer größer wird und sich damit der zeitliche Abfall der Leistung entsprechend ändert, stellt sich beim Leistungsabfall-Verfahren generell die Frage, wie das zur Auswertung benötigte Zeitfenster zu wählen ist. Da bei den durchgeführten Untersuchungen im Frequenzbereich bis 1 GHz bereits hohe Schwankungen auftraten, wurde der Ansatz nicht weiter verfolgt.

Der Entropieansatz baut auf dem Datensatz des Allgemeinen Verfahrens, bei dem die Feldverteilung an N_o Ortspunkten im Prüfvolumen in Abhängigkeit der Rührerstellung und der Frequenz aufgenommen wird, auf und stellt eine interessante Alternative zu den Algorithmen 1 und 2 des Allgemeinen Verfahrens dar. Ein entscheidender Nachteil des Entropieansatzes ist dessen systematische Unterschätzung bei Verwendung einer kleinen Anzahl von Ortspunkten im Prüfvolumen. Es existieren jedoch verschiedene Korrekturterme, durch die der systematische Fehler verringert werden kann. Die Ergebnisse des Entropieansatzes für die verwendeten Prüfvolumen mit 27 und 63 Ortspunkten zeigen jedoch deutliche Unterschiede bei Verwendung der Korrekturterme von Miller und Grassberger und lassen keine eindeutige Bewertung des Ansatzes zu. Weiterführende Untersuchen sind deshalb sehr zu empfehlen.

Der neu vorgestellte Streudiagrammansatz zur Bestimmung der unabhängigen Rührerstellungen basiert auf der Messung des Streuparameters (S-Parameters) S_{21} an der Durchführungsplatte der unbeladenen Modenverwirbelungskammer. Dabei wird bei jeder Frequenz der Vorwärtstransmissionsfaktor S_{21} in Abhängigkeit der Rührerstellung aufgenommen. Die Auswertung erfolgt anschließend mit Hilfe der Streudiagramme. Die Motivation zur Untersuchung des Verfahrens lag in der Dauer der Messung, die im Vergleich zum Allgemeinen Verfahren relativ schnell durchgeführt werden kann. Nachteil des Ansatzes ist jedoch, dass zur Auswertung der Streudiagramme die Anzahl der unabhängigen Rührerstellungen bereits bekannt sein muss. Im Rahmen der Arbeit wurde deshalb untersucht, ob die aus dem Streudiagrammansatz gewonnene Verteilung der Rührerstellungen geeignet ist, um bei minimaler Anzahl der Rührerstellungen ein möglichst homogenes Feld im Prüfvolumen zu erzeugen. Die Ergebnisse konnten jedoch keinen Vorteil gegenüber den unabhängigen Rührerstellungen des Allgemeinen Verfahrens sowie einer entsprechenden Anzahl äquidistant verteilter Rührerstellungen aufweisen.

Im Rahmen der vorliegenden Arbeit fand eine breit angelegte Untersuchung zum Thema der Bestimmung der unabhängigen Rührerstellungen statt. Dabei wurden verschiedene Verfahren untersucht und viele neue Erkenntnisse gewonnen. Ein Teil der Ergebnisse wurde bereits in [35, 36, 37, 38, 39] veröffentlicht.

Das vorgestellte Allgemeine Verfahren ist aufgrund der Messung sehr zeitaufwendig, liefert jedoch detaillierte Ergebnisse zur Anzahl und Verteilung der unabhängigen Rührerstellungen, die eine Bewertung und einen Vergleich anderer Verfahren ermöglichen. Die Untersuchungen lieferten jedoch keinen eindeutigen Hinweis, dass die unabhängigen Rührerstellung im Vergleich zu äquidistant verteilten Rührerstellung einen signifikanten Vorteil in Hinblick auf das Ziel haben, bei minimaler Anzahl von Rührerstellungen ein möglichst homogenes Prüffeld zu erzeugen. Dies wäre aus Sicht des Autoren der wichtigste Anknüpfungspunkt für weitere Untersuchungen.

A Appendix

A.1 Theorie des Hohlleiters und Hohlraumresonators

Im Rahmen dieser Arbeit erfolgte eine Charakterisierung der Modenverwirbelungskammer der TU Dresden. Bei einer MVK handelt es sich prinzipiell um eine quaderförmige Schirmkabine, in die ein mechanischer Modenrührer integriert wird. Vernachlässigen wir zunächst den Modenrührer und nehmen weiterhin an, dass die Schirmkabine eine geschlossene und ideal leitende Oberfläche besitzt, können wir diese als Hohlraumresonator betrachten. Im folgenden Abschnitt wird deshalb zunächst auf die Theorie des Hohlleiters und Hohlraumresonators eingegangen. Zur Orientierung dienten dabei die Lehrbüchern zur Klassischen Elektrodynamik [7, 40, 41]. Ergänzend wurden [42, 43, 44] verwendet.

A.1.1 Wellenausbreitung im idealen Hohlleiter

A.1.1.1 Maxwell-Gleichungen

Den Ausgangspunkt bilden die vollständigen Maxwell Gleichungen, die den allgemeinen Fall eines instationären (schnell veränderlichen) elektromagnetischen Feldes beschreiben und hier in Differentialform angegeben sind. Die Gleichungen A.1a und A.1b werden auch als die Haupt- und Nebengleichungen bezeichnet. Zusammen mit den Materialgleichungen A.1c bilden diese die Grundlage zur Beschreibung elektromagnetischer Felder.

$$\mathrm{rot}\vec{H} = \vec{J} + \frac{\partial \vec{D}}{\partial t} \qquad \mathrm{rot}\vec{E} = -\frac{\partial \vec{B}}{\partial t} \tag{A.1a}$$

$$\mathrm{div}\vec{D} = \rho \qquad \mathrm{div}\vec{B} = 0 \tag{A.1b}$$

$$\vec{D} = \epsilon\vec{E} \qquad \vec{J} = \kappa\vec{E} \qquad \vec{B} = \mu\vec{H} \tag{A.1c}$$

Die Materialkenngrößen, d. h. die Permittivität ϵ, die Konduktivität κ und die Permeabilität μ, sind im allgemeinsten Fall Funktionen der Zeit, des Ortes sowie des Betrages und der Richtung der elektrischen bzw. magnetischen Feldstärke. Die Zeitabhängigkeit entfällt, wenn Medien betrachtet werden, die sich bezüglich des gewählten Koordinatensystems in Ruhe befinden [45]. Für die Berechnungen in diesem Abschnitt nehmen wir an, dass die Materialkenngrößen unabhängig vom Ort sowie der Richtung und des Betrages der Feldstärke sind, d. h. ein homogenes, lineares und isotropes Medium vorliegt. Setzen wir weiterhin zeitharmonische Vorgänge ($e^{j\omega t}$) voraus, dann können die Maxwell Gleichungen in die komplexe Schreibweise überführt werden.

$$\mathrm{rot}\underline{\vec{H}} = \underline{\vec{J}} + j\omega\underline{\vec{D}} \qquad \mathrm{rot}\underline{\vec{E}} = -j\omega\underline{\vec{B}} \tag{A.2a}$$

$$\mathrm{div}\underline{\vec{D}} = \rho \qquad \mathrm{div}\underline{\vec{B}} = 0 \tag{A.2b}$$

$$\underline{\vec{D}} = \epsilon\underline{\vec{E}} \qquad \underline{\vec{J}} = \kappa\underline{\vec{E}} \qquad \underline{\vec{B}} = \mu\underline{\vec{H}} \tag{A.2c}$$

Um die Ausbreitung von Wellen beschreiben zu können, muss die Wellengleichung abgeleitet werden. Die dafür notwendige Entkopplung der Maxwell Gleichungen beginnt mit dem Einsetzen der Materialgleichungen in die Haupt- und Nebengleichungen.

$$\mathrm{rot}\underline{\vec{H}} = (j\omega\epsilon + \kappa)\,\underline{\vec{E}} \qquad \mathrm{rot}\underline{\vec{E}} = -j\omega\mu\,\underline{\vec{H}} \tag{A.3}$$

$$\mathrm{div}\underline{\vec{E}} = \frac{\rho}{\epsilon} \qquad \mathrm{div}\underline{\vec{H}} = 0 \tag{A.4}$$

Anschließend wenden wir den Rotationsoperator auf die Hauptgleichungen A.3 an und setzen die Hauptgleichungen A.3 erneut in die entstandenen Gleichungen A.5 ein.

$$\mathrm{rot\,rot}\underline{\vec{H}} = (j\omega\epsilon + \kappa)\,\mathrm{rot}\underline{\vec{E}} \qquad \mathrm{rot\,rot}\underline{\vec{E}} = -j\omega\mu\,\mathrm{rot}\underline{\vec{H}} \tag{A.5}$$

$$\mathrm{rot\,rot}\underline{\vec{H}} = (j\omega\epsilon + \kappa)(-j\omega\mu)\,\underline{\vec{H}} \qquad \mathrm{rot\,rot}\underline{\vec{E}} = (-j\omega\mu)(j\omega\epsilon + \kappa)\,\underline{\vec{E}} \tag{A.6}$$

Zur weiteren Umformung der Gleichung A.6 nutzen wir im letzten Schritt das folgende Rechengesetz für Differentialoperatoren $\mathrm{rot\,rot}\underline{\vec{F}} = \mathrm{grad}\,(\mathrm{div}\,\underline{\vec{F}}) - \triangle\underline{\vec{F}}$ aus

$$\mathrm{grad}\,(\mathrm{div}\,\underline{\vec{H}}) - \triangle\underline{\vec{H}} = (\omega^2\mu\epsilon - j\omega\mu\kappa)\,\underline{\vec{H}} \quad \mathrm{grad}\,(\mathrm{div}\,\underline{\vec{E}}) - \triangle\underline{\vec{E}} = (\omega^2\mu\epsilon - j\omega\mu\kappa)\,\underline{\vec{E}} \tag{A.7}$$

und setzen anschließend die Nebengleichungen A.4 ein. Dann erhalten wir die folgenden entkoppelten Differentialgleichungen für die elektrische und magnetische Feldstärke.

$$\triangle\underline{\vec{H}} + (\omega^2\mu\epsilon - j\omega\mu\kappa)\,\underline{\vec{H}} = 0 \qquad \triangle\underline{\vec{E}} + (\omega^2\mu\epsilon - j\omega\mu\kappa)\,\underline{\vec{E}} = \mathrm{grad}\frac{\rho}{\epsilon} \tag{A.8}$$

Mit Hilfe der entkoppelten Maxwell Gleichungen können nun die elektromagnetischen Feldgrößen für ein gegebenes Problem bestimmt werden.

A.1.1.2 Helmholtzgleichung

Unter einem Hohlleiter verstehen wir einen hohlen, zylindrischen Leiter, der mit einem quellenfreien und nichtleitenden Medium der Permittivität ϵ und Permeabilität μ gefüllt und an den Enden offen ist. Für die weitere Berechnung wird außerdem angenommen, dass der Querschnitt des Hohlleiters über die gesamte Länge gleich bleibt und seine Oberfläche ideal leitend ist. Um die Wellenausbreitung im Inneren des Leiters zu untersuchen, setzen wir die Raumladungsdichte $\rho = 0$ und die Konduktivität $\kappa = 0$ für ein quellen- und verlustfreies Medium in die entkoppelten Maxwell Gleichungen ein und erhalten die homogenen Wellengleichungen für $\underline{\vec{E}}$ und $\underline{\vec{H}}$.

$$\triangle\underline{\vec{E}} + \omega^2\mu\epsilon\underline{\vec{E}} = 0 \qquad \triangle\underline{\vec{H}} + \omega^2\mu\epsilon\underline{\vec{H}} = 0 \tag{A.9}$$

Legen wir den Hohlleiter in ein kartesisches Koordinatensystem, so dass dessen Querschnitt in der xy-Ebene liegt und seine Längsausdehnung entsprechend z-gerichtet ist, dann gehen wir von einer Wellenausbreitung in negativer bzw. positiver z-Richtung aus und können für die Lösung der Wellengleichung folgenden Ansatz wählen:

$$\underline{\vec{E}}(\vec{r},t) = \underline{\vec{E}}_0 \cdot e^{j(\omega t - \vec{k}\cdot\vec{r})} \qquad \underline{\vec{H}}(\vec{r},t) = \underline{\vec{H}}_0 \cdot e^{j(\omega t - \vec{k}\cdot\vec{r})}$$
$$\underline{\vec{E}}(\vec{r},t) = \underline{\vec{E}}_0(x,y) \cdot e^{j(\omega t \mp kz)} \qquad \underline{\vec{H}}(\vec{r},t) = \underline{\vec{H}}_0(x,y) \cdot e^{j(\omega t \mp kz)} \tag{A.10}$$

Die an dieser Stelle eingeführte Größe k wird als die Ausbreitungskonstante der Welle oder Wellenzahl bezeichnet. Der zugehörige Wellenvektor $\vec{k}$ besitzt bei Ausbreitung der Welle in z-Richtung entsprechend nur die z-Komponente k_z mit $\vec{k} = \pm k_z\,\vec{e}_z$ für die Ausbreitung in positiver bzw. negativer z-Richtung. Aus dem Skalarprodukt $\vec{k}\vec{r}$ ergibt sich damit die Abhängigkeit von $k_z z$, was im Weiteren in verkürzter Schreibweise als kz notiert wird.

$$\vec{\nabla} = \vec{\nabla}_\mathrm{t} + \vec{\nabla}_z \qquad \text{mit} \quad \vec{\nabla}_\mathrm{t} = \frac{\partial}{\partial x}\vec{e}_x + \frac{\partial}{\partial y}\vec{e}_y \qquad \text{und} \quad \vec{\nabla}_z = \frac{\partial}{\partial z}\vec{e}_z \tag{A.11a}$$
$$\triangle = \triangle_\mathrm{t} + \triangle_z \qquad \text{mit} \quad \triangle_\mathrm{t} = \frac{\partial^2}{\partial x^2} + \frac{\partial^2}{\partial y^2} \qquad \text{und} \quad \triangle_z = \frac{\partial^2}{\partial z^2} \tag{A.11b}$$

Zerlegen wir den Nabla- und Laplace-Operator entsprechend der Gleichungen A.11a und A.11b in einen Anteil in Ausbreitungsrichtung der Welle (z-Anteil bzw. longitudinaler Anteil) und einen Anteil quer zur Ausbreitungsrichtung (transversaler Anteil), dann erhalten wir zunächst

$$\triangle_\mathrm{t}\,\underline{\vec{E}} + \triangle_z\,\underline{\vec{E}} + \omega^2\mu\epsilon\underline{\vec{E}} = 0 \qquad \triangle_\mathrm{t}\underline{\vec{H}} + \triangle_z\,\underline{\vec{E}} + \omega^2\mu\epsilon\underline{\vec{H}} = 0 \tag{A.12}$$
$$\text{mit} \quad \triangle_z\,\underline{\vec{E}} = \frac{\partial^2\,\underline{\vec{E}}}{\partial z^2} = -k^2\,\underline{\vec{E}} \qquad \text{mit} \quad \triangle_z\,\underline{\vec{H}} = \frac{\partial^2\,\underline{\vec{H}}}{\partial z^2} = -k^2\,\underline{\vec{H}}$$

und nach Einsetzen von A.10 die Wellengleichung für den Hohlleiter (Helmholtzgleichung).

$$\left(\triangle_\mathrm{t} + \omega^2\mu\epsilon - k^2\right)\underline{\vec{E}} = 0 \qquad \left(\triangle_\mathrm{t} + \omega^2\mu\epsilon - k^2\right)\underline{\vec{H}} = 0 \tag{A.13}$$

Im nächsten Schritt gehen wir von der magnetischen Feldstärke $\underline{\vec{H}}$ zur magnetischen Flussdichte $\underline{\vec{B}}$ über und zerlegen $\underline{\vec{E}}$ und $\underline{\vec{B}}$ ebenfalls in eine z-Komponente und eine transversale Komponente.

$$\underline{\vec{E}} = \underline{\vec{E}}_\mathrm{t} + \underline{\vec{E}}_z \qquad \underline{\vec{B}} = \underline{\vec{B}}_\mathrm{t} + \underline{\vec{B}}_z \tag{A.14}$$

Diese können wir in die Gleichungen A.13 einsetzen und erhalten nach Umformung in mehreren Schritten die Gleichungen A.15, wobei bei der Auflösung nach $\underline{\vec{E}}_\mathrm{t}$ und $\vec{B}_\mathrm{t}$ vorausgesetzt wurde, dass $(\omega^2\mu\epsilon - k^2)$ verschieden von Null ist. Die einzelnen Schritte der Umformung werden in Anhang A.1.3 erläutert.

Für die Anwendung des transversalen Anteils des Nabla-Operators auf die Komponenten in Ausbreitungsrichtung $\underline{E}_z$ und $\underline{B}_z$ wurde zur Schreibweise $\mathrm{grad}_\mathrm{t}\underline{E}_z$ und $\mathrm{grad}_\mathrm{t}\underline{B}_z$ für den Gradienten übergegangen.

$$\underline{\vec{E}}_\mathrm{t} = \frac{j}{(\omega^2\mu\epsilon - k^2)}\Big(\mp k\,\mathrm{grad}_\mathrm{t}\underline{E}_z + \omega\,(\vec{e}_z \times \mathrm{grad}_\mathrm{t}\underline{B}_z)\Big) \tag{A.15a}$$

$$\underline{\vec{B}}_\mathrm{t} = \frac{j}{(\omega^2\mu\epsilon - k^2)}\Big(\mp k\,\mathrm{grad}_\mathrm{t}\underline{B}_z - \omega\mu\epsilon\,(\vec{e}_z \times \mathrm{grad}_\mathrm{t}\underline{E}_z)\Big) \tag{A.15b}$$

Die Gleichungen zeigen, dass die Transversalkomponenten von $\underline{\vec{E}}$ und $\underline{\vec{B}}$ berechnet werden können, wenn die Komponenten in Ausbreitungsrichtung bekannt sind. Zur Lösung der vektoriellen Differentialgleichungen A.13 bietet sich damit die Möglichkeit, unter Berücksichtigung der Randbedingungen nur die Differentialgleichungen der z-Komponenten zu lösen

$$\left(\triangle_\mathrm{t} + \omega^2\mu\epsilon - k^2\right)\underline{E}_z = 0 \qquad \left(\triangle_\mathrm{t} + \omega^2\mu\epsilon - k^2\right)\underline{B}_z = 0 \tag{A.16}$$

und anschließend die Transversalkomponenten mit Hilfe der Gleichungen A.15a und A.15b zu berechnen. Zur Berechnung können diese auch in ihre Komponenten zerlegt werden:

$$\underline{E}_x = \frac{j}{(\omega^2\mu\epsilon - k^2)}\left(\mp k\frac{\partial\,\underline{E}_z}{\partial\,x} - \omega\,\frac{\partial\,\underline{B}_z}{\partial\,y}\right) \tag{A.17a}$$

$$\underline{B}_x = \frac{j}{(\omega^2\mu\epsilon - k^2)}\left(\mp k\frac{\partial\,\underline{B}_z}{\partial\,x} + \omega\mu\epsilon\,\frac{\partial\,\underline{E}_z}{\partial\,y}\right) \tag{A.17b}$$

$$\underline{E}_y = \frac{j}{(\omega^2\mu\epsilon - k^2)}\left(\mp k\frac{\partial\,\underline{E}_z}{\partial\,y} + \omega\,\frac{\partial\,\underline{B}_z}{\partial\,x}\right) \tag{A.17c}$$

$$\underline{B}_y = \frac{j}{(\omega^2\mu\epsilon - k^2)}\left(\mp k\frac{\partial\,\underline{B}_z}{\partial\,y} - \omega\mu\epsilon\,\frac{\partial\,\underline{E}_z}{\partial\,x}\right) \tag{A.17d}$$

An dieser Stelle kann die kritische Wellenzahl k_c als charakteristische Größe des Wellenleiters eingeführt werden.

$$k_\mathrm{c}^2 = \omega^2\mu\epsilon - k^2 \tag{A.18}$$

Ausgehend von dieser Gleichung kann die kritische Frequenz des Hohlleiters, die auch als Grenzfrequenz oder 'cut-off'-Frequenz bezeichnet wird, abgeleitet werden. Die Herleitung folgt in Abschnitt A.1.1.7.

A.1.1.3 Randbedingungen

Es wurde ein Hohlleiter mit einer durchgehenden und ideal leitenden Oberfläche angenommen. Wenn $\vec{n}$ der Normalenvektor der Oberfläche S ist, dann müssen auf der gesamten Oberfläche des Hohlleiters die allgemeinen Randbedingungen A.19 erfüllt sein,

$$\vec{n} \times \vec{E}\Big|_S = 0 \qquad \vec{n} \cdot \vec{B}\Big|_S = 0 \tag{A.19}$$

d. h. am Rand des unendlich leitfähigen Mediums muss die Tangentialkomponente der elektrischen Feldstärke sowie die Normalkomponente der magnetischen Feldstärke verschwinden. Damit existieren am Rand des Leiters nur die Normalkomponente der elektrischen Feldstärke und die Tangentialkomponente der magnetische Feldstärke. Im idealen Leiter selbst fallen diese Komponenten abrupt auf Null ab.

Ausgehend von den allgemeinen Randbedingungen A.19 können für den betrachteten Hohlleiter mit einer Längsausdehnung in z-Richtung, der Oberfläche S und dem Normalenvektor der Oberfläche $\vec{n}$ die folgenden Forderungen abgeleitet werden [7, 40, 41]:

$$E_z|_S = 0 \qquad \frac{\partial B_z}{\partial n}\Big|_S = 0 \tag{A.20}$$

Das heißt, für die z-Komponente der elektrischen Feldstärke ergibt sich die Forderung, dass diese auf der gesamten Oberfläche verschwindet. Die Randbedingung für die z-Komponente der magnetischen Feldstärke fordert, dass die Ableitung in Richtung der Flächennormalen auf der gesamten Oberfläche Null ist.

A.1.1.4 Wellentypen

Wie bereits gezeigt genügt es zur Lösung der Wellengleichungen A.13 zunächst die skalare Helmholtzgleichung für die Komponenten in Ausbreitungsrichtung A.16 zu lösen, da die Transversalkomponenten anschließend mit Hilfe der Gleichungen A.17 und unter Berücksichtigung der Randbedingungen aus den Komponenten in Ausbreitungsrichtung bestimmt werden können.

Die Wellengleichungen und die Randbedingungen für $\underline{E}_z$ und $\underline{B}_z$ bilden zusammen ein Eigenwertproblem, dessen Lösung die Randbedingungen nur erfüllen kann, wenn die Konstante $(\omega^2\mu\epsilon - k^2)$ nicht negativ ist. Unter dieser Voraussetzung ergeben sich bei der Lösung des Eigenwertproblems allgemein 3 verschiedene Wellentypen, die sogenannten TEM-Wellen, TE-Wellen und TM-Wellen [7]. Betrachten wir den Fall $\omega^2\mu\epsilon - k^2 \neq 0$, dann muss entweder $\underline{E}_z$ oder $\underline{B}_z$ verschieden von Null sein. Im Allgemeinen können aber nicht beide Randbedingungen A.20 gleichzeitig erfüllt werden. Wir unterscheiden deshalb nach der erfüllten Randbedingung zwischen:

TM-Wellen:	$\underline{B}_z = 0,$	$E_z\|_S = 0$	und
TE-Wellen:	$\underline{E}_z = 0,$	$\left.\frac{\partial B_z}{\partial n}\right\|_S = 0$	

Allgemein gilt, dass die im Hohlleiter angeregten Wellen neben den Komponenten senkrecht zur Ausbreitungsrichtung (Transversalkomponenten) auch eine Komponente in Ausbreitungsrichtung (Longitudinalkomponente) besitzen. Bei transversal-magnetischen Wellen (TM-Wellen) existiert die elektrische Komponente in Ausbreitungsrichtung, während die magnetischen Feldlinien in der Transversalebene verlaufen ($\underline{E}_z \neq 0$, $\underline{B}_z = 0$). Entsprechend existiert bei transversal-elektrischen Wellen (TE-Wellen) die magnetische Komponente in Ausbreitungsrichtung, während die elektrischen Feldlinien in der Transversalebene verlaufen ($\underline{E}_z = 0$, $\underline{B}_z \neq 0$) [43]. Der dritte Wellentyp ergibt sich unter der Annahme, dass beide Komponenten in Ausbreitungsrichtung Null sind ($\underline{E}_z = \underline{B}_z = 0$), d. h. die elektrischen und magnetischen Feldlinien in der Transversalebene verlaufen. Im betrachteten Hohlleiter mit einer durchgehenden Oberfläche existieren diese jedoch nicht, da dort nicht beide Randbedingungen gleichzeitig erfüllt sein können [41]. Das bedeutet, im betrachteten Hohlleiter mit einer durchgehenden Oberfläche können sich nur TM- und TE-Wellen ausbreiten.

A.1.1.5 Lösungsschema TM- und TE-Wellen

Setzen wir die Bedingungen $\underline{B}_z = 0$ für die TM-Welle und $\underline{E}_z = 0$ für die TE-Welle in die Gleichungen A.15a und A.15b erhalten wir für die TM-Welle und für die TE-Welle:

$$\vec{\underline{B}}_{\mathrm{t}}^{TM} = \frac{-j\omega\mu\epsilon}{(\omega^2\mu\epsilon - k^2)} \left(\vec{e}_z \times \mathrm{grad}_{\mathrm{t}} \underline{E}_z\right) \qquad \vec{\underline{E}}_{\mathrm{t}}^{TM} = \frac{\mp jk}{(\omega^2\mu\epsilon - k^2)} \mathrm{grad}_{\mathrm{t}} \underline{E}_z \tag{A.21a}$$

$$\vec{\underline{B}}_{\mathrm{t}}^{TE} = \frac{\mp jk}{(\omega^2\mu\epsilon - k^2)} \mathrm{grad}_{\mathrm{t}} \underline{B}_z \qquad \vec{\underline{E}}_{\mathrm{t}}^{TE} = \frac{j\omega}{(\omega^2\mu\epsilon - k^2)} \vec{e}_z \times \mathrm{grad}_{\mathrm{t}} \underline{B}_z \tag{A.21b}$$

In beiden Fällen können wir die Gleichungen ineinander einsetzen und erhalten:

$$\vec{\underline{B}}_{\mathrm{t}}^{TM} = \frac{-j\omega\mu\epsilon}{(\omega^2\mu\epsilon - k^2)} \left(\vec{e}_z \times \mathrm{grad}_{\mathrm{t}} \underline{E}_z\right) \qquad \Big| \quad \mathrm{grad}_{\mathrm{t}} E_z = \frac{(\omega^2\mu\epsilon - k^2)}{\mp jk} \vec{\underline{E}}_{\mathrm{t}}$$

$$\vec{\underline{B}}_{\mathrm{t}}^{TM} = \pm \frac{\omega\mu\epsilon}{k} \left(\vec{e}_z \times \vec{\underline{E}}_{\mathrm{t}}^{TM}\right) \tag{A.22a}$$

$$\vec{\underline{E}}_{\mathrm{t}}^{TE} = \frac{j\omega}{(\omega^2\mu\epsilon - k^2)} \left(\vec{e}_z \times \mathrm{grad}_{\mathrm{t}} \underline{B}_z\right) \qquad \Big| \quad \mathrm{grad}_{\mathrm{t}} B_z = \frac{(\omega^2\mu\epsilon - k^2)}{\mp jk} \vec{\underline{B}}_{\mathrm{t}}^{TE}$$

$$\vec{\underline{E}}_{\mathrm{t}}^{TE} = \mp \frac{\omega}{k} \left(\vec{e}_z \times \vec{\underline{B}}_{\mathrm{t}}^{TE}\right) \tag{A.22b}$$

An dieser Stelle kann der Wellenwiderstand Z_W der Hohlleiters eingeführt werden, wobei dieser für die TM-Welle und TE-Welle unterschiedlich definiert wird. Damit lassen sich die Gleichungen A.22 in die folgende Form überführen:

$$\underline{\vec{H}}_{\mathrm{t}}^{TM} = \pm\frac{\omega\epsilon}{k}\left(\vec{e}_z \times \underline{\vec{E}}_{\mathrm{t}}\right) = \pm\frac{1}{Z_W}\left(\vec{e}_z \times \underline{\vec{E}}_{\mathrm{t}}\right) \qquad \text{mit} \quad Z_W = \frac{k}{\omega\epsilon} \tag{A.23a}$$

$$\underline{\vec{E}}_{\mathrm{t}}^{TE} = \mp\frac{\omega\mu}{k}\left(\vec{e}_z \times \underline{\vec{H}}_{\mathrm{t}}^{TE}\right) = \mp Z_W\left(\vec{e}_z \times \underline{\vec{H}}_{\mathrm{t}}^{TE}\right) \qquad \text{mit} \quad Z_W = \frac{\omega\mu}{k} \tag{A.23b}$$

Mit Hilfe der abgeleiteten Gleichungen A.23 kann das folgende Lösungsschema zur Berechnung der elektrischen Feldstärke $\underline{\vec{E}}$ und der magnetischen Feldstärke $\underline{\vec{H}}$ im Hohlleiter angegeben werden.

	TM-Wellen: $\underline{H}_z = 0$	**TE-Wellen:** $\underline{E}_z = 0$
Schritt 1:	$\left(\triangle_{\mathrm{t}} + \omega^2\mu\epsilon - k^2\right)\underline{E}_z = 0$	$\left(\triangle_{\mathrm{t}} + \omega^2\mu\epsilon - k^2\right)\underline{H}_z = 0$
	mit $E_z\big\vert_S = 0$	mit $\left.\frac{\partial H_z}{\partial n}\right\vert_S = 0$
Schritt 2:	$\underline{\vec{E}}_{\mathrm{t}}^{TM} = \frac{\mp jk}{(\omega^2\mu\epsilon - k^2)}\,\mathrm{grad}_{\mathrm{t}}\underline{E}_z$	$\underline{\vec{H}}_{\mathrm{t}}^{TE} = \frac{\mp jk}{(\omega^2\mu\epsilon - k^2)}\,\mathrm{grad}_{\mathrm{t}}\underline{H}_z$
Schritt 3:	$\underline{\vec{H}}_{\mathrm{t}}^{TM} = \pm\frac{1}{Z_W}\left(\vec{e}_z \times \underline{\vec{E}}_{\mathrm{t}}^{TM}\right)$	$\underline{\vec{E}}_{\mathrm{t}}^{TE} = \mp Z_W\left(\vec{e}_z \times \underline{\vec{H}}_{\mathrm{t}}^{TE}\right)$
	mit $Z_W = \frac{k}{\omega\epsilon}$	mit $Z_W = \frac{\omega\mu}{k}$

Für den Fall der Ausbreitung von TM-Wellen ($\underline{B}_z = 0$) muss im ersten Schritt die Helmholtzgleichung für die Feldstärkekomponente in Ausbreitungsrichtung $\underline{E}_z$ gelöst werden. Im zweiten Schritt kann daraus die transversale Feldstärkekomponente $\underline{\vec{E}}_{\mathrm{t}}$ berechnet werden. Im dritten und letzten Schritt kann die transversale Feldstärkekomponente $\underline{\vec{H}}_{\mathrm{t}}$ unter Verwendung des Wellenwiderstandes Z_W bestimmt werden. Die Berechnung kann, wie im Lösungsschema dargestellt, entsprechend für den Fall der Ausbreitung von TE-Wellen durchgeführt werden.

A.1.1.6 Rechteckförmiger Hohlleiter

In den letzten Abschnitten hatten wir zunächst den allgemeinen Fall eines Hohlleiter mit einer durchgehenden und ideal leitenden Oberfläche und beliebigem Querschnitt betrachtet. Dabei wurde gefordert, dass sich der Querschnitt des Hohlleiters über dessen Längsausdehnung nicht ändert. Für den Fall des in z-Richtung ausgedehnten Hohlleiters hatten wir die Gleichungen zur Berechnung der sich im Hohlleiter ausbreitenden TM- und TE-Wellen in Form eines Lösungsschemas angegeben. Diese Gleichungen sollen im nächsten Schritt für den Fall eines rechteckigen Hohlleiters mit den Seitenlängen a und $b \leq a$ angewendet werden.

Lösung für TM-Wellen

Mit Hilfe der im Lösungsschema zusammengefassten Gleichungen kann die Ausbreitung von TM- und TE-Wellen im Rechteckhohlleiter mit den inneren Abmessungen a (in x-Richtung) und b (in y-Richtung) berechnet werden. In diesem Abschnitt soll zunächst die Lösung für den Fall der Ausbreitung von TM-Wellen ($\underline{H}_z = 0$) betrachtet werden. Beschränken wir uns dabei auf Wellen, die sich im Hohlleiter in positiver z-Richtung ausbreiten, dann sind die folgenden drei Gleichungen zu lösen:

Schritt 1: $\left(\triangle_\mathrm{t} + k_\mathrm{c}^2\right) \underline{E}_z = 0 \quad \text{mit} \quad E_z|_S = 0$

Schritt 2: $\vec{\underline{E}}_\mathrm{t} = -\frac{jk}{k_\mathrm{c}^2}\,\mathrm{grad}_\mathrm{t}\underline{E}_z = -\frac{jk}{k_\mathrm{c}^2}\frac{\partial \underline{E}_z}{\partial x}\,\vec{e}_x - \frac{jk}{k_\mathrm{c}^2}\frac{\partial \underline{E}_z}{\partial y}\,\vec{e}_y$

Schritt 3: $\vec{\underline{H}}_\mathrm{t} = +\frac{1}{Z_W}\left(\vec{e}_z \times \vec{\underline{E}}_\mathrm{t}\right) = +\frac{jk}{k_\mathrm{c}^2 Z_W}\frac{\partial \underline{E}_z}{\partial y}\,\vec{e}_x - \frac{jk}{k_\mathrm{c}^2 Z_W}\frac{\partial \underline{E}_z}{\partial x}\,\vec{e}_y$

Für die sich in positiver z-Richtung ausbreitenden Wellen können wir für die Komponente der elektrischen Feldstärke in Ausbreitungsrichtung $\underline{E}_z$ den allgemeinen Ansatz angeben,

$$\underline{E}_z(x, y, z, t) = E_{0z}(x, y) \cdot e^{j(\omega t - kz)}$$

wobei die Funktion $E_{0z}(x, y)$ noch berechnet werden muss. Dazu setzen wir diese im ersten Schritt in die skalare Helmholtzgleichung ein

$$\left(\triangle_\mathrm{t} + k_\mathrm{c}^2\right) E_{0z}(x, y)\, e^{j(\omega t - kz)} = 0$$

und wenden zur Separation den Produktansatz mit $E_{0z}(x, y) = X(x) \cdot Y(y)$ an.

$$\frac{\partial^2 E_{0z}(x,y)}{\partial x^2} + \frac{\partial^2 E_{0z}(x,y)}{\partial y^2} + k_\mathrm{c}^2\, E_{0z}(x,y) = 0$$

$$Y(y)\,\frac{\partial^2 X(x)}{\partial x^2} + X(x)\,\frac{\partial^2 Y(y)}{\partial y^2} + k_\mathrm{c}^2\, X(x)Y(y) = 0$$

$$\frac{1}{X(x)}\frac{\partial^2 X(x)}{\partial x^2} + \frac{1}{Y(y)}\frac{\partial^2 Y(y)}{\partial y^2} + k_\mathrm{c}^2 = 0$$

Führen wir anschließend durch Zerlegung der Konstanten k_c die neuen Konstanten k_x und k_y ein, wobei $k_\mathrm{c}^2 = k_x^2 + k_y^2$ gelten soll, dann erhalten wir aus der partiellen Differentialgleichung zwei gewöhnliche Differentialgleichungen, die separat gelöst werden können.

$$\frac{1}{X(x)}\frac{\partial^2 X(x)}{\partial x^2} + k_x^2 = 0 \qquad \frac{1}{Y(y)}\frac{\partial^2 Y(y)}{\partial y^2} + k_y^2 = 0$$

$$\frac{\partial^2 X(x)}{\partial x^2} + k_x^2\, X(x) = 0 \qquad \frac{\partial^2 Y(x)}{\partial y^2} + k_y^2\, Y(y) = 0$$

$$X(x) = C_1 \cos(k_x x) + C_2 \sin(k_x x) \qquad Y(y) = C_3 \cos(k_y y) + C_4 \sin(k_y y)$$

Damit können wir zunächst eine Lösung für $\underline{E}_z$ in Abhängigkeit der Konstanten C_1, C_2, C_3 und C_4 angeben.

$$
\begin{aligned}
E_{0z}(x,y) &= \left[C_1 \cos(k_x x) + C_2 \sin(k_x x)\right]\left[C_3 \cos(k_y y) + C_4 \sin(k_y y)\right] \\
\underline{E}_z(x,y,z,t) &= E_{0z}(x,y) \cdot e^{j(\omega t - kz)}
\end{aligned}
$$

Als Randbedingung für die TE-Welle hatten wir gefordert, dass die Komponente der elektrischen Feldstärke in Ausbreitungsrichtung auf der gesamten Oberfläche verschwinden muss.

$$
E_z|_S = 0
$$

Für den Rechteckhohlleiter mit den inneren Abmessungen a und b können somit die folgenden Randbedingungen abgeleitet

$$
\begin{aligned}
E_{0z}(x=0) &= 0 && \rightarrow && C_1 = 0 \\
E_{0z}(y=0) &= 0 && \rightarrow && C_3 = 0 \\
& && \rightarrow && C_2 \cdot C_4 = E_{0z\,mn} \\
E_{0y}(x=a) &= 0 && \rightarrow && k_x = \frac{m\pi}{a} \quad (m = 0,1,2,3...) \\
E_{0z}(x=b) &= 0 && \rightarrow && k_y = \frac{n\pi}{b} \quad (n = 0,1,2,3...)
\end{aligned}
$$

und die Konstanten C_1, C_2, C_3, C_4, k_x und k_y bestimmt werden. Durch das Einsetzen der Konstanten erhalten wir die Lösung für $\underline{E}_z$, mit der wir anschließend auch die Transversalkomponenten berechnen können.

$$
\begin{aligned}
\underline{E}_z(x,y,z,t) &= +E_{0z\,mn} \sin\left(\frac{m\pi x}{a}\right) \sin\left(\frac{n\pi y}{b}\right) e^{j(\omega t - kz)} \\
\underline{E}_x(x,y,z,t) &= -\frac{jk}{k_c^2} \cdot E_{0z\,mn} \cdot \frac{m\pi}{a} \cos\left(\frac{m\pi x}{a}\right) \sin\left(\frac{n\pi y}{b}\right) e^{j(\omega t - kz)} \\
\underline{E}_y(x,y,z,t) &= -\frac{jk}{k_c^2} \cdot E_{0z\,mn} \cdot \frac{n\pi}{b} \sin\left(\frac{m\pi x}{a}\right) \cos\left(\frac{n\pi y}{b}\right) e^{j(\omega t - kz)} \\
\underline{H}_x(x,y,z,t) &= +\frac{jk}{k_c^2} \cdot \frac{E_{0z\,mn}}{Z_W} \cdot \frac{n\pi}{b} \sin\left(\frac{m\pi x}{a}\right) \cos\left(\frac{n\pi y}{b}\right) e^{j(\omega t - kz)} \\
\underline{H}_y(x,y,z,t) &= -\frac{jk}{k_c^2} \cdot \frac{E_{0z\,mn}}{Z_W} \cdot \frac{m\pi}{a} \cos\left(\frac{m\pi x}{a}\right) \sin\left(\frac{n\pi y}{b}\right) e^{j(\omega t - kz)}
\end{aligned}
$$

In Abhängigkeit der Konstanten m und n sprechen wir allgemein von den TM_{mn}-Wellen. Durch die Indices m und n, die als zwei ganzzahlige Konstanten bestimmt wurden, sind alle möglichen TM-Wellen beschrieben, wobei die Einschränkung $m \geq 1$ und $n > 1$ gelten muss. Die TM_{00}-, TM_{01}- und TM_{10}-Welle existieren nicht, da beim Einsetzen der entsprechenden Konstanten die Felder verschwinden [41].

Lösung für TE-Wellen

Im letzten Abschnitt haben wir die Komponenten der elektrischen und magnetischen Feldstärke bei Ausbreitung von TM-Wellen im Hohlleiter berechnet, wobei nur die Ausbreitung der Wellen in positiver z-Richtung betrachtet wurde. Analog können wir die Komponenten der elektrischen und magnetischen Feldstärke bei Ausbreitung von TE-Wellen im Hohlleiter berechnen. Dem Lösungsschema aus Abschnitt A.1.1.5 entnehmen wir entsprechend:

$$\text{Schritt 1:} \quad \left(\triangle_\mathrm{t} + k_\mathrm{c}^2\right) \underline{H}_z = 0 \quad \text{mit} \quad \left.\frac{\partial H_z}{\partial n}\right|_S = 0$$

$$\text{Schritt 2:} \quad \vec{\underline{H}}_\mathrm{t} = -\frac{jk}{k_\mathrm{c}^2}\,\mathrm{grad}_\mathrm{t}\underline{E}_z = -\frac{jk}{k_\mathrm{c}^2}\frac{\partial \underline{H}_z}{\partial x}\vec{e}_x - \frac{jk}{k_\mathrm{c}^2}\frac{\partial \underline{H}_z}{\partial y}\vec{e}_y$$

$$\text{Schritt 3:} \quad \vec{\underline{H}}_\mathrm{t} = -Z_W\left(\vec{e}_z \times \vec{\underline{H}}_\mathrm{t}\right) = -\frac{jkZ_W}{k_\mathrm{c}^2}\frac{\partial \underline{H}_z}{\partial y}\vec{e}_x + \frac{jkZ_W}{k_\mathrm{c}^2}\frac{\partial \underline{H}_z}{\partial x}\vec{e}_y$$

Analog zum Fall der Ausbreitung von TM-Wellen wählen wir im ersten Schritt den Produktansatz zur Lösung der skalaren Helmholtzgleichung und erhalten für $\underline{H}_z$ eine Lösung in Abhängigkeit der Konstanten C_1, C_2, C_3 und C_4.

$$H_{0z}(x,y) = \left[C_1\cos(k_x x) + C_2\sin(k_x x)\right]\left[C_3\cos(k_y y) + C_4\sin(k_y y)\right]$$

$$\underline{H}_z(x,y,z,t) = H_{0z}(x,y)\cdot e^{j(\omega t - kz)}$$

Von der allgemeinen Randbedingung können wir anschließend auf die Randbedingungen für den Rechteckhohlleiter schließen und die Konstanten bestimmen.

$$\left.\frac{\partial H_{0z}}{\partial x}\right|_{(x=0)} = 0 \quad \rightarrow \quad C_2 = 0$$

$$\left.\frac{\partial H_{0z}}{\partial y}\right|_{(y=0)} = 0 \quad \rightarrow \quad C_4 = 0$$

$$\rightarrow \quad C_1 \cdot C_3 = H_{0z\,mn}$$

$$\left.\frac{\partial H_{0z}}{\partial x}\right|_{(x=a)} = 0 \quad \rightarrow \quad k_x = \frac{m\pi}{a} \quad (m = 0,1,2,3...)$$

$$\left.\frac{\partial H_{0z}}{\partial y}\right|_{(y=b)} = 0 \quad \rightarrow \quad k_y = \frac{n\pi}{b} \quad (n = 0,1,2,3...)$$

Nach dem Einsetzen der Konstanten erhalten wir die Lösung für die Komponente der magnetischen Feldstärke in Ausbreitungsrichtung $\underline{H}_z$ und können im zweiten und dritten Schritt die Transversalkomponenten der magnetischen und elektrischen Feldstärke berechnen.

$$\underline{H}_z(x,y,z,t) = +H_{0z\,mn}\cos\left(\frac{m\pi x}{a}\right)\cos\left(\frac{n\pi y}{b}\right)e^{j(\omega t - kz)}$$

$$\underline{H}_x(x,y,z,t) = +\frac{jk}{k_\mathrm{c}^2}\cdot H_{0z\,mn}\cdot\frac{m\pi}{a}\sin\left(\frac{m\pi x}{a}\right)\cos\left(\frac{n\pi y}{b}\right)e^{j(\omega t - kz)}$$

$$\underline{H}_y(x,y,z,t) = +\frac{jk}{k_c^2} \cdot H_{0z\,mn} \cdot \frac{n\pi}{b} \cos\left(\frac{m\pi x}{a}\right) \sin\left(\frac{n\pi y}{b}\right) e^{j(\omega t - kz)}$$
$$\underline{E}_x(x,y,z,t) = +\frac{jk}{k_c^2} \cdot H_{0z\,mn} Z_W \cdot \frac{n\pi}{b} \cos\left(\frac{m\pi x}{a}\right) \sin\left(\frac{n\pi y}{b}\right) e^{j(\omega t - kz)}$$
$$\underline{E}_y(x,y,z,t) = -\frac{jk}{k_c^2} \cdot H_{0z\,mn} Z_W \cdot \frac{m\pi}{a} \sin\left(\frac{m\pi x}{a}\right) \cos\left(\frac{n\pi y}{b}\right) e^{j(\omega t - kz)}$$

Für die TE_{mn}-Welle muss einschränkend gelten, dass mindestens eine der beiden Konstanten m und n verschieden von Null ist ($(m,n) \neq (0,0)$). Im Gegensatz zur TM_{mn}-Welle existieren auch die TE_{01}- und TE_{10}-Welle.

A.1.1.7 Hohlleitergrenzfrequenz

Wie in Abschnitt A.1.1.4 bereits diskutiert, bilden die Wellengleichungen und die Randbedingungen für $\underline{E}_z$ und $\underline{H}_z$ zusammen ein Eigenwertproblem, dessen Lösung die Randbedingungen nur erfüllen kann, wenn die als kritische Wellenzahl eingeführte Konstante k_c^2 nicht negativ ist.

$$k_c^2 = \omega^2\mu\epsilon - k^2$$

Lösen wir die Definitionsgleichung für die kritische Wellenzahl nach der Wellenzahl k auf,

$$k^2 = \omega^2\mu\epsilon - k_c^2$$
$$k = \sqrt{\omega^2\mu\epsilon - k_c^2}$$

dann können wir folgende Fälle unterscheiden.

(1)	$k_c^2 < \omega^2\mu\epsilon$	$\rightarrow$	$\omega^2\mu\epsilon - k_c^2 > 0$	$\rightarrow$	k ist reell
(2)	$k_c^2 = \omega^2\mu\epsilon$	$\rightarrow$	$\omega^2\mu\epsilon - k_c^2 = 0$	$\rightarrow$	$k = 0$
(3)	$k_c^2 > \omega^2\mu\epsilon$	$\rightarrow$	$\omega^2\mu\epsilon - k_c^2 < 0$	$\rightarrow$	k ist imaginär

Im ersten Fall ergibt sich mit $k_c^2 < \omega^2\mu\epsilon$ ein positiver Wert für k^2. Da die Wellenzahl k somit reell ist, können sich die Wellen im Hohlleiter ausbreiten. Im Gegensatz dazu erhält man im dritten Fall mit $k_c^2 > \omega^2\mu\epsilon$ einen negativen Wert für k^2 und damit eine Wellenzahl, die rein imaginär ist. Beim Einsetzen einer imaginären Wellenzahl in die Lösungen der Wellengleichungen ist zu erkennen, dass wir mit $e^{j\omega t} \cdot e^{-kz}$ für die z-Abhängigkeit eine Exponentialfunktion mit reellem Exponenten, d. h. eine exponentielle Dämpfung der Wellen in Ausbreitungsrichtung erhalten. Das bedeutet, diese Wellen sind nicht ausbreitungsfähig. Der zweite Fall beschreibt somit genau den Übergang zwischen ausbreitungsfähigen und nicht ausbreitungsfähigen Wellen im Hohlleiter, für den die Grenzfrequenz f_c bzw. die sogenannte kritische Frequenz oder 'cut-off'-Frequenz des Hohlleiters berechnet werden kann. Damit ist f_c die kleinste Frequenz, bis zu der die Ausbreitung eines bestimmten Wellentyps noch möglich ist. Während sich die Wellen der Frequenz $f > f_\mathrm{c}$ im Hohlleiter ausbreiten, sind Wellen der Frequenz $f \leq f_\mathrm{c}$ nicht mehr ausbreitungsfähig.

$$\begin{aligned} k_\mathrm{c}^2 &= \omega_c^2 \mu\epsilon = (2\pi f_\mathrm{c})^2 \mu\epsilon \\ f_\mathrm{c} &= \frac{1}{2\pi\sqrt{\mu\epsilon}}\sqrt{k_\mathrm{c}^2} \end{aligned} \tag{A.24}$$

Für den im letzten Abschnitt betrachteten Rechteckhohlleiter mit den inneren Abmessungen a und $b \leq a$ und $k_\mathrm{c}^2 = k_x^2 + k_y^2$ kann die Grenzfrequenz in Abhängigkeit vom Wellentyp angegeben werden.

$$\begin{aligned} f_\mathrm{c} &= \frac{1}{2\pi\sqrt{\mu\epsilon}}\sqrt{k_x^2 + k_y^2} \qquad k_x = \frac{m\pi}{a},\ k_y = \frac{n\pi}{b} \\ f_{c\,mn} &= \frac{1}{2\sqrt{\mu\epsilon}}\sqrt{\left(\frac{m}{a}\right)^2 + \left(\frac{n}{b}\right)^2} \end{aligned} \tag{A.25}$$

Für die TE_{10}-Welle ergibt sich die Grenzfrequenz $f_{c\,10}$, welche zugleich die kleinste Grenzfrequenz des betrachteten Rechteckhohlleiters ist.

$$f_{c\,10} = \frac{1}{2a\sqrt{\mu\epsilon}} \tag{A.26}$$

A.1.2 Wellenausbreitung im idealen Hohlraumresonator

In Abschnitt A.1.1 hatten wir uns mit der Wellenausbreitung im Hohlleiter beschäftigt. Als Hohlleiter hatten wir dabei einen hohlen, zylindrischen Leiter mit einer durchgehenden Oberfläche betrachtet, der mit einem quellenfreien und nichtleitenden Medium gefüllt und an seinen Enden offen ist. Für die Berechnungen wurde angenommen, dass der Querschnitt des Hohlleiters über die gesamte Länge gleich bleibt und seine Oberfläche ideal leitend ist. Darauf aufbauend betrachten wir in diesem Abschnitt einen entsprechenden Hohlleiter, der an beiden Enden mit ideal leitenden, ebenen Flächen senkrecht zur z-Richtung abgeschlossen ist. Wir erhalten einen Hohlraumresonator, in dem sich durch Reflexionen an den Endflächen stehende Wellen in z-Richtung ausbilden können. Ausgehend vom Rechteckhohlleiter mit den Innenabmessungen a und b soll im Weiteren die Wellenausbreitung des Hohlraumresonator mit rechteckigem Querschnitt und der Länge d untersucht werden.

A.1.2.1 Helmholtzgleichung

Als Lösung der skalaren Helmholtzgleichung im Rechteckhohlleiter hatten wir für die Komponenten der elektrischen und magnetischen Feldstärke in Ausbreitungsrichtung (positiver z-Richtung) die Gleichungen A.27 erhalten.

$$\underline{E}_z(x,y,z,t) = +E_{0z\,mn} \sin\left(\frac{m\pi x}{a}\right) \sin\left(\frac{n\pi y}{b}\right) e^{j(\omega t - kz)} \tag{A.27a}$$

$$\underline{H}_z(x,y,z,t) = +H_{0z\,mn} \cos\left(\frac{m\pi x}{a}\right) \cos\left(\frac{n\pi y}{b}\right) e^{j(\omega t - kz)} \tag{A.27b}$$

Damit sich im Hohlraumresonator stehende Wellen ausbilden, müssen sich die hinlaufenden und reflektierten Wellen entsprechend überlagern, was zum Ansatz A.28 führt.

$$\underline{E}_z(x,y,z,t) = E_{0z}(x,y) \cdot \left(C_5\, e^{-jkz} + C_6\, e^{-jkz}\right) e^{j\omega t} \tag{A.28a}$$

$$\text{mit} \quad \underline{E}_{0z}(x,y) = E_{0z\,mn} \sin\left(\frac{m\pi x}{a}\right) \sin\left(\frac{n\pi y}{b}\right)$$

$$\underline{H}_z(x,y,z,t) = H_{0z}(x,y) \cdot \left(C_7\, e^{-jkz} + C_8\, e^{-jkz}\right) e^{j(\omega t - kz)} \tag{A.28b}$$

$$\text{mit} \quad \underline{H}_{0z}(x,y) = H_{0z\,mn} \cos\left(\frac{m\pi x}{a}\right) \cos\left(\frac{n\pi y}{b}\right)$$

Alternativ kann der Ansatz A.29 mit den neu definierten Konstanten C_5, C_6, C_7 und C_8

$$\underline{E}_z(x,y,z,t) = \underline{E}_{0z}(x,y) \cdot (C_5 \cos(kz) + C_6 \sin(kz))\, e^{j\omega t} \tag{A.29a}$$

$$\underline{H}_z(x,y,z,t) = \underline{H}_{0z}(x,y) \cdot (C_7 \cos(kz) + C_8 \sin(kz))\, e^{j\omega t} \tag{A.29b}$$

verwendet werden.

A.1.2.2 Randbedingungen

Wenden wir die allgemeinen Randbedingungen A.19 für die Stirnflächen des Hohlraumresonators bei $z = 0$ und $z = d$ an, dann ergeben sich die abgeleiteten Randbedingungen A.30, d. h. in den ideal leitenden Stirnflächen müssen sowohl die Transversalkomponenten der elektrischen Feldstärke als auch die Komponente der magnetischen Feldstärke in z-Richtung verschwinden.

$$\text{TM-Welle:} \qquad \underline{\vec{E}}_\mathrm{t}(z=0) = \underline{\vec{E}}_\mathrm{t}(z=d) = 0 \tag{A.30a}$$

$$\text{TE-Welle:} \qquad \underline{B}_z(z=0) = \underline{B}_z(z=d) = 0 \tag{A.30b}$$

Da im betrachteten Hohlraumresonator mit einer durchgehenden Oberfläche nicht beide Randbedingungen gleichzeitig erfüllt sein können, unterscheiden wir, wie in Abschnitt A.1.1.4 eingeführt, nach der jeweils erfüllten Randbedingung zwischen TM- und TE-Wellen.

A.1.2.3 Lösungsschema TM und TE-Wellen

Für den Hohlleiter hatten wir ausgehend von den Gleichungen A.15 und A.16 in A.1.1.5 ein Lösungsschema zur Berechnung der Feldstärkekomponenten der TM- und TE-Wellentypen angegeben. Dieses darf jedoch nicht für die Berechnungen im Hohlraumresonator übernommen werden, da die bei der Herleitung der Gleichungen A.15 angenommene z-Abhängigkeit im Fall des Hohlraumresonators nicht mehr erfüllt ist. Für den Fall des Hohlraumresonators und die Ausbildung stehender Wellen in z-Richtung können die folgenden Gleichungen abgeleitet werden (Anhang A.1.3)

$$\underline{\vec{E}}_\mathrm{t} = \frac{1}{(\omega^2\mu\epsilon - k^2)}\left(\mathrm{grad}_\mathrm{t}\left(\frac{\partial \underline{E}_z}{\partial z}\right) + j\omega\mu\left(\vec{e}_z \times \mathrm{grad}_\mathrm{t}\underline{H}_z\right)\right) \tag{A.31a}$$

$$\underline{\vec{H}}_\mathrm{t} = \frac{1}{(\omega^2\mu\epsilon - k^2)}\left(\mathrm{grad}_\mathrm{t}\left(\frac{\partial \underline{H}_z}{\partial z}\right) - j\omega\epsilon\left(\vec{e}_z \times \mathrm{grad}_\mathrm{t}\underline{E}_z\right)\right) \tag{A.31b}$$

und für $\underline{H}_z = 0$ bzw. $\underline{E}_z = 0$ entsprechend das folgende Lösungsschema angegeben werden:

	TM-Wellen: $\underline{H}_z = 0$	**TE-Wellen:** $\underline{E}_z = 0$
Schritt 1:	$\left(\triangle_\mathrm{t} + \omega^2\mu\epsilon - k^2\right)\underline{E}_z = 0$	$\left(\triangle_\mathrm{t} + \omega^2\mu\epsilon - k^2\right)\underline{H}_z = 0$
Schritt 2:	$\underline{\vec{E}}_\mathrm{t} = \frac{1}{(\omega^2\mu\epsilon - k^2)}\mathrm{grad}_\mathrm{t}\left(\frac{\partial \underline{E}_z}{\partial z}\right)$	$\underline{\vec{H}}_\mathrm{t} = \frac{1}{(\omega^2\mu\epsilon - k^2)}\mathrm{grad}_\mathrm{t}\left(\frac{\partial \underline{H}_z}{\partial z}\right)$
Schritt 3:	$\underline{\vec{H}}_\mathrm{t} = \frac{-j\omega\epsilon}{(\omega^2\mu\epsilon - k^2)}\left(\vec{e}_z \times \mathrm{grad}_\mathrm{t}\underline{E}_z\right)$	$\underline{\vec{E}}_\mathrm{t} = \frac{+j\omega\mu}{(\omega^2\mu\epsilon - k^2)}\left(\vec{e}_z \times \mathrm{grad}_\mathrm{t}\underline{B}_z\right)$

Mit Hilfe des Lösungsschemas und der gegebenen Randbedingungen können die Feldstärkekomponenten der TM- und TE-Wellen berechnet werden.

A.1.2.4 Quaderförmiger Hohlraumresonator

Dem Lösungsschema für den Hohlraumresonator können wir die folgenden Gleichungen zur Berechnung der Feldstärkekomponenten der TM-Wellen entnehmen

$$\text{Schritt 1:} \qquad \left(\triangle_\mathrm{t} + k_\mathrm{c}^2\right) \underline{E}_z = 0$$

$$\text{Schritt 2:} \qquad \vec{\underline{E}}_\mathrm{t} = \frac{1}{k_\mathrm{c}^2}\,\mathrm{grad}_\mathrm{t}\left(\frac{\partial \underline{E}_z}{\partial z}\right) = \frac{1}{k_\mathrm{c}^2}\left(\frac{\partial^2 \underline{E}_z}{\partial x \partial z}\,\vec{e}_x + \frac{\partial^2 \underline{E}_z}{\partial y \partial z}\,\vec{e}_y\right)$$

$$\text{mit} \quad \vec{\underline{E}}_\mathrm{t}(z=0) = \vec{\underline{E}}_\mathrm{t}(z=d) = 0$$

$$\text{Schritt 3:} \qquad \vec{\underline{H}}_\mathrm{t} = \frac{-j\omega\epsilon}{k_\mathrm{c}^2}\left(\vec{e}_z \times \mathrm{grad}_\mathrm{t}\underline{E}_z\right) = \frac{-j\omega\epsilon}{k_\mathrm{c}^2}\left(-\frac{\partial \underline{E}_z}{\partial y}\,\vec{e}_x + \frac{\partial \underline{E}_z}{\partial x}\,\vec{e}_y\right)$$

und erhalten unter Berücksichtigung der Randbedingungen die Lösungen:

$$\underline{E}_z(x,y,z,t) = +E_{0z\,mnp}\cdot\sin\left(\frac{m\pi x}{a}\right)\sin\left(\frac{n\pi y}{b}\right)\cos\left(\frac{p\pi z}{d}\right)e^{j\omega t}$$

$$\underline{E}_x(x,y,z,t) = -\frac{1}{k_\mathrm{c}^2}\cdot E_{0z\,mnp}\cdot\frac{m\pi}{a}\frac{p\pi}{d}\cos\left(\frac{m\pi x}{a}\right)\sin\left(\frac{n\pi y}{b}\right)\sin\left(\frac{p\pi z}{d}\right)e^{j\omega t}$$

$$\underline{E}_y(x,y,z,t) = -\frac{1}{k_\mathrm{c}^2}\cdot E_{0z\,mnp}\cdot\frac{n\pi}{b}\frac{p\pi}{d}\sin\left(\frac{m\pi x}{a}\right)\cos\left(\frac{n\pi y}{b}\right)\sin\left(\frac{p\pi z}{d}\right)e^{j\omega t}$$

$$\underline{H}_x(x,y,z,t) = +\frac{j\omega\epsilon}{k_\mathrm{c}^2}\cdot E_{0z\,mnp}\cdot\frac{n\pi}{b}\sin\left(\frac{m\pi x}{a}\right)\cos\left(\frac{n\pi y}{b}\right)\cos\left(\frac{p\pi z}{d}\right)e^{j\omega t}$$

$$\underline{H}_y(x,y,z,t) = -\frac{j\omega\epsilon}{k_\mathrm{c}^2}\cdot E_{0z\,mnp}\cdot\frac{m\pi}{a}\cos\left(\frac{m\pi x}{a}\right)\sin\left(\frac{n\pi y}{b}\right)\cos\left(\frac{p\pi z}{d}\right)e^{j\omega t}$$

Analog können wir dem Lösungsschema die folgenden Gleichungen zur Berechnung der Feldstärkekomponenten der TE-Wellen entnehmen

$$\text{Schritt 1:} \qquad \left(\triangle_\mathrm{t} + k_\mathrm{c}^2\right) \underline{H}_z = 0$$

$$\text{mit} \quad \underline{H}_z(z=0) = \underline{H}_z(z=d) = 0$$

$$\text{Schritt 2:} \qquad \vec{\underline{H}}_\mathrm{t} = \frac{1}{k_\mathrm{c}^2}\,\mathrm{grad}_\mathrm{t}\left(\frac{\partial \underline{H}_z}{\partial z}\right) = \frac{1}{k_\mathrm{c}^2}\left(\frac{\partial^2 \underline{H}_z}{\partial x \partial z}\,\vec{e}_x + \frac{\partial^2 \underline{H}_z}{\partial y \partial z}\,\vec{e}_y\right)$$

$$\text{Schritt 3:} \qquad \vec{\underline{E}}_\mathrm{t} = \frac{j\omega\mu}{k_\mathrm{c}^2}\left(\vec{e}_z \times \mathrm{grad}_\mathrm{t}\underline{H}_z\right) = \frac{j\omega\mu}{k_\mathrm{c}^2}\left(-\frac{\partial \underline{H}_z}{\partial y}\,\vec{e}_x + \frac{\partial \underline{H}_z}{\partial x}\,\vec{e}_y\right)$$

und erhalten unter Berücksichtigung der Randbedingungen die Lösungen:

$$\underline{H}_z(x,y,z,t) = +H_{0z\,mnp}\cdot\cos\left(\frac{m\pi x}{a}\right)\cos\left(\frac{n\pi y}{b}\right)\sin\left(\frac{p\pi z}{d}\right)e^{j\omega t}$$

$$\underline{H}_x(x,y,z,t) = -\frac{1}{k_\mathrm{c}^2}\cdot H_{0z\,mnp}\cdot\frac{m\pi}{a}\frac{p\pi}{d}\sin\left(\frac{m\pi x}{a}\right)\cos\left(\frac{n\pi y}{b}\right)\cos\left(\frac{p\pi z}{d}\right)e^{j\omega t}$$

$$\underline{H}_y(x,y,z,t) = -\frac{1}{k_\mathrm{c}^2}\cdot H_{0z\,mnp}\cdot\frac{n\pi}{b}\frac{p\pi}{d}\cos\left(\frac{m\pi x}{a}\right)\sin\left(\frac{n\pi y}{b}\right)\cos\left(\frac{p\pi z}{d}\right)e^{j\omega t}$$

$$\underline{E}_x(x,y,z,t) = +\frac{j\omega\epsilon}{k_c^2} \cdot H_{0z\,mnp} \cdot \frac{n\pi}{b} \cos\left(\frac{m\pi x}{a}\right) \sin\left(\frac{n\pi y}{b}\right) \sin\left(\frac{p\pi z}{d}\right) e^{j\omega t}$$
$$\underline{E}_y(x,y,z,t) = -\frac{j\omega\epsilon}{k_c^2} \cdot H_{0z\,mnp} \cdot \frac{m\pi}{a} \sin\left(\frac{m\pi x}{a}\right) \cos\left(\frac{n\pi y}{b}\right) \sin\left(\frac{p\pi z}{d}\right) e^{j\omega t}$$

A.1.2.5 Resonanzfrequenzen

Für den Fall des Hohlleiters hatten wir in Abschnitt A.1.1.7 ausgehend von der definierten kritischen Wellenzahl k_c erläutert, dass ein bestimmter Wellentyp nur ausbreitungsfähig ist, wenn die Bedingungen $\omega^2\mu\epsilon > k_c^2$ erfüllt ist und die Wellenzahl somit einen reellen Wert annimmt.

$$k_c^2 = \omega^2\mu\epsilon - k^2$$
$$f_c = \frac{1}{2\pi\sqrt{\mu\epsilon}}\sqrt{k_c^2}$$

Aus dieser Bedingung konnten wir die Forderung ableiten, dass die Frequenz einer sich im Hohlleiter ausbreitenden Welle größer als die kritische Frequenz f_c sein muss. Dies gilt auch für den Hohlraumresonator.

Für den Hohlraumresonator können weiterhin dessen Resonanzfrequenzen (Eigenfrequenzen) berechnet werden. Für den betrachteten Fall des quaderförmigen Hohlraumresonators mit den Abmessungen a, b und d kann die Gleichung A.32 abgeleitet werden.

$$k_c^2 = \omega^2\mu\epsilon - k^2 \qquad k_c^2 = k_x^2 + k_y^2$$
$$\omega^2\mu\epsilon = k_x^2 + k_y^2 + k^2 \qquad k_x = \frac{m\pi}{a},\ k_y = \frac{n\pi}{b},\ k = \frac{p\pi}{d}$$
$$f_r = \frac{1}{2\sqrt{\mu\epsilon}}\sqrt{\left(\frac{m}{a}\right)^2 + \left(\frac{n}{b}\right)^2 + \left(\frac{p}{d}\right)^2} \tag{A.32}$$

Unter der Annahme, dass die Modenverwirbelungskammer in erster Näherung als idealer Hohlraumresonator betrachtet werden kann, können damit auch deren Resonanzfrequenzen berechnet werden.

A.1.3 Transversalkomponenten im Hohlleiter und Hohlraumresonator

Maxwell Gleichungen (Hauptgleichungen) für isotropes, lineares, homogenes, nichtleitendes Medium und zeitharmonische Vorgänge:

$$\vec{\nabla} \times \underline{\vec{B}} = j\omega\mu\epsilon\, \underline{\vec{E}} \tag{A.33a}$$
$$\vec{\nabla} \times \underline{\vec{E}} = -j\omega\, \underline{\vec{B}} \tag{A.33b}$$

Zerlegung des Nabla-Operators in transversalen Anteil und Anteil in Ausbreitungsrichtung:

$$\vec{\nabla} = \vec{\nabla}_\mathrm{t} + \vec{\nabla}_z \qquad \text{mit} \quad \vec{\nabla}_\mathrm{t} = \frac{\partial}{\partial x}\vec{e}_x + \frac{\partial}{\partial y}\vec{e}_y \qquad \text{und} \quad \vec{\nabla}_z = \frac{\partial}{\partial z}\vec{e}_z \tag{A.34}$$

Analog, Zerlegung der elektrischen Feldstärke $\underline{\vec{E}}$ und magnetischen Flussdichte $\underline{\vec{B}}$ in transversale Komponente und Komponente in Ausbreitungsrichtung (z-Komponente):

$$\underline{\vec{E}} = \underline{\vec{E}}_\mathrm{t} + \underline{\vec{E}}_z \tag{A.35a}$$
$$\underline{\vec{B}} = \underline{\vec{B}}_\mathrm{t} + \underline{\vec{B}}_z \tag{A.35b}$$

Einsetzen in die Maxwellschen Gleichungen:

$$(\vec{\nabla}_\mathrm{t} + \vec{\nabla}_z) \times (\underline{\vec{B}}_\mathrm{t} + \underline{\vec{B}}_z) = j\omega\mu\epsilon\, (\underline{\vec{E}}_\mathrm{t} + \underline{\vec{E}}_z) \tag{A.36a}$$
$$(\vec{\nabla}_\mathrm{t} + \vec{\nabla}_z) \times (\underline{\vec{E}}_\mathrm{t} + \underline{\vec{E}}_z) = -j\omega\, (\underline{\vec{B}}_\mathrm{t} + \underline{\vec{B}}_z) \tag{A.36b}$$

Auflösen der Kreuzprodukte $\vec{a} \times \left(\vec{b} + \vec{c}\right) = \vec{a} \times \vec{b} + \vec{a} \times \vec{c}$:

$$\vec{\nabla}_\mathrm{t} \times \underline{\vec{B}}_\mathrm{t} + \vec{\nabla}_\mathrm{t} \times \underline{\vec{B}}_z + \vec{\nabla}_z \times \underline{\vec{B}}_\mathrm{t} + \vec{\nabla}_z \times \underline{\vec{B}}_z = j\omega\mu\epsilon\, (\underline{\vec{E}}_\mathrm{t} + \underline{\vec{E}}_z) \tag{A.37a}$$
$$\vec{\nabla}_\mathrm{t} \times \underline{\vec{E}}_\mathrm{t} + \vec{\nabla}_\mathrm{t} \times \underline{\vec{E}}_z + \vec{\nabla}_z \times \underline{\vec{E}}_\mathrm{t} + \vec{\nabla}_z \times \underline{\vec{E}}_z = -j\omega\, (\underline{\vec{B}}_\mathrm{t} + \underline{\vec{B}}_z) \tag{A.37b}$$

Vereinfachen $\vec{\nabla}_z \times \underline{\vec{E}}_z = 0$, $\vec{\nabla}_z \times \underline{\vec{B}}_z = 0$:

$$\vec{\nabla}_\mathrm{t} \times \underline{\vec{B}}_\mathrm{t} + \vec{\nabla}_\mathrm{t} \times \underline{\vec{B}}_z + \vec{\nabla}_z \times \underline{\vec{B}}_\mathrm{t} = j\omega\mu\epsilon\, (\underline{\vec{E}}_\mathrm{t} + \underline{\vec{E}}_z) \tag{A.38a}$$
$$\vec{\nabla}_\mathrm{t} \times \underline{\vec{E}}_\mathrm{t} + \vec{\nabla}_\mathrm{t} \times \underline{\vec{E}}_z + \vec{\nabla}_z \times \underline{\vec{E}}_\mathrm{t} = -j\omega\, (\underline{\vec{B}}_\mathrm{t} + \underline{\vec{B}}_z) \tag{A.38b}$$

Zerlegen der Gleichungen:

$$\vec{\nabla}_\mathrm{t} \times \underline{\vec{B}}_\mathrm{t} = j\omega\mu\epsilon\, \underline{\vec{E}}_z \tag{A.39a}$$
$$\vec{\nabla}_\mathrm{t} \times \underline{\vec{B}}_z + \vec{\nabla}_z \times \underline{\vec{B}}_\mathrm{t} = j\omega\mu\epsilon\, \underline{\vec{E}}_\mathrm{t} \tag{A.39b}$$
$$\vec{\nabla}_\mathrm{t} \times \underline{\vec{E}}_\mathrm{t} = -j\omega\, \underline{\vec{B}}_z \tag{A.39c}$$
$$\vec{\nabla}_\mathrm{t} \times \underline{\vec{E}}_z + \vec{\nabla}_z \times \underline{\vec{E}}_\mathrm{t} = -j\omega\, \underline{\vec{B}}_\mathrm{t} \tag{A.39d}$$

Anwendung des Rotations-Operators (z-Anteil) auf die Gleichungen A.39b und A.39d:

$$\vec{\nabla}_z \times (\vec{\nabla}_\mathrm{t} \times \underline{\vec{B}}_z) + \vec{\nabla}_z \times (\vec{\nabla}_z \times \underline{\vec{B}}_\mathrm{t}) = j\omega\mu\epsilon\,(\vec{\nabla}_z \times \underline{\vec{E}}_\mathrm{t}) \tag{A.40a}$$
$$\vec{\nabla}_z \times (\vec{\nabla}_\mathrm{t} \times \underline{\vec{E}}_z) + \vec{\nabla}_z \times (\vec{\nabla}_z \times \underline{\vec{E}}_\mathrm{t}) = -j\omega\,(\vec{\nabla}_z \times \underline{\vec{B}}_\mathrm{t}) \tag{A.40b}$$

Auflösen und vereinfachen der doppelten Kreuzprodukte:

$$\vec{\nabla}_z \times (\vec{\nabla}_\mathrm{t} \times \underline{\vec{B}}_z) = \vec{\nabla}_\mathrm{t}(\vec{\nabla}_z \cdot \underline{\vec{B}}_z) - (\vec{\nabla}_z \cdot \vec{\nabla}_\mathrm{t})\underline{\vec{B}}_z = \vec{\nabla}_\mathrm{t}(\vec{\nabla}_z \cdot \underline{\vec{B}}_z) \tag{A.41a}$$
$$\vec{\nabla}_z \times (\vec{\nabla}_z \times \underline{\vec{B}}_\mathrm{t}) = \vec{\nabla}_z(\vec{\nabla}_z \cdot \underline{\vec{B}}_\mathrm{t}) - \vec{\nabla}_z^2 \underline{\vec{B}}_\mathrm{t} = -\vec{\nabla}_z^2 \vec{B}_t \tag{A.41b}$$
$$\vec{\nabla}_z \times (\vec{\nabla}_\mathrm{t} \times \underline{\vec{E}}_z) = \vec{\nabla}_\mathrm{t}(\vec{\nabla}_z \cdot \underline{\vec{E}}_z) - (\vec{\nabla}_z \cdot \vec{\nabla}_\mathrm{t})\underline{\vec{E}}_z = \vec{\nabla}_\mathrm{t}(\vec{\nabla}_z \cdot \underline{\vec{E}}_z) \tag{A.41c}$$
$$\vec{\nabla}_z \times (\vec{\nabla}_z \times \underline{\vec{E}}_\mathrm{t}) = \vec{\nabla}_z(\vec{\nabla}_z \cdot \underline{\vec{E}}_\mathrm{t}) - \vec{\nabla}_z^2 \underline{\vec{E}}_\mathrm{t} = -\vec{\nabla}_z^2 \underline{\vec{E}}_\mathrm{t} \tag{A.41d}$$

Einsetzen in die Gleichungen A.40a und A.40b:

$$\vec{\nabla}_\mathrm{t}(\vec{\nabla}_z \cdot \underline{\vec{B}}_z) - \vec{\nabla}_z^2 \underline{\vec{B}}_\mathrm{t} = j\omega\mu\epsilon\,(\vec{\nabla}_z \times \underline{\vec{E}}_\mathrm{t}) \tag{A.42a}$$
$$\vec{\nabla}_\mathrm{t}(\vec{\nabla}_z \cdot \underline{\vec{E}}_z) - \vec{\nabla}_z^2 \underline{\vec{E}}_\mathrm{t} = -j\omega\,(\vec{\nabla}_z \times \underline{\vec{B}}_\mathrm{t}) \tag{A.42b}$$

Einsetzen der Gleichungen A.39b und A.39d:

$$\vec{\nabla}_\mathrm{t}(\vec{\nabla}_z \cdot \underline{\vec{B}}_z) - \vec{\nabla}_z^2 \underline{\vec{B}}_\mathrm{t} = j\omega\mu\epsilon\left(-j\omega\,\underline{\vec{B}}_\mathrm{t} - \vec{\nabla}_\mathrm{t} \times \underline{\vec{E}}_z\right) \tag{A.43a}$$
$$\vec{\nabla}_\mathrm{t}(\vec{\nabla}_z \cdot \underline{\vec{E}}_z) - \vec{\nabla}_z^2 \underline{\vec{E}}_\mathrm{t} = -j\omega\left(j\omega\mu\epsilon\,\underline{\vec{E}}_\mathrm{t} - \vec{\nabla}_\mathrm{t} \times \underline{\vec{B}}_z\right) \tag{A.43b}$$

Auflösen der Klammern:

$$\vec{\nabla}_\mathrm{t}(\vec{\nabla}_z \cdot \underline{\vec{B}}_z) - \vec{\nabla}_z^2 \underline{\vec{B}}_\mathrm{t} = \omega^2\mu\epsilon\,\underline{\vec{B}}_\mathrm{t} - j\omega\mu\epsilon\,(\vec{\nabla}_\mathrm{t} \times \underline{\vec{E}}_z) \tag{A.44a}$$
$$\vec{\nabla}_\mathrm{t}(\vec{\nabla}_z \cdot \underline{\vec{E}}_z) - \vec{\nabla}_z^2 \underline{\vec{E}}_\mathrm{t} = \omega^2\mu\epsilon\,\underline{\vec{E}}_\mathrm{t} + j\omega\,(\vec{\nabla}_\mathrm{t} \times \underline{\vec{B}}_z) \tag{A.44b}$$

A.1.3.1 Hohlleiter

Lösungsansatz für sich in positiver bzw. negativer z-Richtung ausbreitende Wellen:

$$\underline{\vec{E}}(x,y,z,t) = \underline{\vec{E}}(x,y) \cdot e^{j(\omega t \mp kz)} \tag{A.45a}$$
$$\underline{\vec{B}}(x,y,z,t) = \underline{\vec{B}}(x,y) \cdot e^{j(\omega t \mp kz)} \tag{A.45b}$$

Umformung von Termen der Gleichungen A.44a und A.44b durch Einsetzen der Lösungsansätze A.45a und A.45b:

$$\vec{\nabla}_\mathrm{t}(\vec{\nabla}_z \cdot \underline{\vec{B}}_z) = \vec{\nabla}_\mathrm{t}\left(\frac{\partial\,\underline{\vec{B}}(x,y) \cdot e^{j(\omega t \mp kz)}}{\partial\,z}\right) = \mp jk\vec{\nabla}_\mathrm{t}\underline{B}_z \tag{A.46a}$$

$$\vec{\nabla}_\mathrm{t}(\vec{\nabla}_z \cdot \underline{\vec{E}}_z) = \vec{\nabla}_\mathrm{t}\left(\frac{\partial\, \underline{\vec{E}}(x,y)\cdot e^{j(\omega t \mp kz)}}{\partial\, z}\right) = \mp jk\vec{\nabla}_\mathrm{t}\underline{E}_z \tag{A.46b}$$

$$\vec{\nabla}_z^2\vec{E}_t = \frac{\partial^2\, \underline{\vec{E}}(x,y)\cdot e^{j(\omega t \mp kz)}}{\partial\, z^2} = (\mp jk)^2\, \underline{\vec{E}}_\mathrm{t} = -k^2\, \underline{\vec{E}}_\mathrm{t} \tag{A.46c}$$

$$\vec{\nabla}_z^2\underline{\vec{B}}_\mathrm{t} = \frac{\partial^2\, \underline{\vec{B}}(x,y)\cdot e^{j(\omega t \mp kz)}}{\partial\, z^2} = (\mp jk)^2\, \underline{\vec{B}}_\mathrm{t} = -k^2\, \underline{\vec{B}}_\mathrm{t} \tag{A.46d}$$

Einsetzen in die Gleichungen A.44a und A.44b:

$$(\omega^2\mu\epsilon - k^2)\underline{\vec{B}}_\mathrm{t} = \mp jk\vec{\nabla}_\mathrm{t}\underline{B}_z + j\omega\mu\epsilon\,(\vec{\nabla}_\mathrm{t}\times\underline{\vec{E}}_z) \tag{A.47a}$$

$$(\omega^2\mu\epsilon - k^2)\underline{\vec{E}}_\mathrm{t} = \mp jk\vec{\nabla}_\mathrm{t}\underline{E}_z - j\omega\,(\vec{\nabla}_\mathrm{t}\times\underline{\vec{B}}_z) \tag{A.47b}$$

Auflösen nach $\underline{\vec{E}}_\mathrm{t}$ und $\underline{\vec{B}}_\mathrm{t}$ mit $(\omega^2\mu\epsilon - k^2) \neq 0$:

$$\underline{\vec{B}}_\mathrm{t} = \frac{1}{(\omega^2\mu\epsilon - k^2)}\Big(\mp jk\vec{\nabla}_\mathrm{t}\underline{B}_z + j\omega\mu\epsilon\,(\vec{\nabla}_\mathrm{t}\times\underline{\vec{E}}_z)\Big) \tag{A.48a}$$

$$\underline{\vec{E}}_\mathrm{t} = \frac{1}{(\omega^2\mu\epsilon - k^2)}\Big(\mp jk\vec{\nabla}_\mathrm{t}\underline{E}_z - j\omega\,(\vec{\nabla}_\mathrm{t}\times\underline{\vec{B}}_z)\Big) \tag{A.48b}$$

Umformen der Kreuzprodukte:

$$\underline{\vec{B}}_\mathrm{t} = \frac{j}{(\omega^2\mu\epsilon - k^2)}\Big(\mp k\vec{\nabla}_\mathrm{t}\underline{B}_z - \omega\mu\epsilon\,(\vec{e}_z\times\vec{\nabla}_\mathrm{t}\underline{E}_z)\Big) \tag{A.49a}$$

$$\underline{\vec{E}}_\mathrm{t} = \frac{j}{(\omega^2\mu\epsilon - k^2)}\Big(\mp k\vec{\nabla}_\mathrm{t}\underline{E}_z + \omega\,(\vec{e}_z\times\vec{\nabla}_\mathrm{t}\underline{B}_z)\Big) \tag{A.49b}$$

Wechsel zur Gradientenschreibweise:

$$\underline{\vec{B}}_\mathrm{t} = \frac{j}{(\omega^2\mu\epsilon - k^2)}\Big(\mp k\,\mathrm{grad}_\mathrm{t}\underline{B}_z - \omega\mu\epsilon\,(\vec{e}_z\times\mathrm{grad}_\mathrm{t}\underline{E}_z)\Big) \tag{A.50a}$$

$$\underline{\vec{E}}_\mathrm{t} = \frac{j}{(\omega^2\mu\epsilon - k^2)}\Big(\mp k\,\mathrm{grad}_\mathrm{t}\underline{E}_z + \omega\,(\vec{e}_z\times\mathrm{grad}_\mathrm{t}\underline{B}_z)\Big) \tag{A.50b}$$

Zerlegung der Transversalkomponenten:

$$\underline{B}_x = \frac{j}{(\omega^2\mu\epsilon - k^2)}\left(\mp k\frac{\partial\,\underline{B}_z}{\partial\,x} + \omega\mu\epsilon\,\frac{\partial\,\underline{E}_z}{\partial\,y}\right) \tag{A.51a}$$

$$\underline{B}_y = \frac{j}{(\omega^2\mu\epsilon - k^2)}\left(\mp k\frac{\partial\,\underline{B}_z}{\partial\,y} - \omega\mu\epsilon\,\frac{\partial\,\underline{E}_z}{\partial\,x}\right) \tag{A.51b}$$

$$\underline{E}_x = \frac{j}{(\omega^2\mu\epsilon - k^2)}\left(\mp k\frac{\partial\,\underline{E}_z}{\partial\,x} - \omega\,\frac{\partial\,\underline{B}_z}{\partial\,y}\right) \tag{A.51c}$$

$$\underline{E}_y = \frac{j}{(\omega^2\mu\epsilon - k^2)}\left(\mp k\frac{\partial\,\underline{E}_z}{\partial\,y} + \omega\,\frac{\partial\,\underline{B}_z}{\partial\,x}\right) \tag{A.51d}$$

A.1.3.2 Hohlraumresonator

Lösungsansatz für die Ausbildung stehender Wellen im Hohlraumresonator :

$$\underline{E}_z(x,y,z,t) = \underline{E}_{0z}(x,y) \cdot (C_5 \cos(kz) + C_6 \sin(kz))\, e^{j\omega t} \tag{A.52a}$$

$$\underline{B}_z(x,y,z,t) = \underline{B}_{0z}(x,y) \cdot (C_7 \cos(kz) + C_8 \sin(kz))\, e^{j\omega t} \tag{A.52b}$$

Umformung von Termen der Gleichungen A.44a und A.44b durch Einsetzen der Lösungsansätze A.52a und A.52b:

$$\vec{\nabla}_z^2 \underline{\vec{E}}_\mathrm{t} = \frac{\partial^2\, \underline{E}_{0z}(x,y) \cdot (C_5 \cos(kz) + C_6 \sin(kz))\, e^{j\omega t}}{\partial\, z^2} = -k^2\, \underline{\vec{E}}_\mathrm{t} \tag{A.53a}$$

$$\vec{\nabla}_z^2 \underline{\vec{B}}_\mathrm{t} = \frac{\partial^2\, \underline{B}_{0z}(x,y) \cdot (C_7 \cos(kz) + C_8 \sin(kz))\, e^{j\omega t}}{\partial\, z^2} = -k^2\, \underline{\vec{B}}_\mathrm{t} \tag{A.53b}$$

Einsetzen in die Gleichungen A.44a und A.44b:

$$(\omega^2\mu\epsilon - k^2)\underline{\vec{B}}_\mathrm{t} = \vec{\nabla}_\mathrm{t}\left(\frac{\partial \underline{B}_z}{\partial z}\right) + j\omega\mu\epsilon\,(\vec{\nabla}_\mathrm{t} \times \underline{\vec{E}}_z) \tag{A.54a}$$

$$(\omega^2\mu\epsilon - k^2)\underline{\vec{E}}_\mathrm{t} = \vec{\nabla}_\mathrm{t}\left(\frac{\partial \underline{E}_z}{\partial z}\right) - j\omega\,(\vec{\nabla}_\mathrm{t} \times \underline{\vec{B}}_z) \tag{A.54b}$$

Auflösen nach $\underline{\vec{E}}_\mathrm{t}$ und $\underline{\vec{B}}_\mathrm{t}$ mit $(\omega^2\mu\epsilon - k^2) \neq 0$:

$$\underline{\vec{B}}_\mathrm{t} = \frac{1}{(\omega^2\mu\epsilon - k^2)}\left(\vec{\nabla}_\mathrm{t}\left(\frac{\partial \underline{B}_z}{\partial z}\right) + j\omega\mu\epsilon\,(\vec{\nabla}_\mathrm{t} \times \underline{\vec{E}}_z)\right) \tag{A.55a}$$

$$\underline{\vec{E}}_\mathrm{t} = \frac{1}{(\omega^2\mu\epsilon - k^2)}\left(\vec{\nabla}_\mathrm{t}\left(\frac{\partial \underline{E}_z}{\partial z}\right) - j\omega\,(\vec{\nabla}_\mathrm{t} \times \underline{\vec{B}}_z)\right) \tag{A.55b}$$

Umformen der Kreuzprodukte und Wechsel zur Gradientenschreibweise:

$$\underline{\vec{B}}_\mathrm{t} = \frac{1}{(\omega^2\mu\epsilon - k^2)}\left(\vec{\nabla}_\mathrm{t}\left(\frac{\partial \underline{B}_z}{\partial z}\right) - j\omega\mu\epsilon\,(\vec{e}_z \times \mathrm{grad}_\mathrm{t}\underline{E}_z)\right) \tag{A.56a}$$

$$\underline{\vec{E}}_\mathrm{t} = \frac{1}{(\omega^2\mu\epsilon - k^2)}\left(\vec{\nabla}_\mathrm{t}\left(\frac{\partial \underline{E}_z}{\partial z}\right) + j\omega\,(\vec{e}_z \times \mathrm{grad}_\mathrm{t}\underline{B}_z)\right) \tag{A.56b}$$

A.2 Berechnung der mittleren Güte aus dem zeitlichen Abfall der Leistung

Definition der Güte:

$$Q = \omega \cdot \tau \tag{A.57}$$

Zeitlicher Verlauf der Leistung an der Empfangsantenne nach Abschalten der Anregung:

$$P(t) = P(t_0) \cdot \exp\left(-\frac{t - t_0}{\tau}\right) \tag{A.58}$$

Definition des Leistungspegelabfalls im Zeitintervall $\Delta t = t - t_0$:

$$\Delta P_{\mathrm{dB}} = 10\,\log_{10} \frac{P(t_0)}{P(t)} = -10\,\log_{10} \frac{P(t)}{P(t_0)} \tag{A.59}$$

Einsetzen von A.58 in A.57:

$$Q = 2\pi f \left(-\frac{\Delta t}{\ln \frac{P(t)}{P(t_0)}}\right) \tag{A.60}$$

Einsetzen von A.59 in A.60:

$$Q = \frac{20\pi}{\ln 10} \cdot f \cdot \frac{\Delta t}{\Delta P_{\mathrm{dB}}} \tag{A.61}$$

Umformen liefert eine Gleichung zur Berechnung der mittleren Güte aus dem mittleren Abfall des Leistungspegels ΔP_{dB} im Zeitintervall $\Delta t = t - t_0$ an der Empfangsantenne:

$$Q \approx 27,29 \cdot f \cdot \frac{\Delta t}{\Delta P_{\mathrm{dB}}} \tag{A.62}$$

A.3 Messdaten zur Bestimmung der Antenneneffektivität

	HF907 Ser. 100167			HF907 Ser. 100168		
Frequenz f in GHZ	Direktivität D in dB	Gewinn G in dB	Antenneneff. η	Direktivität D in dB	Gewinn G in dB	Antenneneff. η
1.0	6.959	7.0	1.01	6.942	7.1	1.04
1.2	8.337	8.2	0.97	8.330	8.1	0.95
1.4	8.145	8.4	1.06	8.350	8.4	1.01
1.6	8.891	8.0	0.81	8.817	7.9	0.81
1.8	8.734	8.4	0.93	8.662	8.5	0.96
2.0	8.640	7.9	0.84	8.723	7.8	0.81
2.2	9.159	9.0	0.96	9.100	9.0	0.98
2.4	9.725	9.2	0.89	9.728	9.2	0.89
2.6	9.446	9.0	0.90	9.448	9.0	0.90
2.8	10.190	9.8	0.91	10.173	9.8	0.92
3.0	10.142	9.2	0.81	10.150	9.2	0.80
3.2	9.586	8.6	0.80	9.586	8.6	0.80
3.4	9.813	9.2	0.87	9.813	9.2	0.87
3.6	10.284	9.4	0.82	10.284	9.3	0.80
3.8	9.890	9.1	0.83	9.890	9.1	0.83
4.0	10.333	9.4	0.81	10.333	9.4	0.80
4.2	10.521	9.2	0.74	10.521	9.2	0.74
4.4	10.309	9.5	0.83	10.309	9.5	0.82
4.6	10.760	10.1	0.88	10.760	10.1	0.86
4.8	10.564	9.9	0.86	10.564	9.9	0.86
5.0	10.610	9.9	0.85	10.610	9.9	0.84
5.2	10.858	10.6	0.94	10.858	10.7	0.97
5.4	11.020	10.5	0.89	11.020	10.5	0.89
5.6	11.289	10.8	0.89	11.289	10.8	0.90
5.8	11.781	11.3	0.90	11.781	11.3	0.90
6.0	11.590	11.1	0.87	11.590	11.1	0.89
6.2	11.694	11.2	0.89	11.694	11.3	0.91
6.4	11.971	11.5	0.92	11.971	11.5	0.90
6.6	11.758	11.3	0.90	11.758	11.3	0.90
6.8	12.123	11.6	0.89	12.123	11.6	0.88
7.0	12.036	11.6	0.90	12.036	11.6	0.92
7.2	11.932	11.6	0.93	11.932	11.6	0.92
7.4	12.202	11.9	0.93	12.202	12.0	0.95
7.6	12.057	11.7	0.92	12.057	11.7	0.93
7.8	12.109	11.7	0.91	12.109	11.8	0.93
8.0	12.647	12.0	0.86	12.647	12.0	0.86
8.2	12.676	12.0	0.86	12.676	12.0	0.85
8.4	12.702	12.1	0.87	12.702	12.1	0.86
8.6	12.791	12.2	0.87	12.791	12.3	0.89
8.8	12.751	12.0	0.84	12.751	12.1	0.85
9.0	12.938	12.4	0.88	12.938	12.5	0.89
9.2	13.056	12.5	0.88	13.056	12.6	0.90
9.4	13.126	12.4	0.85	13.126	12.4	0.85
9.6	13.537	12.8	0.84	12.537	12.8	0.83
9.8	13.460	12.9	0.88	13.460	12.8	0.85
10.0	13.515	13.0	0.89	13.515	13.0	0.87

Tabelle A.1: Berechnung der Antenneneffektivität der Hornantennen HF907 aus der Direktivität und dem Gewinn

A.4 Entropieansatz - Simulation zum Einfluss der Anzahl der Ortspunkte

Bei der Untersuchungen des Entropieansatzes wurde das folgende Python-Skript erstellt, um den Einfluss der Anzahl der Ortspunkte N_o im Prüfvolumen auf die Anzahl der unabhängigen Rührerstellungen zu untersuchen.

```
import numpy, scipy, scipy.stats
# scipy.stats.uniform()  --> creates uniform continuous random variable
# scipy.stats.pearsonr() --> calculates the Pearson correlation coefficient
# scipy.linalg.eigvals() --> finds the eigenvalues of the given matrix
#
# Number of independent stirrer positions Nisp - measurement results, No=27,
    Nf=16 (300MHz-5GHz)
freqs_list =
    [300,400,600,800,1000,1200,1400,1800,2200,2600,3000,3400,3800,4200,4600,5000]

Nisp_list = [24,28,39,44,54,60,60,69,67,69,70,67,76,69,73,74]
# Number of measurement points used for the simulation
No_list    = [30,50,100,500]
# Number of independent stirrer positions, array for the results of the
    simulation
Nisp_sim  = numpy.zeros((len(Nisp_list),len(No_list)))
#
for m in range(len(No_list)):
    No = No_list[m]
    for n in range(len(Nisp_list)):
        Nisp = Nisp_list[n]
        # Pearson-Correlation-Coefficient PCC
        PCC = numpy.zeros((No,No))
        #
        X=[]
        for i in range(No):
            X.append(scipy.stats.uniform.rvs(size=Nisp))
        for i in range(No):
            for j in range(No):
                r,p = scipy.stats.pearsonr(X[i],X[j])
                PCC[i,j]=r
        # Find eigenvalues
        eigenvalues = [abs(evalue) for evalue in scipy.linalg.eigvals(PCC)]
        # Norm eigenvalues
        eigenvalues_sum = sum(eigenvalues)
        eigenvalues_norm=[evalue/eigenvalues_sum for evalue in eigenvalues]
        # Calculate Entropy
        H1=0.0
        for evalue in eigenvalues_norm:
            H1-=evalue*scipy.log(evalue)
        # Calculate independent stirrer positions
        Nisp_sim[n,m]=scipy.exp(H1)
print Nisp_sim
```

A.5 Allgemeines Verfahren - Messpunkte des Prüfvolumens

Die Messungen für das Allgemeine Verfahren zur Bestimmung der unabhängigen Rührerstellungen erfolgten in einem Prüfvolumen mit $N_o = 27$ Ortspunkten sowie in einem erweiterten Prüfvolumen mit $N_o = 63$ Ortspunkte. Die dafür verwendeten Positionen sind in Tabelle A.2 gegeben.

Messpunkt	Position			Messpunkt	Position		
	x in m	y in m	z in m		x in m	y in m	z in m
0	1.8	1.5	1.0	27	1.3	2.0	1.0
1	2.3	1.5	1.0	28	1.3	2.0	1.5
2	2.8	1.5	1.0	29	1.3	2.0	2.0
3	1.8	2.0	1.0	30	1.3	1.5	1.0
4	2.3	2.0	1.0	31	1.3	1.5	1.5
5	2.8	2.0	1.0	32	1.3	1.5	2.0
6	1.8	2.5	1.0	33	1.3	1.0	1.0
7	2.3	2.5	1.0	34	1.3	1.0	1.5
8	2.8	2.5	1.0	35	1.3	1.0	2.0
9	1.8	1.5	1.5	36	1.8	1.0	1.0
10	2.3	1.5	1.5	37	1.8	1.0	1.5
11	2.8	1.5	1.5	38	1.8	1.0	2.0
12	1.8	2.0	1.5	39	2.3	1.0	1.0
13	2.3	2.0	1.5	40	2.3	1.0	1.5
14	2.8	2.0	1.5	41	2.3	1.0	2.0
15	1.8	2.5	1.5	42	2.8	1.0	1.0
16	2.3	2.5	1.5	43	2.8	1.0	1.5
17	2.8	2.5	1.5	44	2.8	1.0	2.0
18	1.8	1.5	2.0	45	3.3	2.0	1.0
19	2.3	1.5	2.0	46	3.3	2.0	1.5
20	2.8	1.5	2.0	47	3.3	2.0	2.0
21	1.8	2.0	2.0	48	3.3	2.5	1.0
22	2.3	2.0	2.0	49	3.3	2.5	1.5
23	2.8	2.0	2.0	50	3.3	2.5	2.0
24	1.8	2.5	2.0	51	3.3	3.0	1.0
25	2.3	2.5	2.0	52	3.3	3.0	1.5
26	2.8	2.5	2.0	53	3.3	3.0	2.0
				54	2.8	3.0	1.0
				55	2.8	3.0	1.5
				56	2.8	3.0	2.0
				57	2.3	3.0	1.0
				58	2.3	3.0	1.5
				59	2.3	3.0	2.0
				60	1.8	3.0	1.0
				61	1.8	3.0	1.5
				62	1.8	3.0	2.0

Tabelle A.2: Allgemeines Verfahren - Position der Messpunkte des Prüfvolumens

Abbildungsverzeichnis

Tabellenverzeichnis

Literatur

[1] *DIN EN 61000-4-21: Elektromagnetische Verträglichkeit (EMV) - Teil 4-21: Prüf- und Messverfahren - Verfahren für die Prüfung in der Modenverwirbelungskammer.* Deutsche Kommision Elektrotechnik Elektronik Informationstechnik im DIN und VDE, 2011.

[2] TESEQ GmbH. *Reverberation Chamber - User Manual Stirrer.* 85-253350 E01. 2009.

[3] „IEEE Standard Method for Measuring the Effectiveness of Electromagnetic Shielding Enclosures“. In: *IEEE Std 299-2006 (Revision of IEEE Std 299-1997)* (Feb. 2007), S. 1–52. DOI: 10.1109/IEEESTD.2007.323387.

[4] Kalibrier und Prüflabor TESEQ GmbH. *Prüfbericht Schirmdämpfungsmessung.* Messung der elektromagnetischen Schirmdämpfung von 10 kHz bis 18 GHz Prüfbericht D/10/3782/02. 03.12.2010.

[5] MTS Systemtechnik. *Manual Relay switching unit KRE-4009-ESRIU.* MTS-No. 19162. Version 2.0. 29.04.2010.

[6] enprobe GmbH. *Analog Fibre Optic Link LFA3 - Datenblatt.* URL: www.enprobe.de/products_FO-Links.htm.

[7] John D. Jackson. *Klassische Elektrodynamik.* Berlin: 4. überarb. Aufl., Walter de Gruyter, 2006. ISBN: 978-3-110-18970-4.

[8] Hans Georg Krauthäuser. *Grundlagen und Anwendungen von Modenverwirbelungskammern.* ngerman. 1. Aufl. Res Electricae Magdeburgenses 17. Magdeburg: Nitsch, Jürgen und Styczynski, Z. A., 2007. ISBN: 978-3-929757-43-9.

[9] „IEEE Standard Definitions of Terms for Antennas“. In: *IEEE Std 145-1993* (Apr. 2013), S. 1–32. DOI: 10.1109/IEEESTD.2013.6507364.

[10] W. Wiesbeck. *Skriptum zur Vorlesung Antennen und Antennensysteme.* Institut für Höchstfrequenztechnik und Elektronik, Universität Karlsuhe (TH). 2005.

[11] H.G. Krauthäuser und M. Herbrig. „Yet another antenna efficiency measurement method in reverberation chambers“. In: *Electromagnetic Compatibility (EMC), 2010 IEEE International Symposium on.* Juli 2010, S. 536–540. DOI: 10.1109/ISEMC.2010.5711333.

[12] „IEEE Standard Test Procedures for Antennas“. In: *ANSI/IEEE Std 149-1979 (R2008)* (1979). DOI: 10.1109/IEEESTD.1979.120310.

[13] Constantine A. Balanis. *Antenna Theory: Analysis and Design.* Wiley & Sons, 1996. ISBN: 978-0471592686.

[14] Alvaro José Crespo-Echeverri. *Bestimmung der Antenneneffektivität in der Modenverwirbelungskammer.* Studienarbeit, Lehrstuhl für Theoretische Elektrotechnik und Elektromagnetische Verträglichkeit, Technische Universität Dresden. 2013.

[15] H.G. Krauthäuser, T. Winzerling und J. Nitsch. „Statistical interpretation of autocorrelation coefficients for fields in mode-stirred chambers“. In: *Electromagnetic Compatibility, 2005. EMC 2005. 2005 International Symposium on.* Bd. 2. Aug. 2005, S. 550–555. DOI: 10.1109/ISEMC.2005.1513576.

[16] O. Lundén und M. Bäckström. „Stirrer efficiency in FOA reverberation chambers. Evaluation of correlation coefficients and chi-squared tests“. In: *Electromagnetic Compatibility, 2000. IEEE International Symposium on.* Bd. 1. 2000, 11–16 vol.1. DOI: 10.1109/ISEMC.2000.875529.

[17] C. Lemoine, P. Besnier und M. Drissi. „Advanced method for estimating number of independent samples available with stirrer in reverberation chamber“. In: *Electronics Letters* 43.16 (Aug. 2007), S. 861–862. ISSN: 0013-5194. DOI: 10.1049/el:20070992.

[18] C. Lemoine, Philippe Besnier und M. Drissi. „Using autoregressive models to estimate the number of independent samples available with stirrer rotation in reverberation chamber“. In: *Electromagnetic Compatibility, 2007. EMC Zurich 2007. 18th International Zurich Symposium on.* Sep. 2007, S. 469–472. DOI: 10.1109/EMCZUR.2007.4388297.

[19] *IEC 61000-4-21: Electromagnetic Compatibility (EMC) - Part 4.21: Testing and Measurement Techniques - Reverberation Chamber Test Methods.* International Electrotechnical Commission, 2011.

[20] Paul Hallbjörner. „A model for the number of independent samples in reverberation chambers“. In: *Microwave and Optical Technology Letters* 33.1 (2002), S. 25–28. ISSN: 1098-2760. DOI: 10.1002/mop.10220. URL: http://dx.doi.org/10.1002/mop.10220.

[21] K. Madsén, P. Hallbjorner und C. Orlenius. „Models for the number of independent samples in reverberation chamber measurements with mechanical, frequency, and combined stirring“. In: *Antennas and Wireless Propagation Letters, IEEE* 3.1 (Dez. 2004), S. 48–51. ISSN: 1536-1225. DOI: 10.1109/LAWP.2004.827890.

[22] P. Hallbjörner. „Estimating the number of independent samples in reverberation chamber measurements from sample differences“. In: *Electromagnetic Compatibility, IEEE Transactions on* 48.2 (Mai 2006), S. 354–358. ISSN: 0018-9375. DOI: 10.1109/TEMC.2006.873866.

[23] Mathias Magdowski und Ralf Vick. „Bestimmung der Rührereffizienz in einer Modenverwirbelungskammer aus einer Messung im Zeitbereich“. In: *Elektromagnetische Verträglichkeit EMV 2010.* Internationale Fachmesse und Kongress für Elektromagnetische Verträglichkeit. ISBN 978-3-8007-3405-4. Düsseldorf: VDE Verlag, 2012.

[24] G. Gradoni, V.M. Primiani und F. Moglie. „Reverberation chamber as a statistical relaxation process: Entropy analysis and fast time domain simulations“. In: *Electromagnetic Compatibility (EMC EUROPE), 2012 International Symposium on.* Sep. 2012, S. 1–6. DOI: 10.1109/EMCEurope.2012.6396658.

[25] Haye Hinrichsen. „Entropie entmystifiziert“. In: *Physik in unserer Zeit* 43.5 (2012), S. 246–251. ISSN: 1521-3943. DOI: 10.1002/piuz.201201298. URL: http://dx.doi.org/10.1002/piuz.201201298.

[26] Juan A Bonachela, Haye Hinrichsen und Miguel A Muñoz. „Entropy estimates of small data sets“. In: *Journal of Physics A: Mathematical and Theoretical* 41.20 (2008), S. 202001. URL: http://stacks.iop.org/1751-8121/41/i=20/a=202001.

[27] P. Grassberger. „Entropy Estimates from Insufficient Samplings“. In: *ArXiv Physics e-prints* (2003). (Submitted on 29 Jul 2003, last revised 4 Jan 2008). eprint: physics/0307138.

[28] R.J. Pirkl, K.A. Remley und C.S.L. Patané. „Reverberation Chamber Measurement Correlation“. In: *Electromagnetic Compatibility, IEEE Transactions on* 54.3 (Juni 2012), S. 533–545. ISSN: 0018-9375. DOI: 10.1109/TEMC.2011.2166964.

[29] Aric Hagberg, Dan Schult und Pieter Swart. *NetworkX Software Packet.* NetworkX is a Python language software package for the creation, manipulation, and study of the structure, dynamics, and functions of complex networks. URL: http://networkx.github.io/,http://networkx.lanl.gov.

[30] Coen Bron und Joep Kerbosch. „Algorithm 457: Finding All Cliques of an Undirected Graph“. In: *Commun. ACM* 16.9 (Sep. 1973), S. 575–577. ISSN: 0001-0782. DOI: 10.1145/362342.362367. URL: http://doi.acm.org/10.1145/362342.362367.

[31] Günter Clauß und Heinz Ebner. *Statistik für Soziologen, Pädagogen, Psychologen und Mediziner - Band 1 Grundlagen der Statistik.* Thun und Frankfurt am Main: Verlag Harri Deutsch, 1985. ISBN: 9783871446429.

[32] Barbara Illowsky und Susan Dean. *Collaborative Statistics.* Connexions, Rice University, Houston, Texas, http://cnx.org/content/col10522/1.40/.

[33] Richard Lowry. *VassarStats.* Vassar College, Poughkeepsie, USA, http://vassarstats.net/.

[34] Mathias Magdowski und Ralf Vick. „Theoretical Considerations about the Determination of Statistically Independent Stirrer Positions of Mode-Stirred Chambers“. In: *Electromagnetic Compatibility (EMC EUROPE), 2010 International Symposium on.* 2010.

[35] Stephan Pfennig und Hans Georg Krauthäuser. „Übersicht und Vergleich vom Methoden zur Bestimmung der unanhängigen Rührerpositionen in Modenverwirbelungskammern“. In: *Elektromagnetische Verträglichkeit, EMV 2012, Internationale Fachmesse und Kongress für Elektromagnetische Verträglichkeit.* Hrsg. von Heyno Garbe. ISBN 978-3-8007-3405-4. Düsseldorf, Germany: VDE-Verlag, Feb. 2012, S. 141–148.

[36] S. Pfennig und H.G. Krauthäuser. „A general method for determining the number of independent stirrer positions in reverberation chambers“. In: *Electromagnetic Compatibility (EMC EUROPE), 2012 International Symposium on.* Sep. 2012, S. 1–6. DOI: 10.1109/EMCEurope.2012.6396656.

[37] S. Pfennig und H.G. Krauthäuser. „Comparison of methods for determining the number of independent stirrer positions in reverberation chambers“. In: *Electromagnetic Compatibility (EMC EUROPE), 2013 International Symposium on.* Sep. 2013, S. 431–436.

[38] Stephan Pfennig und Hans Georg Krauthäuser. „Erfahrungen beim Aufbau und der messtechnischen Charakterisierung der Dresdener Modenverwirbelungskammer“. In: *Elektromagnetische Verträglichkeit, EMV 2014, Internationale Fachmesse und Kongress für Elektromagnetische Verträglichkeit.* Hrsg. von Heyno Garbe. ISBN 978-3-8007-3577-8. Düsseldorf, Germany: VDE-Verlag, 2014, S. 509–516.

[39] S. Pfennig und H.G. Krauthäuser. „A continued evaluation of the general method for determining the number of independent stirrer positions in reverberation chambers“. In: *Electromagnetic Compatibility (EMC EUROPE), 2014 International Symposium on.* 2014.

[40] Walter Greiner. *Klassische Elektrodynamik.* Frankfurt am Main: Hari Deutsch Verlag, 2008. ISBN: 978-3-817-11818-2.

[41] Günther Lehner. *Elektromagnetische Feldtheorie - für Ingenieure und Physiker.* Berlin, Heidelberg: 7. bearb. Aufl., Springer, 2010. ISBN: 978-3-642-13041-0.

[42] Hans Georg Krauthäuser. *Vorlesungen Theoretische Elektrotechnik 1 und 2.* Mitschriften zur Vorlesung. 2011/2012.

[43] Ursula van Rienen. *Vorlesungsskript Theoretische Elektrotechnik.* Institut für Allgemeine Elektrotechnik, Universität Rostock. 2007.

[44] T. Zwick. *Skriptum zur Vorlesung Hochfrequenztechnik.* Institut für Hochfrequenztechnik und Elektronik, Universität Karlsuhe (TH). 13. Auflage, Wintersemester 2008/2009.

[45] Gerhard Wunsch und Hans-Georg Schulz. *Elektromagnetische Felder.* Berlin: 7. überarb. Aufl., Verlag Technik /Huss Medi, 1996. ISBN: 978-3-341-01155-3.